“十二五”职业教育国家规划教材
经全国职业教育教材审定委员会审定

电子设备装调实训

新世纪高职高专教材编审委员会 组编
主　编　高　燕　金　明
副主编　尹玉军

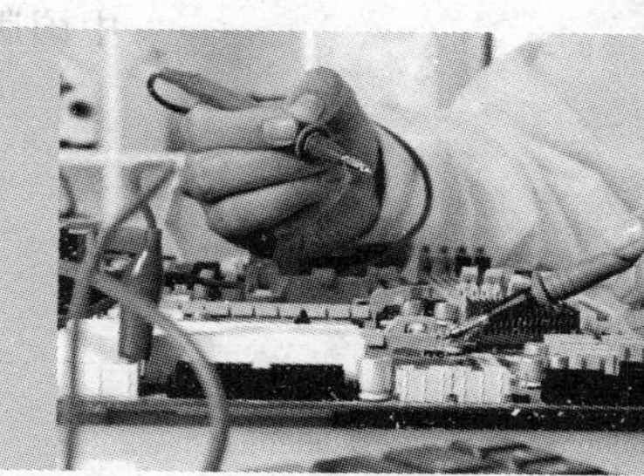

大连理工大学出版社

图书在版编目(CIP)数据

电子设备装调实训 / 高燕，金明主编. — 大连 ：
大连理工大学出版社，2017.1(2018.7 重印)
新世纪高职高专电子信息类课程规划教材
ISBN 978-7-5611-9159-0

Ⅰ.①电… Ⅱ.①高… ②金… Ⅲ.①电子设备—装配(机械)—高等职业教育—教材②电子设备—调试方法—高等职业教育—教材 Ⅳ.①TN

中国版本图书馆 CIP 数据核字(2017)第 017408 号

大连理工大学出版社出版

地址:大连市软件园路 80 号　邮政编码:116023
发行:0411-84708842　邮购:0411-84708943　传真:0411-84701466
E-mail:dutp@dutp.cn　URL:http://dutp.dlut.edu.cn
大连市东晟印刷有限公司印刷　大连理工大学出版社发行

幅面尺寸:185mm×260mm　印张:14.25　字数:326 千字
2017 年 1 月第 1 版　2018 年 7 月第 2 次印刷

责任编辑:马　双　责任校对:周雪姣
封面设计:张　莹

ISBN 978-7-5611-9159-0　定　价:35.80 元

本书如有印装质量问题,请与我社发行部联系更换。

总　序

我们已经进入了一个新的充满机遇与挑战的时代，我们已经跨入了21世纪。

20世纪与21世纪之交的中国，高等教育体制正经历着一场缓慢而深刻的革命，我们正在对传统的普通高等教育的培养目标与社会发展的现实需要不相适应的现状做历史性的反思与变革的尝试。

20世纪最后的几年里，高等职业教育的迅速崛起，是影响高等教育体制变革的一件大事。在短短的几年时间里，普通中专教育、普通高专教育全面转轨，以高等职业教育为主导的各种形式的培养技能型人才的教育发展到与普通高等教育等量齐观的地步，其来势之迅猛，发人深思。

无论是正在缓慢变革着的普通高等教育，还是迅速推进着的培养技能型人才的高职教育，都向我们提出了一个同样的严肃问题：中国的高等教育为谁服务，是为教育发展自身，还是为包括教育在内的大千社会？答案肯定而且唯一，那就是教育也置身其中的现实社会。

由此又引发出高等教育的目的问题。既然教育必须服务于社会，它就必须按照不同领域的社会需要来完成自己的教育过程。换言之，教育资源必须按照社会划分的各个专业（行业）领域（岗位群）的需要实施配置，这就是我们长期以来明乎其理而疏于力行的学以致用问题，这就是我们长期以来未能给予足够关注的教育目的问题。

众所周知，整个社会由其发展所需要的不同部门构成，包括公共管理部门如国家机构、基础建设部门如教育研究机构和各种实业部门如工业部门、商业部门，等等。每一个部门又可做更为具体的划分，直至同它所需要的各种专门人才相对应。教育如果不能按照实际需要完成各种专门人才培养的目标，就不能很好地完成社会分工所赋予它的使命，而教育作为社会分工的一种独立存在就应受到质疑（在市场经济条件下尤其如此）。可以断言，按照社会的各种不同需要培养各种直接有用人才，是教育体制变革的终极目的。

随着教育体制变革的进一步深入，高等院校的设置是否会同社会对人才类型的不同需要一一对应，我们姑且不论，但高等教育走应用型人才培养的道路和走研究型(也是一种特殊应用)人才培养的道路，学生们根据自己的特点与偏好各取所需，始终是一个理性运行的社会状态下高等教育正常发展的途径。

高等职业教育的崛起，既是高等教育体制变革的结果，也是高等教育体制变革的一个阶段性表征。它的进一步发展，必将极大地推进中国教育体制变革的进程。作为一种应用型人才培养的教育，它从专科层次起步，进而应用本科教育、应用硕士教育、应用博士教育……当应用型人才培养的渠道贯通之时，也许就是我们迎接中国教育体制变革的成功之日。从这一意义上说，高等职业教育的崛起，正是在为必然会取得最后成功的教育体制变革奠基。

高等职业教育还刚刚开始自己发展道路的探索过程，它要全面达到应用型人才培养的正常理性发展状态，直至可以和现存的(同时也正处在变革分化过程中的)研究型人才培养的教育并驾齐驱，还需假以时日；还需要政府教育主管部门的大力推进，需要人才需求市场的进一步完善发育，尤其需要高职高专教学单位及其直接相关部门肯于做长期的坚忍不拔的努力。新世纪高职高专教材编审委员会就是由全国100余所高职高专院校和出版单位组成的、旨在以推动高职高专教材建设来推进高等职业教育这一变革过程的联盟共同体。

在宏观层面上，这个联盟始终会以推动高职高专教材的特色建设为己任，始终会从高职高专教学单位实际教学需要出发，以其对高职教育发展的前瞻性的总体把握，以其纵览全国高职高专教材市场需求的广阔视野，以其创新的理念与创新的运作模式，通过不断深化的教材建设过程，总结高职高专教学成果，探索高职高专教材建设规律。

在微观层面上，我们将充分依托众多高职高专院校联盟的互补优势和丰裕的人才资源优势，从每一个专业领域、每一种教材入手，突破传统的片面追求理论体系严整性的意识限制，努力凸现高职教育职业能力培养的本质特征，在不断构建特色教材建设体系的过程中，逐步形成自己的品牌优势。

新世纪高职高专教材编审委员会在推进高职高专教材建设事业的过程中，始终得到了各级教育主管部门以及各相关院校相关部门的热忱支持和积极参与，对此我们谨致深深谢意；也希望一切关注、参与高职教育发展的同道朋友，在共同推动高职教育发展、进而推动高等教育体制变革的进程中，和我们携手并肩，共同担负起这一具有开拓性挑战意义的历史重任。

新世纪高职高专教材编审委员会

2001年8月18日

前　言

《电子设备装调实训》是"十二五"职业教育国家规划教材，也是新世纪高职高专教材编审委员会组编的电子信息类课程规划教材之一。

电子设备（产品）是指由具有一定功能的电路、零件、部件，通过某种工艺结构装接，经过调试或维修达到所设计的性能指标，满足人们生活和工作需要的一种设备（产品）。电子装配（装调）是指生产者利用生产工具完成上述工作的过程。因此，电子设备（产品）的质量如何，电子装配起着至关重要的作用。

现代电子企业的生产离不开电子设备装配，因此电子设备装配是电子产品生产过程中极为重要的工作环节，也是从事电子产品生产者必须掌握的最基本与最核心的岗位技能。电子设备装配的相关工作岗位不仅对专业技术有相当的要求，同时也对职业素养有较高的要求。电子设备装配工作岗位的工作呈现系列化、层次化、多元化的特点，这些特点能够很好地与现代高职电子信息大类专业毕业生首选岗位相适应，并且具有多岗迁移和持续发展的潜力。

"电子设备装调实训"是一门以典型的电子设备为载体，按照电子设备装配的工作流程构建内容体系，将元器件识读和性能测试、元件成形、焊接装配、调试维修、检验管理的工作流程与技术规范等方面的知识、技能和素质培养有机融合的综合性实践课程。

本课程以电子设备装配岗位工作为主线，体现工学结合的理念，结合电子设备装配工作实际，按照电子设备装配过程进行教学，体现工作过程导向的特点，达到以培养专项职业能力为主、兼顾培养综合职业能力的教学目标。

本教材的主要内容有：元器件的辨识、手工焊接技术、识读设计文件与工艺文件、DT-9205A 万用表装配、TYL-1 型太阳能充电器装配和附录。

元器件的辨识部分介绍了元器件的识读与测试。本项目设置了多项专题训练，能够加深学生对知识和技能的理解。

手工焊接技术部分介绍了焊接工具的使用、元器件的筛选与成形、手工焊接、常用工件的焊接、贴片焊接、拆焊等六项内容，以基本操作型工作任务的方式，分别介绍了操作步骤、操作方法和注意事项。学生在准确理解操作型工艺要求的同时，可进行相关知识的学习。各部分给出了相应的思考题，便于学生进行自我评价。知识拓展部分帮助学生拓宽未来从事相关岗位工作的知识面，更全面地把握该岗位工作的各项技术要素。

识读设计文件与工艺文件部分介绍了设计文件与工艺文件的分类、作用、编制方法和编制规则。在设计文件识读的电路图、方框图、接线图三个部分设计了专项训练，以帮助学生在理解设计文件编制规范性的同时，更好地学习编制技巧。工艺文件识读部分除了介绍各种工艺文件的编制外，还提供了完整的案例学习与训练。

DT-9205A 万用表装配部分介绍了 DT-9205A 万用表的工艺文件准备、DT-9205A 万用表的装配过程、DT-9205A 万用表的调试，包括印制电路板的通孔焊接、元器件装配、单元调试与总机调试等技能。

TYL-1 型太阳能充电器装配部分介绍了 TYL-1 型太阳能充电器的工艺文件准备、TYL-1 型太阳能充电器的焊接、装配，包括印制电路板的贴片元件焊接、手工元器件装配与总机调试等技能。

附录中给出了无线电装接工国家职业标准、无线电装接工理论考试样题以及无线电装接工操作考试样题。

在编写本教材的过程中，编者注重理论与实践相结合的原则，充分考虑岗位适应性问题，强调学以致用、学而能用，努力体现教学与实践零距离。同时关注岗位专业知识的相对系统性，注重学生的职业道德素养与科学素养，考虑学生的可持续发展能力，以求达到高等职业教育的水准。

本教材由南京信息职业技术学院高燕、南京信息职业技术学院金明任主编，由南京信息职业技术学院尹玉军任副主编。本教材由南京信息职业技术学院于宝明院长主审，南京新联电讯仪器有限公司陆健友总工程师、南京钛能电器公司顾纪鸣副总经理、常州信息职业技术学院陈必群院长、无锡商业职业技术学院童建华教授等都提出了宝贵的意见，在此表示衷心的感谢！

在编写和出版本教材的过程中，得到了大连理工大学出版社职业教育出版中心、南京泰之联无线科技有限公司、南京新联电讯仪器有限公司、工业和信息化部电子行业江苏省职业技能鉴定站的大力支持，还得到了相关领导和同仁的大力帮助，编者在此表示衷心的感谢！

在编写本教材的过程中，编者参阅和参考了大量文献和资料，书中未能详尽罗列，在此也一并向原作者表示感谢！

由于电子设备装配技术发展日新月异，加之编者的水平、经验及掌握资料所限，书中难免有错误与不当之处，敬请读者批评指正！

编　者

2017 年 1 月

所有意见和建议请发往：dutpgz@163.com
欢迎访问教材服务网站：http://www.dutpbook.com
联系电话：0411-84707492　84706104

目录

项目1　元器件的辨识 …… 1

1.1　电阻器基本特性的测试 …… 1

任务1-1　电阻器的分类 …… 3

任务1-2　电阻器的识读 …… 7

1.2　电容器基本特性的测试 …… 9

任务1-3　电容器的分类 …… 10

任务1-4　电容器的识读 …… 15

1.3　电感器基本特性的测试 …… 17

任务1-5　电感器的识读 …… 19

1.4　继电器基本特性的测试 …… 20

任务1-6　继电器的识读 …… 22

1.5　半导体器件基本特性的测试 …… 24

任务1-7　二极管的识读 …… 28

任务1-8　三极管的识读 …… 31

任务1-9　场效应管的识读 …… 35

任务1-10　光电耦合器的识读 …… 37

任务1-11　集成电路的识读 …… 39

项目2　手工焊接技术 …… 44

2.1　焊接工具的使用 …… 44

任务2-1　焊接工具的使用 …… 48

2.2　元器件的筛选与成形 …… 51

任务2-2　元器件成形 …… 53

2.3　手工焊接 …… 54

任务2-3　带锡焊接 …… 62

任务2-4　点锡焊接 …… 64

任务2-5　元器件焊接 …… 65

2.4 常用工件的焊接 …… 68

任务 2-6 常用工件的焊接 …… 70

2.5 贴片焊接 …… 72

任务 2-7 手工贴片焊接 …… 74

2.6 拆 焊 …… 75

任务 2-8 分立元器件拆焊 …… 77

任务 2-9 贴片拆焊 …… 78

项目 3 识读设计文件与工艺文件 …… 82

3.1 电路图的绘制 …… 84

任务 3-1 绘制电路图 …… 93

3.2 方框图的绘制 …… 94

任务 3-2 绘制方框图 …… 95

3.3 接线图的绘制 …… 95

任务 3-3 绘制接线图 …… 97

3.4 识读成套设计文件 …… 99

任务 3-4 识读方框图 …… 100

任务 3-5 识读电路图 …… 100

任务 3-6 识读配套材料明细表 …… 102

任务 3-7 识读零部件简图 …… 104

任务 3-8 识读接线图或接线表 …… 106

任务 3-9 识读整机装配图 …… 108

3.5 电子工艺文件的编制与成套 …… 108

任务 3-10 识读成套工艺文件 …… 117

项目 4 DT-9205A 万用表装配 …… 130

4.1 DT-9205A 万用表的工艺文件准备 …… 130

任务 4-1 准备方框图 …… 131

任务 4-2 准备电路原理图 …… 132

任务 4-3 准备配套材料明细表 …… 139

任务 4-4 准备零部件简图 …… 142

4.2 DT-9205A 万用表的装配过程 …… 144

任务 4-5 元器件的筛选 …… 145

任务 4-6　印制电路板的焊接 …………………………………………………… 145
任务 4-7　DT-9205A 万用表的总装 ……………………………………………… 147
4.3　DT-9205A 万用表的调试 ……………………………………………………… 152
任务 4-8　DT-9205A 万用表的调试步骤 ………………………………………… 152
任务 4-9　DT-9205A 万用表的整机检验 ………………………………………… 154
项目 5　TYL-1 型太阳能充电器装配 ……………………………………………… 157
5.1　TYL-1 型太阳能充电器的工艺文件准备 ……………………………………… 157
任务 5-1　准备方框图 ……………………………………………………………… 158
5.2　TYL-1 型太阳能充电器的焊接、装配 ………………………………………… 164
任务 5-2　元器件的检验 …………………………………………………………… 165
任务 5-3　印制电路板的焊接 ……………………………………………………… 165
任务 5-4　TYL-1 型太阳能充电器的装配 ………………………………………… 173
任务 5-5　TYL-1 型太阳能充电器的检验 ………………………………………… 174
附　录 ……………………………………………………………………………… 185
附录 A　无线电装接工国家职业标准 ……………………………………………… 185
附录 B　无线电装接工理论考试样题 ……………………………………………… 197
附录 C　无线电装接工操作考试样题 ……………………………………………… 211
参考文献 …………………………………………………………………………… 217

元器件的辨识 项目1

常用的无线电元器件包括电阻器、电容器、电感器及半导体二极管、半导体三极管、集成电路、继电器、连接件(接插件)等。掌握常用元器件的性能、用途、质量好坏的判断方法,对提高电子整机装配的质量将起到重要的作用。

注:本项目中的所有元器件仅为示例,在实际学习过程中,以现实材料为准。

学习目标

◇ 能正确测量常用元器件,能正确记录测量结果并能对结果做准确描述。

◇ 了解常用元器件及其基本特性、结构与符号等。

◇ 了解常用元器件的主要参数、分类及使用方法。

◇ 会查阅元器件手册。

工作任务

◇ 完成常用元器件的测试和特性描述。

◇ 选用常用元器件。

◇ 撰写元器件测试(检验)报告。

1.1 电阻器基本特性的测试

学习目标

◇ 理解电阻器及其基本特性、结构与符号等。

◇ 理解电阻器的分类、主要参数。

工作任务

◇ 完成电阻器的分类、测试与结果记录。

◇ 了解电阻器的基本特性与选用。

看一看

常用电阻器及图形符号如图 1-1 所示。

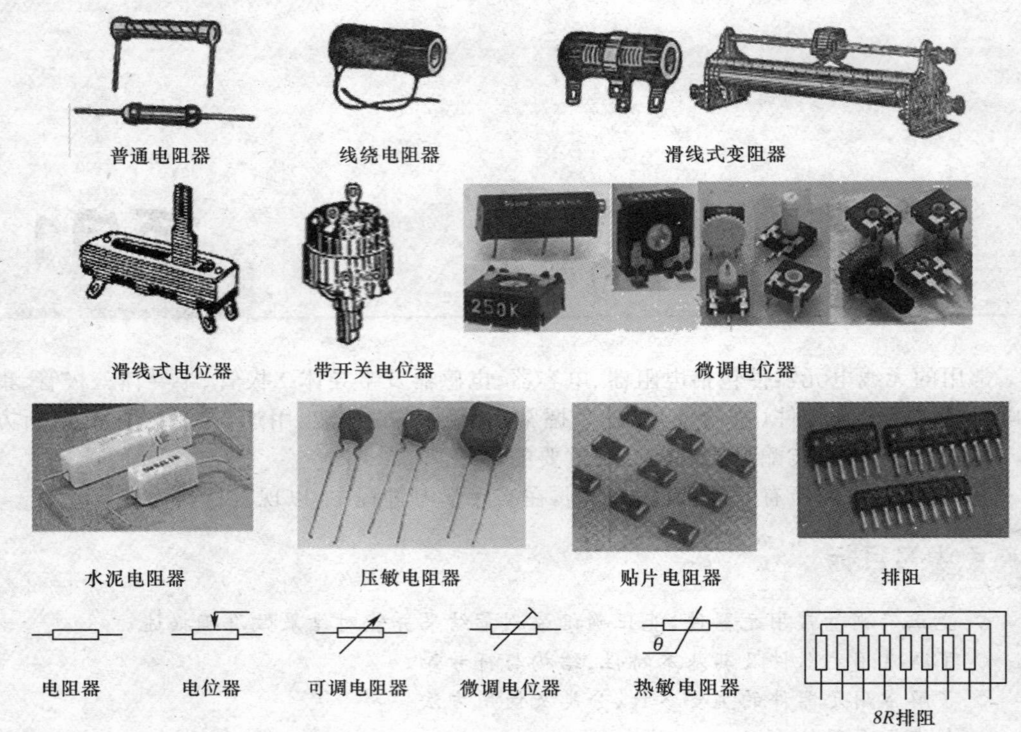

图 1-1　常用电阻器及图形符号

电阻器是组成电路的基本元器件之一。在电路中，电阻器用来稳定和调节电流、电压，做分流器和分压器，并可做消耗电路的负载电阻。电阻器用文字符号 R 或 r 表示。

(1)电阻器按阻值是否可调，可分为固定式和可调式两大类。固定式电阻器是指阻值不能调节的电阻器，它主要用于阻值固定且不需要变动的电路中，起到限流、分流、降压、分压、负载或匹配等作用。

可调式电阻器是指阻值在某个范围内可调节的电阻器，又称可变电阻器、变阻器或电位器，主要用在阻值需要经常变动的电路中，用来调节电路中的电压、电流等，从而控制音量、音调等参数。

(2)电阻器按制造材料，可分为碳膜电阻器、金属膜电阻器、线绕电阻器、水泥电阻器等。其中，碳膜电阻器和金属膜电阻器的阻值范围大，从几欧到几百兆欧，但功率不大，一般在 1/8 W 到 2 W，最大为 10 W。线绕电阻器和水泥电阻器的阻值范围小，从十几欧到几十千欧，但功率较大，可为几百瓦。功率相同的情况下，碳膜电阻器和金属膜电阻器的体积比线绕电阻器和水泥电阻器的体积小。

(3)除了常规电阻器外，还有特殊电阻器，如热敏电阻器、压敏电阻器、光敏电阻器、气敏电阻器等敏感电阻器。

(4)随着集成电路的发展，出现了一种适用于计算机的特殊电阻器——排阻，它是由 4 个或 8 个阻值相等、功率相同的电阻器集合在一起构成的，将各个电阻器的一个引脚在内部连接在一起，作为公共端引出。排阻的出现大大节省了空间，同时也提高了可靠性。

任务 1-1 电阻器的分类

做一做

根据图 1-2 所示的电阻器实物，完成电阻器的分类辨识，并将结果填入表 1-1 中。

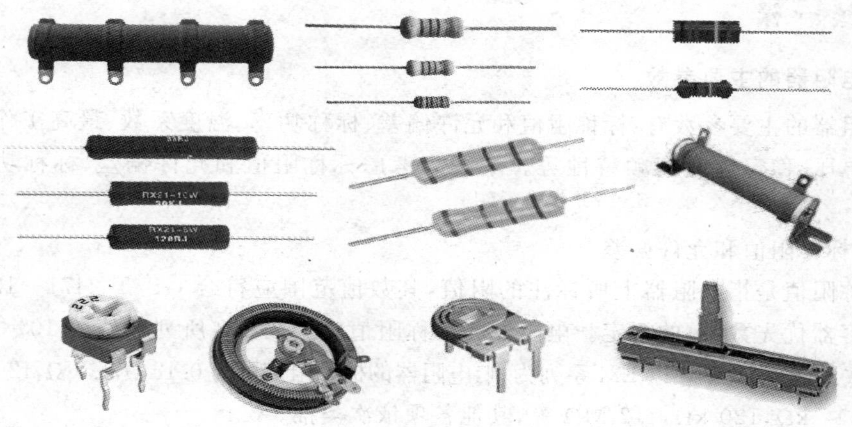

图 1-2 电阻器的分类辨识

表 1-1 电阻器的分类辨识

<table>
<tr><td>任务名称</td><td>电阻器的分类辨识</td><td>任务编号</td><td>DZ1-1</td></tr>
<tr><td>任务要求</td><td colspan="3">按要求完成电阻器辨识内容</td></tr>
<tr><td>测试设备</td><td colspan="3">无</td></tr>
<tr><td>元器件</td><td colspan="3">各种不同材料的电阻器</td></tr>
<tr><td>测试程序</td><td colspan="3">辨识电阻器：
<table><tr><td>电阻器编号</td><td>材料</td><td>功率</td><td>是否可调</td></tr><tr><td></td><td></td><td></td><td></td></tr><tr><td></td><td></td><td></td><td></td></tr><tr><td></td><td></td><td></td><td></td></tr><tr><td></td><td></td><td></td><td></td></tr><tr><td></td><td></td><td></td><td></td></tr><tr><td></td><td></td><td></td><td></td></tr><tr><td></td><td></td><td></td><td></td></tr><tr><td></td><td></td><td></td><td></td></tr><tr><td></td><td></td><td></td><td></td></tr></table>
结论：(1)电阻器的外形不同，材料不同，其功率也不同。
(2)电阻器的种类很多，要注意区分。
(3)不同的电阻器有不同的用途。</td></tr>
<tr><td>结论
与体会</td><td colspan="3"></td></tr>
</table>

想一想

(1)为什么有不同材料的电阻器,怎样看出电阻器所用的材料?

(2)可调式电阻器有哪几类?想一想,为什么要这样分?

(3)在电阻器的功率方面,应用时应注意什么?

读一读

1.电阻器的主要参数

电阻器的主要参数有:标称阻值和允许偏差、标称功率、温度系数、最高工作温度、极限工作电压、稳定性和高频特性等。一般只考虑标称阻值和允许偏差、标称功率、温度系数。

(1)标称阻值和允许偏差

标称阻值是指电阻器上所标注的阻值,其数值范围应符合 GB/T 2471—1995《电阻器和电容器优先数系》的规定。电阻器的标称阻值应为表 1-2 所列数值的 10^n 倍,其中 n 为正整数、负整数或零。以 E24 系列为例,电阻器的标称阻值可为 0.12 Ω,1.2 Ω,12 Ω,120 Ω,1.2 kΩ,12 kΩ,120 kΩ,1.2 MΩ 等,其他各项依次类推。

允许偏差是指实际阻值与标称阻值的差值与标称阻值之比的百分数。通常为±5%(Ⅰ级)、±10%(Ⅱ级)、±20%(Ⅲ级)。此外,还有其他的允许偏差与标志符号的规定,见表 1-3。

表 1-2　电阻器标称阻值系列

系列	允许偏差	标称阻值对应值
E24	Ⅰ级,±5%	1.0,1.1,1.2,1.3,1.5,1.6,1.8,2.0,2.2,2.4,2.7,3.0,3.3,3.6,3.9,4.3,4.7,5.1,5.6,6.2,6.8,7.5,8.2,9.1
E12	Ⅱ级,±10%	1.0,1.2,1.5,1.8,2.2,2.7,3.3,3.9,4.7,5.6,6.8,8.2
E6	Ⅲ级,±20%	1.0,1.5,2.2,3.3,4.7,6.8

表 1-3　允许偏差与标志符号

对称偏差				不对称偏差	
允许偏差/%	标志符号	允许偏差/%	标志符号	允许偏差/%	标志符号
±0.001	E	±0.5	D	+100 −10	R
±0.002	X	±1	F		
±0.005	Y	±2	G	+50 −20	S
±0.01	H	±5	J		
±0.02	U	±10	K	+80 −20	Z
±0.05	W	±20	M		
±0.1	B	±30	N	无规定 −20	无
±0.2	C				

(2)标称功率

电阻器的标称功率也称额定功率,是指电阻器在室温条件下,连续承受直流或交流负荷时所允许的最大消耗功率。

(3)温度系数

温度系数是指温度每变化 1 ℃所引起的阻值的相对变化。温度系数越小,阻值的稳定性越好。电阻器的阻值随温度的升高而增大时其温度系数为正温度系数,反之,为负温度系数。

采购电阻器时,主要考虑电阻器的材料、标称阻值和允许偏差、标称功率。

2. 电阻器、电位器的型号命名方法

电阻器、电位器的型号由四部分组成,分别代表产品的名称、材料、特征分类和序号,见表 1-4。此表参照 GB/T 2470—1995 和 SJ/T 10503—1994。

表 1-4　　电阻器和电位器的型号命名方法

第一部分:名称		第二部分:材料		第三部分:特征分类			第四部分:序号
符号	含义	符号	含义	符号	含义		
					电阻器	电位器	
R	电阻器 电位器	T	碳膜	1	普通	普通	名称、材料、特征分类相同,仅尺寸、性能指标略有差别,但不影响互换的产品,序号相同。若尺寸、性能指标差别过于明显而不能互换,则在序号后面用大写字母作为区别代号给予区分
		H	合成膜	2	普通	普通	
		S	有机实心	3	超高频		
		N	无机实心	4	高阻		
		J	金属膜	5	高温		
		Y	氧化膜	7	精密	精密	
		C	沉积膜	8	高压	特殊函数	
		I	玻璃釉	9	特殊	特殊	
		P	硼碳膜	G	高功率		
		U	硅碳膜	T	可调		
		X	线绕	W		微调	
		F	熔断	D		多圈	

例如,普通金属膜电阻器:

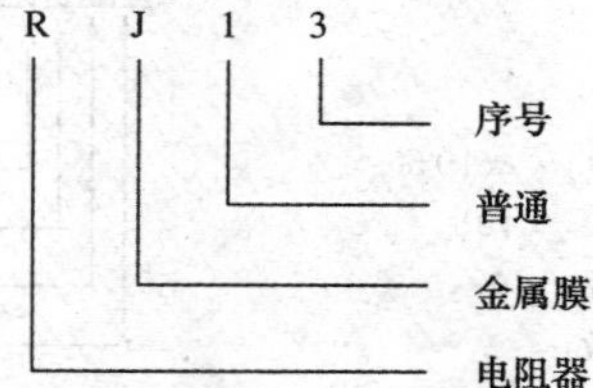

敏感电阻器的型号也由四部分组成,第一部分:主称,用 M 来表示,说明是敏感元器件;第二部分:类别(用字母表示),见表 1-5;第三部分:用途或特征(用字母或数字表示),见表 1-5;第四部分:序号(用数字表示)。

表 1-5　　　　敏感电阻器的类别代号及意义

类别		特征					
代号	意义	代号	意义			代号	意义
			正温度系数热敏电阻器	负温度系数热敏电阻器	光敏电阻器		压敏电阻器
F	负温度系数热敏	1	普通	普通	紫外光	W	稳压
Z	正温度系数热敏	2		稳压		G	过压保护
G	光敏	3		微波测量		P	高频
Y	压敏	4		旁热	可见光	N	高能
S	湿敏	5	测温	测温		K	高可靠性
C	磁敏	6	控温	控温		L	防雷
L	力敏	7	消磁		红外光	H	灭弧
Q	气敏	8		线性		Z	消噪

例如，普通旁热式负温度系数热敏电阻器：

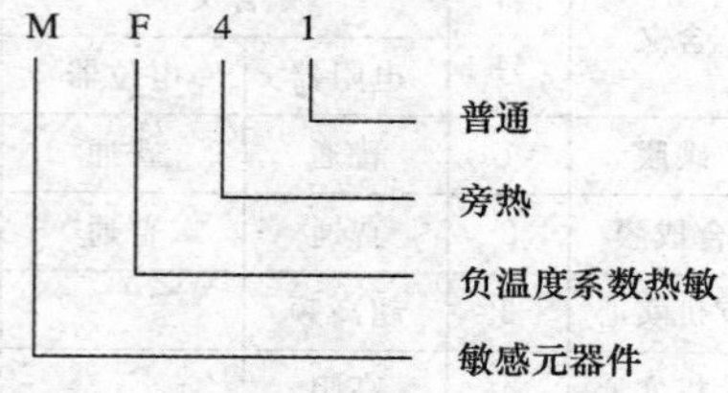

3. 电阻器典型参数的标识方法

(1)直标法　直标法是用阿拉伯数字和单位符号在电阻器表面直接标出标称阻值和允许偏差。如：5.1 kΩ。

(2)文字符号法　文字符号法是用阿拉伯数字和文字符号有规律地组合来表示标称阻值，其允许偏差也用字母表示。如：2R7F(表示 2.7 Ω±1%)、4k7K(表示 4.7 kΩ±10%)等。

(3)色标法　色标法是利用不同颜色的色环在电阻器表面标出标称阻值和允许偏差，如图 1-3 所示。具体的规定见表 1-6。

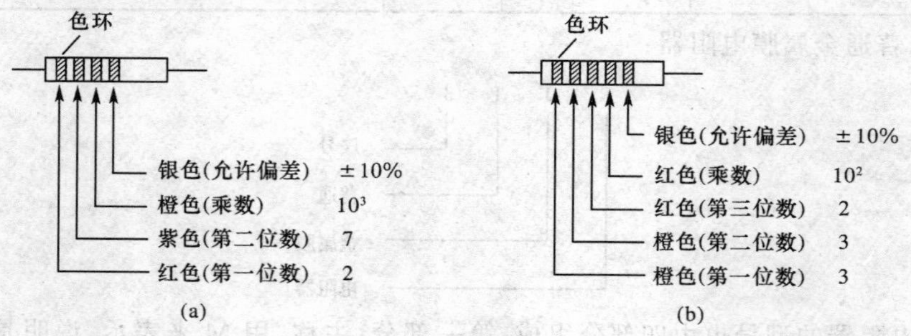

图 1-3　色标法示意图

例 1：两位有效数字的色标法示例，如图 1-3(a)所示，该电阻器的阻值为 2.7 kΩ±10%。

例 2：三位有效数字的色标法示例，如图 1-3(b)所示，该电阻器的阻值为 33.2 kΩ±10%。

表 1-6　　色标法中电阻器标称阻值及允许偏差的色标

颜色	有效数字	乘数	允许偏差/%
棕	1	10^1	±1
红	2	10^2	±2
橙	3	10^3	—
黄	4	10^4	—
绿	5	10^5	±0.5
蓝	6	10^6	±0.25
紫	7	10^7	±0.1
灰	8	10^8	—
白	9	10^9	—
黑		10^0	—
金		10^{-1}	±5
银		10^{-2}	±10
无色		—	±20

(4)数码表示法　数码表示法是在电阻器表面用三位数码表示标称阻值的标注方法。数码从左到右，第一、二位为有效数字，第三位为乘数，即乘以 10 的幂次方，单位为 Ω，允许偏差用字母表示。如：标志为 104J 的电阻器，其电阻值为 $10\times10^4\ \Omega\pm5\%$，即 100 kΩ±5%。又如：标志为 222K 的电阻器，其电阻值为 $22\times10^2\ \Omega\pm10\%$，即 2.2 kΩ±10%。

任务 1-2　电阻器的识读

做一做

根据图 1-4 所示的电阻器实物，完成电阻器的识读，并将结果填入表 1-7 中。

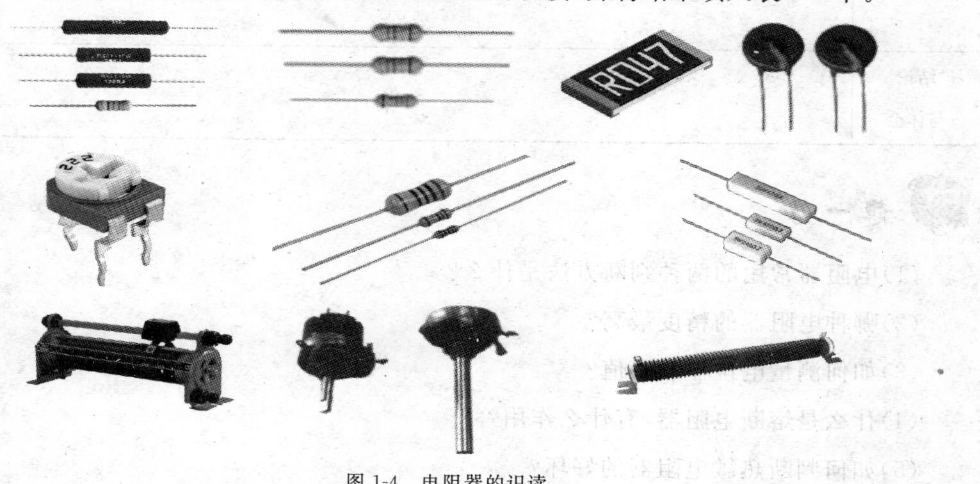

图 1-4　电阻器的识读

表 1-7　　　　电阻器的识读

<table>
<tr><td>任务名称</td><td>电阻器的识读</td><td>任务编号</td><td>DZ1-2</td></tr>
<tr><td>任务要求</td><td colspan="3">按要求完成电阻器识读内容</td></tr>
<tr><td>测试设备</td><td colspan="3">万用表 1 块</td></tr>
<tr><td>元器件</td><td colspan="3">各种不同标称阻值、不同允许误差(允许偏差)的电阻器</td></tr>
<tr><td>测试程序</td><td colspan="3">①读出电阻器上的标称阻值；
②用万用表测量各电阻器阻值，并与标称阻值比较；
③读出电阻器上的允许误差，检查各电阻器的测量误差是否在允许范围内。
<table>
<tr><th>电阻器编号</th><th>标称阻值</th><th>测量阻值</th><th>允许误差</th><th>测量误差</th><th>是否合格</th></tr>
<tr><td></td><td></td><td></td><td></td><td></td><td></td></tr>
<tr><td></td><td></td><td></td><td></td><td></td><td></td></tr>
<tr><td></td><td></td><td></td><td></td><td></td><td></td></tr>
<tr><td></td><td></td><td></td><td></td><td></td><td></td></tr>
<tr><td></td><td></td><td></td><td></td><td></td><td></td></tr>
<tr><td></td><td></td><td></td><td></td><td></td><td></td></tr>
<tr><td></td><td></td><td></td><td></td><td></td><td></td></tr>
<tr><td></td><td></td><td></td><td></td><td></td><td></td></tr>
<tr><td></td><td></td><td></td><td></td><td></td><td></td></tr>
<tr><td></td><td></td><td></td><td></td><td></td><td></td></tr>
</table>
结论：(1)电阻器的标称阻值与测量阻值之间存在误差，但该误差应在允许范围内。
(2)电阻器的测量误差与测量仪器的精度有关。</td></tr>
<tr><td>结论
与体会</td><td colspan="3"></td></tr>
</table>

想一想

(1)电阻器常用的两种判断方法是什么？

(2)哪种电阻器的精度最高？

(3)如何测量电位器的阻值？

(4)什么是熔断电阻器，有什么作用？

(5)如何判断热敏电阻器的好坏？

 读一读

【拓展知识】

1. 书写方法

为了识别和选用电阻器，还应熟悉它的书写方法，现举例说明。

例 3：RT-1/2-3.3kΩ，则 RT 表示碳膜电阻器，标称功率为 0.5 W，标称阻值为 3.3 kΩ。

例 4：RJ-1/4-100Ω，则 RJ 表示金属膜电阻器，标称功率为 0.25 W，标称阻值为 100 Ω。

例 5：RX-2-47Ω，则 RX 表示线绕电阻器，标称功率为 2 W，标称阻值为 47 Ω。

2. 使用注意事项

使用时要注意所用电阻器的材料、标称功率和允许偏差。特别是线绕电阻器和一些特殊电阻器，如熔断电阻器等，在使用时不可用其他电阻器替换。

1.2 电容器基本特性的测试

 学习目标

◇ 理解电容器及其基本特性、结构与符号等。

◇ 理解电容器的分类、主要参数。

 工作任务

◇ 完成电容器的分类、测试与结果记录。

◇ 了解电容器的基本特性与选用。

 看一看

常见电容器的外形和图形符号如图 1-5 所示。

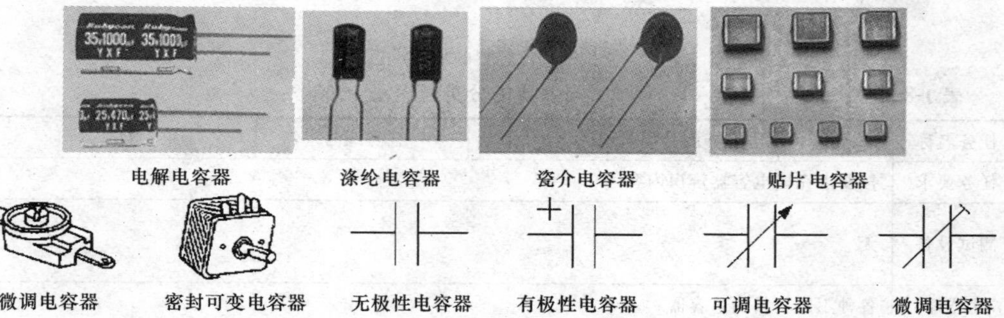

图 1-5 常见电容器的外形和图形符号

电容器是组成电路的基本元器件之一，是一种储能元件，在电路中起隔直、旁路和耦合等作用。电容器用文字符号 C 表示。

电容器按容量是否可调，可分为固定式和可变式两大类，可变式电容器又可分为全可变和半可变（包括微调电容器）两类；按是否有极性，可分为有极性电容器和无极性电容器两类；按其介质材料不同，可分为空气介质电容器、固体介质（云母、纸介、陶瓷、涤纶、聚苯乙烯等）电容器、电解电容器。

任务 1-3　电容器的分类

做一做

根据图 1-6 所示的电容器实物，完成电容器的分类辨识，并将结果填入表 1-8 中。

图 1-6　电容器的分类辨识

表 1-8　电容器的分类辨识

任务名称	电容器的分类辨识	任务编号	DZ1-3
任务要求	按要求完成电容器辨识内容		
测试设备	无		
元器件	各种不同材料的电容器		

续表

<table>
<tr><td>测试程序</td><td>辨识电容器：

电容器编号	材料	有无极性	是否可调

结论：(1)电容器的外形不同，材料不同，其用途也不同。
(2)一般电解电容器有正负极，但也有NP(BP)无极性电解电容器这样的特殊情况。</td></tr>
<tr><td>结论
与体会</td><td></td></tr>
</table>

想一想

(1)为什么有不同材料的电容器，它们的性能是否不同？

(2)有的电容器为什么要区分极性？

读一读

1. 电容器的型号命名方法

电容器的型号由下面四部分组成：

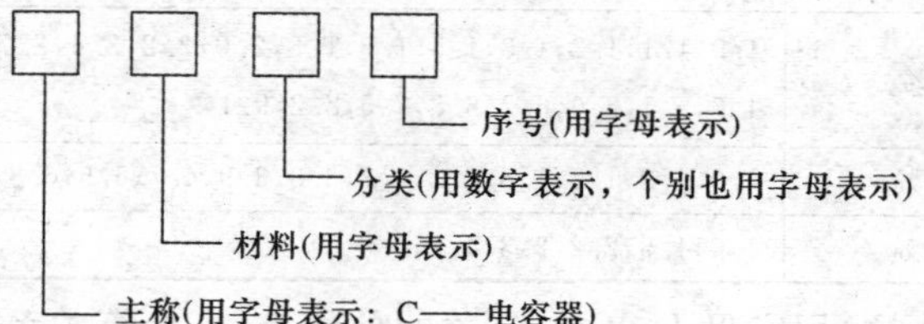

例如，CCW1型圆形微调瓷介电容器和CT2型管形低频瓷介电容器的型号命名如下：

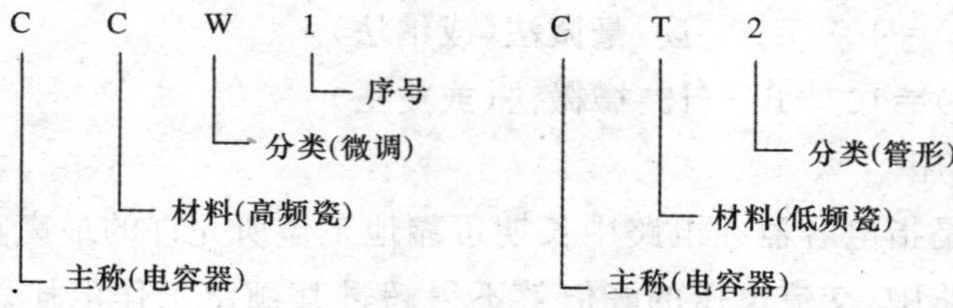

电容器型号中数字和字母代码的意义见表 1-9。

表 1-9　电容器型号中数字和字母代码的意义

材料			
代号	意义	代号	意义
C	高频瓷	Q	漆膜
T	低频瓷	H	复合介质
I	玻璃釉	D	铝电解质
O	玻璃膜	A	钽电解质
Y	云母	N	铌电解质
V	云母纸	G	合金电解质
Z	纸介	L	涤纶等有机薄膜
J	金属化纸		
B	聚苯乙烯等有机膜	LS	聚碳酸酯有机薄膜
BF	聚四氟乙烯有机膜	E	其他材料电解质

分类				
数字代号	意义			
	瓷介	云母	有机	电解
1	圆片	非密封	非密封	箔式
2	管形			
3	叠片	密封	密封	烧结粉液体
4	独石			烧结粉固体
5	穿芯		穿芯	
6	支柱			
7				无极性
8	高压	高压	高压	

字母代号	意义
G	高功率
W	微调
说明：新型产品的分类根据发展情况予以补充	

2. 电容器的主要参数

电容器的主要参数有：标称容量及允许偏差、额定工作电压（又称耐压）、绝缘电阻等。

(1)标称容量及允许偏差

标在电容器外壳上的容量数值称为电容器的标称容量。它应符合 GB/T 2471—1995《电阻器和电容器优先数系》的规定，固定电容器标称容量系列见表 1-10。

表 1-10　固定电容器标称容量系列

系列	允许偏差	标称容量对应值
E24	±5%	1.0,1.1,1.2,1.3,1.5,1.6,1.8,2.0,2.2,2.4,2.7,3.0,3.3,3.6,3.9,4.3,4.7,5.1,5.6,6.2,6.8,7.5,8.2,9.1
E12	±10%	1.0,1.2,1.5,1.8,2.2,2.7,3.3,3.9,4.7,5.6,6.8,8.2
E6	±20%	1.0,1.5,2.2,2.3,4.7,6.8

电容器的单位（法拉）用字母 F 表示，有关的单位符号、换算关系及名称如下：

mF（或简写为 m）$=10^{-3}$F　读：毫法

μF（或简写为 μ）$=10^{-6}$F　读：微法

nF（或简写为 n）$=10^{-9}$F　读：毫微法（或纳法）

pF（或简写为 p）$=10^{-12}$F　读：微微法（或皮法）

(2)额定工作电压

额定工作电压是指电容器在电路中长期可靠地工作所允许的最高直流电压。如果电容器工作在交流电路中，交流电压的峰值就不得超过其额定工作电压。国家对电容器的

额定工作电压系列做了规定，从几伏到十万伏。具体规格如下：(单位为伏)

1.6，4，6.3，10，25，32，40，50，63，100，125，160，250，300，400，450，500，630，1000，1600，2000，2500，3000，4000，5000，8000，10000，15000，20000，25000，30000，35000，40000，45000，50000，60000，80000，100000。

(3)绝缘电阻

绝缘电阻是指电容器两极之间的电阻，也称漏电阻，表征电容器漏电的大小。绝缘电阻的大小取决于电容器的介质性能。

购买电容器时，主要考虑电容器的分类(如电解、瓷介、涤纶等)、标称容量和额定工作电压。

3. 电容器的标识

(1)色标法

色标法是指用不同色点或色带在电容器外壳上标出标称容量及允许偏差的标志方法。原理上跟电阻器的色标法一样，单位为 pF。

如：红红黑金，表示 220 pF±5%。

(2)直标法

直标法是利用数字、字母等符号在电容器外壳上直接标出标称容量及允许偏差、额定工作电压和制造日期等，有的电容器由于体积小，习惯上省略其单位，但应遵循如下规则：

①凡不带小数点的整数，若无单位，则表示单位为 pF，如 3300 表示该电容器的标称容量为 3300 pF。

②凡带小数点的数值，若无单位，则表示单位为 μF，如 0.47 表示该电容器的标称容量为 0.47 μF。

许多小型固定电容器，如瓷介电容器等，其耐压均在 100 V 以上，由于体积小可以不标注耐压值。

(3)文字符号法

文字符号法是指将参数和技术性能用字母和数字符号有规律地组合起来并标注在电容器外壳上，电容器文字符号及其组合示例见表 1-11。

表 1-11　电容器文字符号及其组合示例

标称容量	文字符号	标称容量	文字符号	标称容量	文字符号
0.1 pF	p1	10 pF	10p	0.47 μF	470n
1 pF	1p	3300 pF	3n3	4.7 μF	4μ7
4.7 pF	4p7	47000 pF	47n	4700 μF	4m7

(4)三位数码表示法

三位数码表示法是用三位数字表示标称容量的大小，单位为 pF。前两位数字表示有效数字，后一位数字表示乘数。但第三位数字为 9 时表示有效数字需乘以 0.1。

如：102 表示 1000 pF；101 表示 100 pF；479 表示 4.7 pF。

(5)电路图中的标注

电容器在电路图中有三种标注方法：

①不带小数点，也不带单位的电容器，其单位为 pF，如 100，表示标称容量为 100 pF。

②带小数点，但不带单位的电容器，其单位为 μF，如 0.01，表示标称容量为 0.01 μF。

③不带小数点，但带有单位的电容器，其单位为 μF，如 100 μF/50 V，表示标称容量为 100 μF，额定工作电压为 50 V。

4. 电容器的简易测试

(1)检测标称容量在 10 pF 以下的电容器

因这样的电容器其容量太小，用万用表进行测量时，只能定性地检查其是否有漏电、内部短路或击穿现象。可选用万用表 R×10k 挡，用两个表笔分别任意接电容器的两个引脚，阻值应为无穷大。若发现万用表指针向右摆动或阻值为零，则说明电容器漏电损坏或内部击穿。

(2)检测标称容量为 10 pF～0.01 μF 的电容器

方法同(1)，其区别是万用表测出电容器两端阻值很大，大于 20 MΩ，但不是无穷大。

对于小容量电容器最好使用电容表测量。现在大部分万用表有电容挡，可以通过电容挡测量。普通的瓷介电容器其允许偏差是比较大的，测出的数值有误差也是正常的。

(3)检测标称容量在 0.01 μF 以上的电容器

先用两个表笔分别任意触碰电容器的两个引脚，然后调换表笔再触碰一次，如果电容器未损坏，万用表指针会向右摆动一下，随即向左迅速返回无穷大位置。容量越大，指针摆动幅度越大。如果反复调换表笔触碰电容器的两个引脚，万用表指针始终不向右摆动，就说明该电容器的容量已小于 0.01 μF 或者该电容器已经失效。测量时，若指针向右摆动后不能再向左回到无穷大位置，说明该电容器漏电或内部击穿。

用 500 型万用表 R×10k 挡实测的 0.01～1 μF 电容器的容量与万用表指针向右摆动位置对应阻值见表 1-12。

表 1-12　实测 0.01～1 μF 电容器的容量与万用表指针向右摆动位置对应阻值

容量/μF	0.01	0.022	0.047	0.068	0.1	0.22	0.33	0.47	1
万用表指针向右摆动位置对应阻值	20 MΩ	10 MΩ	4.5 MΩ	4 MΩ	3 MΩ	1.4 MΩ	850 kΩ	400 kΩ	45 kΩ

(4)电解电容器的检测

①正确选择万用表电阻挡，因为电解电容器的容量较大，所以测量时，应针对不同容量选用合适的量程。根据经验，一般情况下，1～47 μF 的电容器可用 R×1k 挡测量，大于 47 μF 的电容器可用 R×100 挡测量。

②将万用表红表笔接负极，黑表笔接正极，在刚接触电容器引脚的瞬间，万用表指针向右偏转较大幅度，接着逐渐向左回转，直到停在某一位置。此时的阻值便是电解电容器的正向漏电阻。此值越大，说明漏电流越小，电容器性能越好。然后将红、黑表笔对调，万用表指针将重复上述摆动现象，但此时所测的阻值为电解电容器的反向漏电阻，此值小于正向漏电阻，即反向漏电流比正向漏电流大。实际经验表明，电解电容器的漏电阻一般为几百千欧，否则将不能正常使用。在测量时，若正向、反向均无充放电现象，即万用表指针

不动，则说明容量消失或内部断路；若所测阻值很小或为零，则说明电容器漏电多或已击穿损坏。

(5)估测电解电容器的容量

使用万用表电阻挡，采用给电解电容器进行正反向充放电的方法，根据万用表指针向右摆动幅度的大小，可估测电解电容器的容量，表 1-13 是 500 型万用表的测试数据，供大家参考。

表 1-13　　实测电解电容器的容量与万用表指针向右摆动位置对应阻值

容量/μF	万用表指针向右摆动位置对应阻值	万用表电阻挡位	容量/μF	万用表指针向右摆动位置对应阻值	万用表电阻挡位
1	210 kΩ	R×1k	100	2.2 kΩ	R×100
2.2	110 kΩ	R×1k	220	750 Ω	R×100
3.3	55 kΩ	R×1k	330	500 Ω	R×100
4.7	50 kΩ	R×1k	470	120 Ω	R×100
6.8	34 kΩ	R×1k	1000	230 Ω	R×10
10	21 kΩ	R×1k	2200	90 Ω	R×10
22	8.5 kΩ	R×1k	3300	75 Ω	R×10
33	5 kΩ	R×1k	4700	26 Ω	R×10
47	3.2 kΩ	R×1k			

任务 1-4　电容器的识读

做一做

根据图 1-7 所示的电容器实物，完成电容器的识读，并将结果填入表 1-14 中。

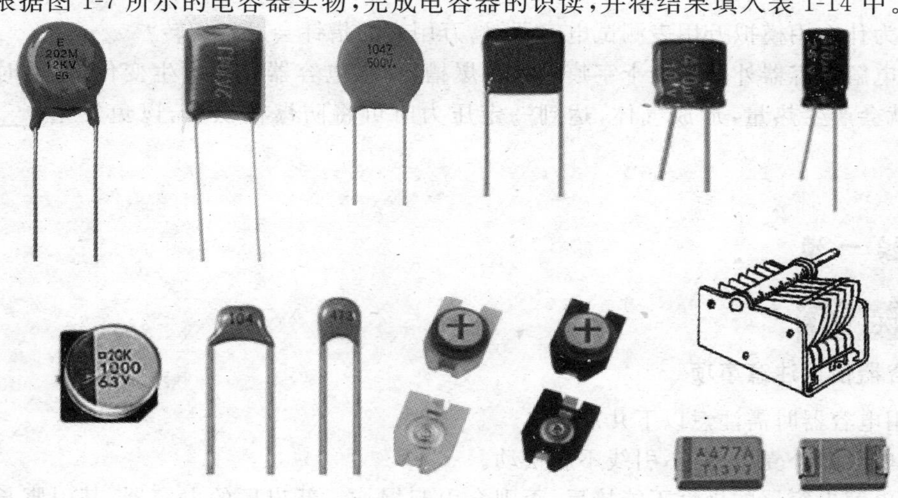

图 1-7　电容器的识读

表 1-14　　　　　　　　　　　　　　电容器的识读

<table>
<tr><td>任务名称</td><td>电容器的识读</td><td>任务编号</td><td>DZ1-4</td></tr>
<tr><td>任务要求</td><td colspan="3">按要求完成电容器识读内容</td></tr>
<tr><td>测试设备</td><td colspan="3">万用表 1 块</td></tr>
<tr><td>元器件</td><td colspan="3">各种不同标称容量、不同允许偏差的电容器</td></tr>
<tr><td>测试程序</td><td colspan="3">①读出电容器上的标称容量；
②用万用表初步测出各电容器对应阻值(测量阻值)；
③读出电容器上的允许偏差。
<table>
<tr><td>电容器编号</td><td>标称容量</td><td>测量阻值</td><td>允许偏差</td><td>有无极性</td><td>是否合格</td></tr>
<tr><td></td><td></td><td></td><td></td><td></td><td></td></tr>
<tr><td></td><td></td><td></td><td></td><td></td><td></td></tr>
<tr><td></td><td></td><td></td><td></td><td></td><td></td></tr>
<tr><td></td><td></td><td></td><td></td><td></td><td></td></tr>
<tr><td></td><td></td><td></td><td></td><td></td><td></td></tr>
<tr><td></td><td></td><td></td><td></td><td></td><td></td></tr>
<tr><td></td><td></td><td></td><td></td><td></td><td></td></tr>
<tr><td></td><td></td><td></td><td></td><td></td><td></td></tr>
</table>
结论：(1)一般只能初步判断电容器的标称容量，测量误差大是正常的。
(2)NP(BP)电容器本质上是有正负极的，只不过做了特殊工艺处理。
(3)电解电容器的正负极是不能错接的，否则会烧坏电容器，甚至发生爆炸。</td></tr>
<tr><td>结论
与体会</td><td colspan="3"></td></tr>
</table>

想一想

(1)为什么用模拟万用表测试电容器时，万用表的指针会发生偏转？

(2)电解电容器外壳上的十字痕迹是防爆槽，如果电容器介质发生变化，通电时电容器内部就会产生热量，形成气体，达到一定压力时可将防爆槽拱开，以免发生________事故。

读一读

【拓展知识】

电容器使用注意事项

使用电容器时需注意以下几点：

(1)电容器外壳应完整，引线不应松动。

(2)电解电容器的极性不能接反，否则会引起爆炸。新出厂的电容器，其引脚长的是正极，或者外壳上标有“—”符号的引脚是负极。但也有的电解电容器无正负极。

(3)电容器的耐压一般指正向耐压,使用时应符合要求。

(4)温度对电解电容器的漏电流、容量及寿命都有影响,一般电解电容器只能在50 ℃以下环境使用。

(5)用于脉冲电路的电容器,应选用频率特性和耐温性能较好的,一般为涤纶、云母、聚苯乙烯等材质。

(6)可变电容器的动片应接地,这样调节时不会干扰电路。

(7)可变电容器使用久了,动片与定片之间会有灰尘,应定期做清洁处理。

(8)涤纶电容器的容量相对稳定,但稳定性差,一般不适合用于高频场合;而瓷介电容器的高频损耗小,稳定性好,可以用于高频场合。

1.3 电感器基本特性的测试

学习目标

◇ 理解电感器及其基本特性、结构与符号等。

◇ 理解电感器的分类、主要参数。

工作任务

◇ 完成电感器的分类、测试与结果记录。

◇ 了解电感器的基本特性与选用。

看一看

常见电感器的外形及图形符号如图1-8所示。

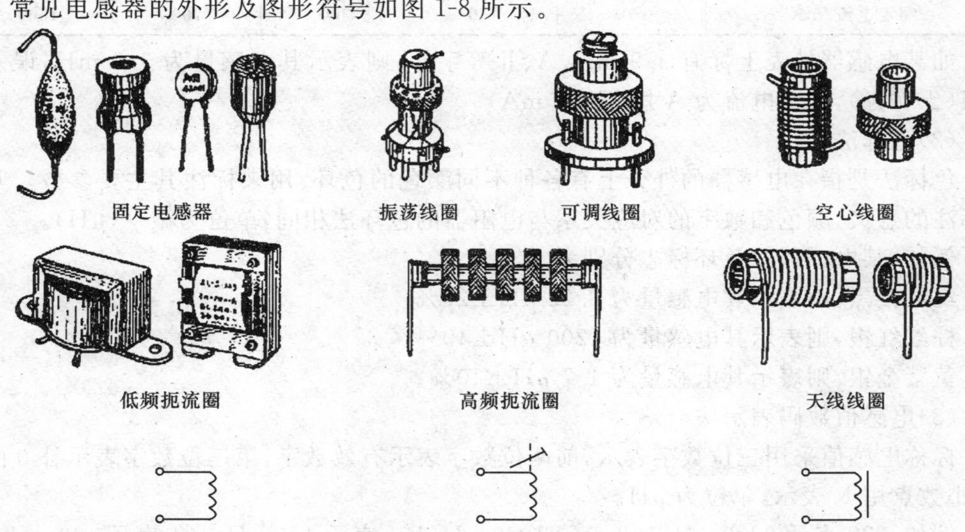

图1-8 常见电感器的外形及图形符号

在无线电整机设备中电感器主要指各种线圈。线圈按用途可分为高频扼流圈、低频扼流圈、调谐线圈、退耦线圈、提升线圈、稳频线圈等。

读一读

1. 电感器的主要参数

(1)标称电感量　电感量的单位是亨(或亨利),用字母 H 表示,实际标称电感量常用毫亨(mH)和微亨(μH)表示。其中,1 H=1000 mH =1000000 μH。

(2)品质因数　品质因数是指线圈的感抗与线圈总损耗电阻的比值,用字母 Q 表示,其计算公式为

$$Q=(2\pi fL)/R=(\omega L)/R$$

在谐振回路中,线圈的 Q 值越大,回路的损耗越小。

(3)分布电容　分布电容是指线圈的线匝间形成的电容。它的存在减小了线圈的品质因数,通常要尽量减小分布电容。

(4)额定电流　额定电流是指电感器正常工作时,允许通过的最大电流,如工作电流大于额定电流,电感器不但会产生较大的压降,还会因发热而改变参数,严重时会烧毁。

购买电感器时主要考虑的是电感器的类型、电感量和额定电流。

2. 小型固定电感器的标识方法

小型固定电感器的标识方法有直标法、色标法、电感值数码表示法。

(1)直标法

直标法是指在小型固定电感器的外壳上直接用文字标出电感量、误差、额定电流等。其中额定电流常用字母 A、B、C、D、E 等标注,额定电流与字母的对应关系见表 1-15。

表 1-15　小型固定电感器的额定电流与字母的对应关系

字母	A	B	C	D	E
额定电流/mA	50	150	300	700	1600

如某电感器外壳上标有 3.9 mH、A、Ⅱ 等字样,则表示其电感量为 3.9 mH,误差为Ⅱ级(±10%),额定电流为 A 挡(即 50 mA)。

(2)色标法

色标法是指在电感器的外壳上有各种不同颜色的色环,用来标注其主要参数。其色环标注的意义、颜色和数字的对应关系与电阻器的色环法相同,单位为微亨(μH)。

例如:某电感器的色环标志分别为

红红银黑,则表示其电感量为 0.22 μH±20%。

棕红红银,则表示其电感量为 1200 μH±10%。

黄紫金银,则表示其电感量为 4.7 μH±10%。

(3)电感值数码表示法

标称电感值采用三位数字表示,前两位数字表示有效数字,第三位数字表示补 0 的个数,小数点用 R 表示,单位为 μH。

例如:222 表示 2200 μH;102 表示 1000 μH;151 表示 150 μH;101 表示 100 μH;
120 表示 12 μH;100 表示 10 μH;1R8 表示 1.8 μH;R68 表示 0.68 μH。

任务 1-5 电感器的识读

做一做

根据图 1-9 所示的电感器实物，完成电感器的识读，并将结果填入表 1-16 中。

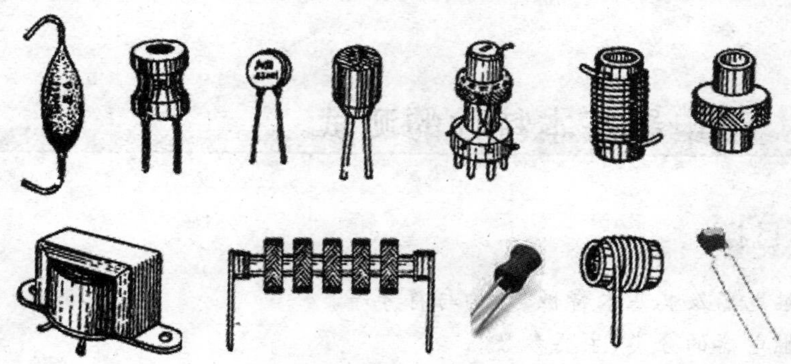

图 1-9 电感器的识读

表 1-16 电感器的识读

<table>
<tr><td>任务名称</td><td>电感器的识读</td><td>任务编号</td><td>DZ1-5</td></tr>
<tr><td>任务要求</td><td colspan="3">按要求完成电感器识读内容</td></tr>
<tr><td>测试设备</td><td colspan="3">万用表 1 块</td></tr>
<tr><td>元器件</td><td colspan="3">不同型号、不同误差的电感器</td></tr>
<tr><td>测试程序</td><td colspan="3">①读出电感器上的标称电感量和额定电流；
②用万用表初步测出各电感器的感抗(测量阻值)；
③读出电感器上的误差。
<table><tr><td>电感器编号</td><td>标称电感量</td><td>额定电流</td><td>测量阻值</td><td>误差</td><td>是否合格</td></tr><tr><td></td><td></td><td></td><td></td><td></td><td></td></tr><tr><td></td><td></td><td></td><td></td><td></td><td></td></tr><tr><td></td><td></td><td></td><td></td><td></td><td></td></tr><tr><td></td><td></td><td></td><td></td><td></td><td></td></tr><tr><td></td><td></td><td></td><td></td><td></td><td></td></tr><tr><td></td><td></td><td></td><td></td><td></td><td></td></tr><tr><td></td><td></td><td></td><td></td><td></td><td></td></tr></table>结论：(1)电感器的外形不同，材料不同，其电感量也不同。
(2)电感器的种类很多，要注意区分。
(3)不同的电感器有不同的用途。</td></tr>
<tr><td>结论与体会</td><td colspan="3"></td></tr>
</table>

想一想

如何对电感器进行简易测试？

用万用表电阻挡测量电感器感抗的大小时，若被测电感器的阻值为零，则说明电感器的绕组有短路性故障。在测量时一定要将万用表调零，反复测试几次。

若被测电感器的阻值为无穷大，则说明电感器的绕组或引脚与绕组的接点处有断路现象。

1.4 继电器基本特性的测试

学习目标

◇ 理解继电器及其基本特性、结构与符号等。

◇ 理解继电器的分类、主要参数。

工作任务

◇ 完成继电器的分类、测试与结果记录。

◇ 了解继电器的基本特性与选用。

看一看

常见继电器的外形及图形符号如图 1-10 所示。

固态继电器外形

电磁继电器外形

固态继电器图形符号

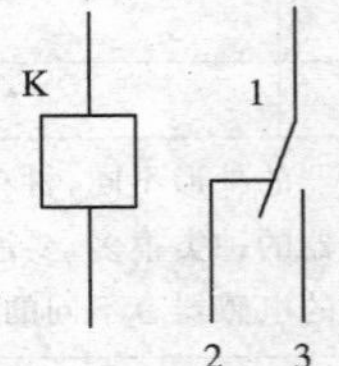

电磁继电器图形符号

图 1-10　常见继电器的外形及图形符号

继电器是一种控制式自动电器，它具有控制系统（又称输入回路）和被控制系统（又称输出回路）。继电器是用来实现电路连接点的闭合或切断的控制器件，通常用于自动控制系统、遥控遥测系统、通信系统的控制设备或保护装置中，当作为被控制量的参数（如电压、电流、温度、压力等）达到预定值时继电器开始动作，使被控制电路接通或断开，从而实现所要求的控制和保护。

读一读

1. 继电器分类

继电器的种类很多，按动作原理或结构特征分，有电磁继电器、无触点固态继电器、热继电器、温度继电器、光电继电器、霍尔效应继电器等。

（1）电磁继电器　它由控制电流通过线圈产生的电磁吸引力驱动磁路中的可动部分来实现触点的开闭或转换。这种继电器最常见的有：

直流继电器，控制电流为直流电流。

交流继电器，控制电流为交流电流。

（2）无触点固态继电器　这是一种无触点全固态的电子器件，其开闭电路功能和输入、输出的绝缘程度与电磁继电器相同。

（3）热继电器　它利用热效应动作。

（4）温度继电器　它在外界温度达到规定值时动作。

（5）光电继电器　它利用光电效应动作。

（6）霍尔效应继电器　它利用半导体的霍尔效应动作。

2. 有关继电器的名词及参数

（1）释放状态　它是指继电器线圈未得到激励时继电器所处的初始状态。

（2）吸合状态　吸合状态也称动作状态，是指在线圈中施加足够的激励量，使触点组完整地完成规定动作后所呈现的状态。

（3）吸合电压（或吸合电流）正常值　它是指继电器在 20 ℃时吸合电压（或电流）的最大允许值。

（4）释放电压（或释放电流）正常值　它是指继电器在 20 ℃时释放电压（或电流）的最小允许值。

（5）额定电压（或额定电流）　它是指继电器正常工作时所规定的线圈电压（或电流）的标称值。

（6）触点额定负载　它是指在规定的环境条件和动作寿命次数条件下，规定的触点开路电压最大值和闭路电流最大值之积，一般以伏安为单位。

（7）接触电阻　它是指从引出端测得的一组闭合触点间的电阻值。

（8）寿命　它是指继电器在规定的环境条件和触点负载下，按产品技术标准要求能够正常动作的最少次数（动作次数）。

（9）吸合时间　它是指从线圈加额定值激励时起到触点完成工作状态所需要的时间。

（10）释放时间　它是指线圈撤销激励到触点恢复到释放状态所需要的时间。

3. 常用继电器的型号命名方法

常用继电器的型号命名方法见表 1-17。

表 1-17　常用继电器的型号命名方法

<table>
<tr><th>继电器</th><th>第一部分：
主称</th><th>第二部分：
外形符号</th><th>第三部分：
短画线</th><th>第四部分：
序号</th><th>第五部分：
防护特征</th></tr>
<tr><td>切换微负载
直流≤5 W
交流≤15 VA</td><td>JW(继微)</td><td rowspan="4">W(微型，
≤100 mm)
X(小型，
≤50 mm)
C(超小型，
≤25 mm)</td><td rowspan="4">—</td><td rowspan="4">数字</td><td rowspan="4">M(密封)
F(封闭)</td></tr>
<tr><td>切换弱负载
直流≤5 W
交流≤120 VA</td><td>JR(继弱)</td></tr>
<tr><td>切换中负载
直流≤150 W
交流≤500 VA</td><td>JZ(继中)</td></tr>
<tr><td>切换大负载
直流>5 W
交流>15 VA</td><td>JQ(继强)</td></tr>
</table>

任务 1-6　继电器的识读

做 一 做

根据图 1-11 所示的继电器实物，完成继电器的识读，并将结果填入表 1-18 中。

图 1-11　继电器的识读

表 1-18　　继电器的识读

<table>
<tr><td>任务名称</td><td>继电器的识读</td><td>任务编号</td><td>DZ1-6</td></tr>
<tr><td>任务要求</td><td colspan="3">按要求完成继电器识读内容</td></tr>
<tr><td>测试设备</td><td colspan="3">万用表 1 块</td></tr>
<tr><td>元器件</td><td colspan="3">各种不同型号、不同结构的继电器</td></tr>
<tr><td>测试程序</td><td colspan="3">①读出继电器的型号；
②用万用表初步测出相应端之间的阻值。
<table>
<tr><td rowspan="2">继电器编号</td><td rowspan="2">型号</td><td rowspan="2">负载强弱</td><td rowspan="2">触发类型</td><td colspan="2">相应端阻抗</td></tr>
<tr><td>常态</td><td>触发</td></tr>
<tr><td></td><td></td><td></td><td></td><td></td><td></td></tr>
<tr><td></td><td></td><td></td><td></td><td></td><td></td></tr>
<tr><td></td><td></td><td></td><td></td><td></td><td></td></tr>
<tr><td></td><td></td><td></td><td></td><td></td><td></td></tr>
<tr><td></td><td></td><td></td><td></td><td></td><td></td></tr>
</table>
结论：(1)继电器的外形不同，材料不同，其功率也不同。
(2)继电器的种类很多，要注意区分。
(3)不同的继电器有不同的动作过程和不同的用途。</td></tr>
<tr><td>结论
与体会</td><td colspan="3"></td></tr>
</table>

读一读

【拓展知识】

1. 固态继电器

固态继电器(Solid State Relay，SSR)，是现代微电子技术与电力电子技术相结合发展起来的一种用固体元器件组装而成的新颖的无触点开关器件，它可以实现用微弱的控制信号对几十安培甚至几百安培电流的负载进行无触点通断控制，目前已得到广泛的应用。其性能特点：

(1)SSR 的输入端只要求很小的控制电流(几毫安)，而输出端则采用大功率晶体管或双向晶闸管来接通或断开负载。

(2)与 TTL、HTL、CMOS 等集成电路具有很好的兼容性。

(3)由于 SSR 的通断由无机械接触部件控制，所以该器件具有高可靠性、开关速度快、寿命长、噪声低、干扰小等特点。

2. 使用 SSR 的注意事项

(1)SSR 的负载能力会随温度的升高而变差，因此，在使用温度较高的情况下，选用时必须留有一定余地。

(2)当 SSR 断开和接通感性负载时，在其输出端必须接压敏电阻器加以保护，其额定电压可以取电源电压有效值的 1.9 倍。

(3)因为组成 SSR 的内部电子元器件均具有一定的漏电流，其值通常为 5～10 mA，所以在使用时，尤其是在开断小功率电机和变压器时，SSR 容易产生误动作。

(4)使用 SSR 时，切记勿使负载短路，以免损坏器件。

(5)对焊接式的 SSR，在焊接时温度不能大于 260 ℃，焊接时间不大于 10 s。

3. 购买继电器

购买继电器时主要考虑的是：触点组数、触点允许流过最大电流、控制电压的性质(交流还是直流)、额定电压等。

1.5 半导体器件基本特性的测试

学习目标

◇ 理解半导体器件及其基本特性、结构与符号等。

◇ 理解半导体器件的分类、主要参数。

工作任务

◇ 完成半导体器件的分类、测试与结果记录。

◇ 了解半导体器件的基本特性与选用。

在众多的半导体器件中，最常见的是半导体二极管(二极管)、半导体三极管(三极管)和场效应管。

读一读

半导体器件的型号命名方法

半导体器件的型号命名方法见表 1-19～表 1-22。

表 1-19　　中国半导体器件型号命名方法

<table>
<tr><th colspan="2">第一部分</th><th colspan="2">第二部分</th><th colspan="4">第三部分</th><th>第四部分</th></tr>
<tr><td colspan="2">用数字表示器件的电极数目</td><td colspan="2">用字母表示器件的材料和极性</td><td colspan="4">用字母表示器件的类型</td><td rowspan="4">用数字表示器件的序号</td></tr>
<tr><td>符号</td><td>意义</td><td>符号</td><td>意义</td><td>符号</td><td>意义</td><td>符号</td><td>意义</td></tr>
<tr><td>2</td><td>二极管</td><td>A
B
C
D</td><td>N 型，锗管
P 型，锗管
N 型，硅管
P 型，硅管</td><td rowspan="2">A
D
G
X
P</td><td rowspan="2">高频大功率管
低频大功率管
高频小功率管
低频小功率管
普通管</td><td rowspan="2">W
Z
U
CS
T
FG</td><td rowspan="2">稳压管
整流管
光敏管
场效应管
晶闸管
发光管</td></tr>
<tr><td>3</td><td>三极管</td><td>A
B
C
D
E</td><td>PNP 型，锗管
NPN 型，锗管
PNP 型，硅管
NPN 型，硅管
化合物材料</td></tr>
</table>

例如：

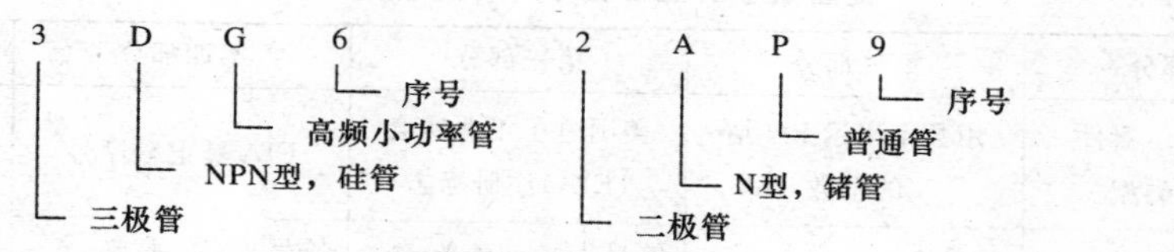

表 1-20　日本半导体器件型号命名方法

第一部分		第二部分		第三部分		第四部分
用数字表示器件的电极数目		在日本注册标志		用字母表示器件的材料和类型		在日本的登记号
符号	意义	符号	意义	符号	意义	
1 2	二极管 三极管	S	已在日本电子工业协会（JEIA）注册登记半导体器件	A B C D J K	PNP 高频管 PNP 低频管 NPN 高频管 NPN 低频管 P 沟道场效应管 N 沟道场效应管	多位数字

例如：

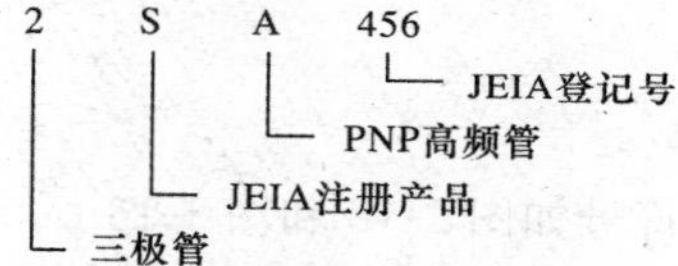

表 1-21　国际电子联合会（主要在欧洲）半导体器件型号命名方法

第一部分		第二部分		第三部分		第四部分	
用字母表示器件的材料		用字母表示器件的类型和主要特性		用数字或字母加数字表示登记号		用字母对同一型号分档	
符号	意义	符号	意义	符号	意义	符号	意义
A B C	锗材料 硅材料 砷化镓	A B C D F L P Q S T U Y Z	检波、开关、混频二极管 变容二极管 低频小功率三极管 低频大功率三极管 高频小功率三极管 高频大功率三极管 光敏器件 发光器件 小功率开关管 大功率晶闸管 大功率开关管 整流二极管 稳压二极管	三位数字 一个字母加两位数字	代表通用半导体器件的登记号 代表专用半导体器件的登记号	A B C D E ⋮	表示同一型号半导体器件按某一参数进行分挡

例如：

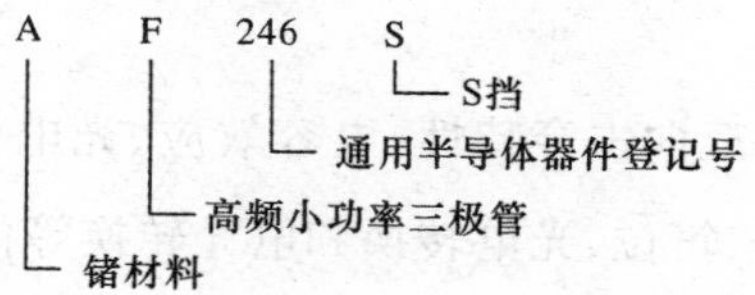

表 1-22　　美国电子工业协会半导体器件型号命名方法

第一部分		第二部分		第三部分		第四部分		第五部分	
用符号表示器件用途的类型		用数字表示 PN 结的个数		美国电子工业协会(EIA)注册标志		EIA 登记顺序号		用字母表示器件分挡	
符号	意义	符号	意义	符号	意义	符号	意义	符号	意义
JAN (无)	军品级 非军品级	1 2 3	二极管 三极管 三个 PN 结器件	N	已在 EIA 注册	多位数字	在 EIA 登记的顺序号	A B C D	同一型号的不同挡别

例如：

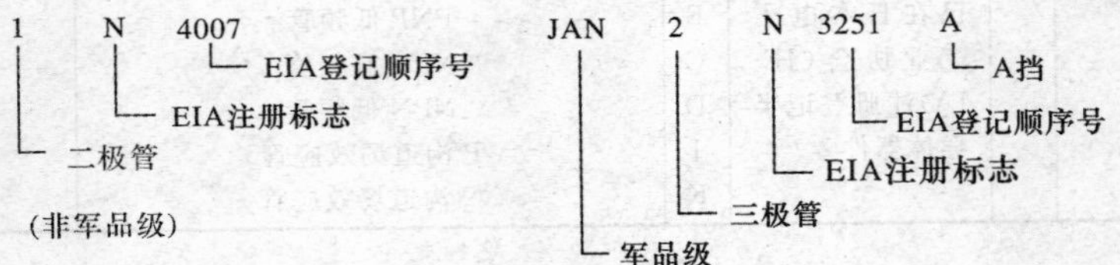

看一看

常见二极管的外形与图形符号如图 1-12 和图 1-13 所示。

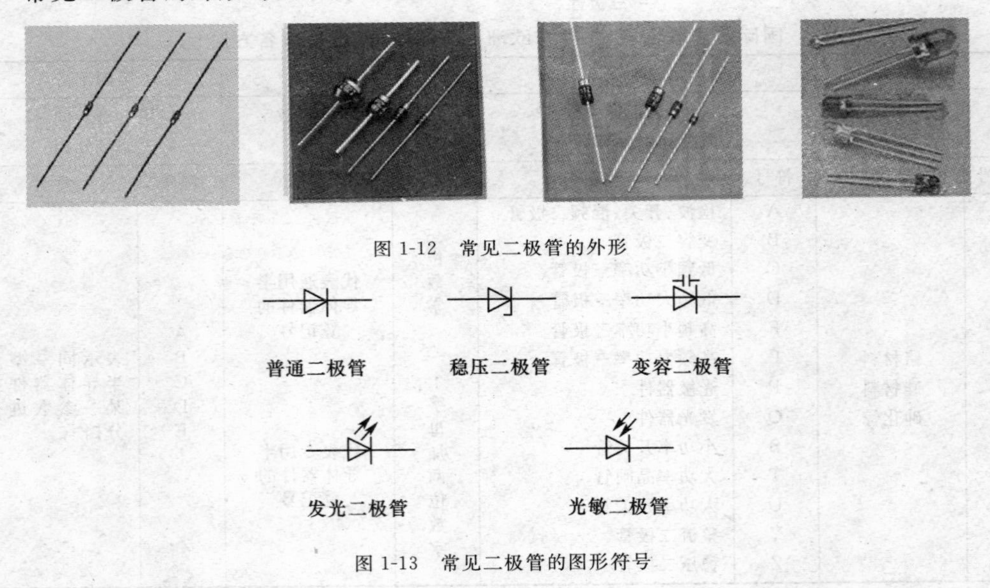

图 1-12　常见二极管的外形

图 1-13　常见二极管的图形符号

读一读

二极管具有单向导电性、反向击穿特性、电容效应、光电效应等特性。它在电路中可以起到整流、开关、检波、稳压、箝位、光电转换和电光转换等作用。

1. 二极管的分类

二极管按材料分:有锗二极管、硅二极管;按用途分:有整流二极管、开关二极管、检波二极管、稳压二极管、发光二极管、光敏二极管、变容二极管、硅堆(很多二极管接在一起)等。

2. 二极管的极性判别

判断二极管的极性,可以采用目测法,也可以通过万用表测量。

(1)目测法

普通二极管上标有白圈的引脚是阴极(负极);稳压二极管上标有白圈的引脚是负极,使用时接电源的正极发光;二极管的长引脚是阳极(正极);二极管的极性判别如图 1-14 所示。

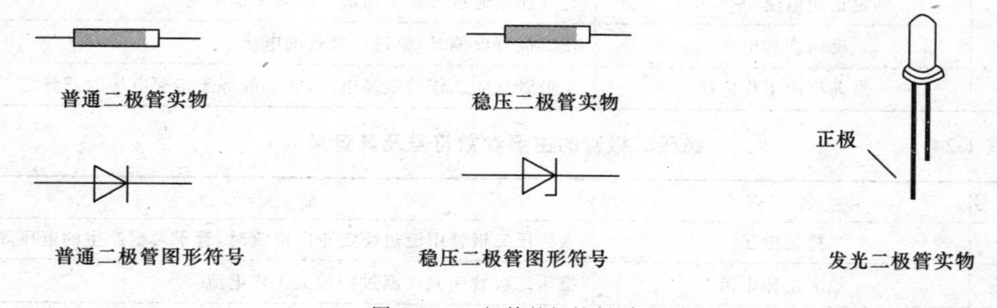

图 1-14 二极管的极性判别

(2)用指针万用表测量二极管

通常小功率锗二极管的正向电阻为 300～500 Ω,小功率硅二极管的正向电阻约为 1 kΩ 或更大。锗二极管的反向电阻为几十千欧,硅二极管的反向电阻应在 500 kΩ 以上(大功率二极管的数值要小得多)。正、反向电阻差值越大越好。

根据二极管的正、反向电阻的不同就可以判断二极管的极性。将指针万用表量程旋钮拨到 R×100 或 R×1k 挡(一般不用 R×1 或 R×10k 挡,因为使用 R×1 挡时电流太大,容易烧坏管子,而 R×10k 挡电压太高,使用时可能使管子击穿),用两个表笔分别与二极管的两极接触,测出两个阻值,测得阻值较小的一次,与黑表笔相连的一端是二极管的正极。如果测得反向电阻很小,就说明二极管内部短路;如果测得正向电阻很大,就说明管子内部开路。

测量发光二极管时,将万用表量程旋钮置于 R×1k 或 R×10k 挡,其正向电阻小于 50 kΩ,反向电阻大于 200 kΩ。

(3)用数字万用表测量二极管

将数字万用表量程旋钮拨到二极管挡,用两个表笔分别与二极管的两极接触,测出两个电压降,测得电压降为 0.5～0.8 V,与红表笔相连的一端是二极管的正极,与黑表笔相连的一端是二极管的负极;如果测得反向电压降很大如“1”或“1.824”,与红表笔相连的一端就是二极管的负极，与黑表笔相连的一端是二极管的正极；如果测得反向电压降很小，就说明二极管内部短路；如果测得正、反向电压降都很大，就说明管子内部开路。

测量发光二极管时，将数字万用表量程旋钮置于二极管挡，其正向电压降可达 1 V，反向电压降接近无穷大"1"。

3. 二极管的主要参数

二极管的主要参数符号及其意义见表 1-23、表 1-24。

表 1-23　　普通二极管的主要参数符号及其意义

参数符号	名　称	意　义
V_F	正向电压降	二极管中通过额定正向电流时的电压降
I_F	额定正向电流(平均值)	允许连续通过二极管的最大平均工作电流
I_R	反向饱和电流	在二极管反偏时，流过二极管的电流
U_{RM}	最高反向工作电压	二极管反向工作的最高电压，它一般等于击穿电压的三分之二

表 1-24　　稳压二极管的主要参数符号及其意义

参数符号	名　称	意　义
V_Z	稳定电压	当稳压二极管中流过额定正向电流时，管子两端产生的电压降
I_{FMAX}	最大工作电流	稳压二极管中允许流过的最大工作电流
I_{FMIN}	最小工作电流	为了确保稳定电压，稳压二极管中必须流过的最小工作电流

任务 1-7　二极管的识读

做一做

根据图 1-15 所示的二极管实物，完成二极管的识读，并将结果填入表 1-25 中。

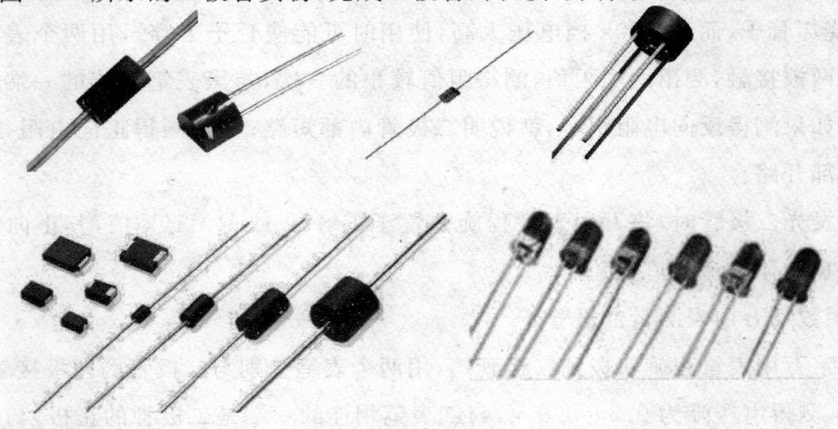

图 1-15　二极管的识读

表 1-25　　二极管的识读

<table>
<tr><td>任务名称</td><td>二极管的识读</td><td>任务编号</td><td>DZ1-7</td></tr>
<tr><td>任务要求</td><td colspan="3">按要求完成二极管识读内容</td></tr>
<tr><td>测试设备</td><td colspan="3">万用表 1 块</td></tr>
<tr><td>元器件</td><td colspan="3">各种不同型号、不同结构的二极管</td></tr>
<tr><td>测试程序</td><td colspan="3">①读出二极管的型号；
②用万用表初步测出二极管的极性，并测量正、反向电阻；
③读出二极管的功率。
<table>
<tr><td rowspan="2">二极管编号</td><td rowspan="2">型号</td><td rowspan="2">类型</td><td rowspan="2">功率</td><td colspan="2">正、反向电阻</td></tr>
<tr><td>正向</td><td>反向</td></tr>
<tr><td></td><td></td><td></td><td></td><td></td><td></td></tr>
<tr><td></td><td></td><td></td><td></td><td></td><td></td></tr>
<tr><td></td><td></td><td></td><td></td><td></td><td></td></tr>
<tr><td></td><td></td><td></td><td></td><td></td><td></td></tr>
<tr><td></td><td></td><td></td><td></td><td></td><td></td></tr>
<tr><td></td><td></td><td></td><td></td><td></td><td></td></tr>
<tr><td></td><td></td><td></td><td></td><td></td><td></td></tr>
<tr><td></td><td></td><td></td><td></td><td></td><td></td></tr>
<tr><td></td><td></td><td></td><td></td><td></td><td></td></tr>
</table>
结论：(1)二极管的外形不同，材料不同，接触方式不同，其功率也不同。
(2)二极管的种类很多，要注意区分。
(3)要注意区分二极管的正、负极。
(4)测量二极管时，要正确选用万用表。
(5)不同的二极管有不同的用途。</td></tr>
<tr><td>结论
与体会</td><td colspan="3"></td></tr>
</table>

想一想

(1)采购二极管时要注意二极管的用途，选择相应的材料、功率和额定正向电流。

(2)如何用数字万用表判断二极管的好坏？

(3)二极管的材料不同，导通电压有什么不同？

看一看

常见三极管的外形与图形符号如图 1-16 所示。

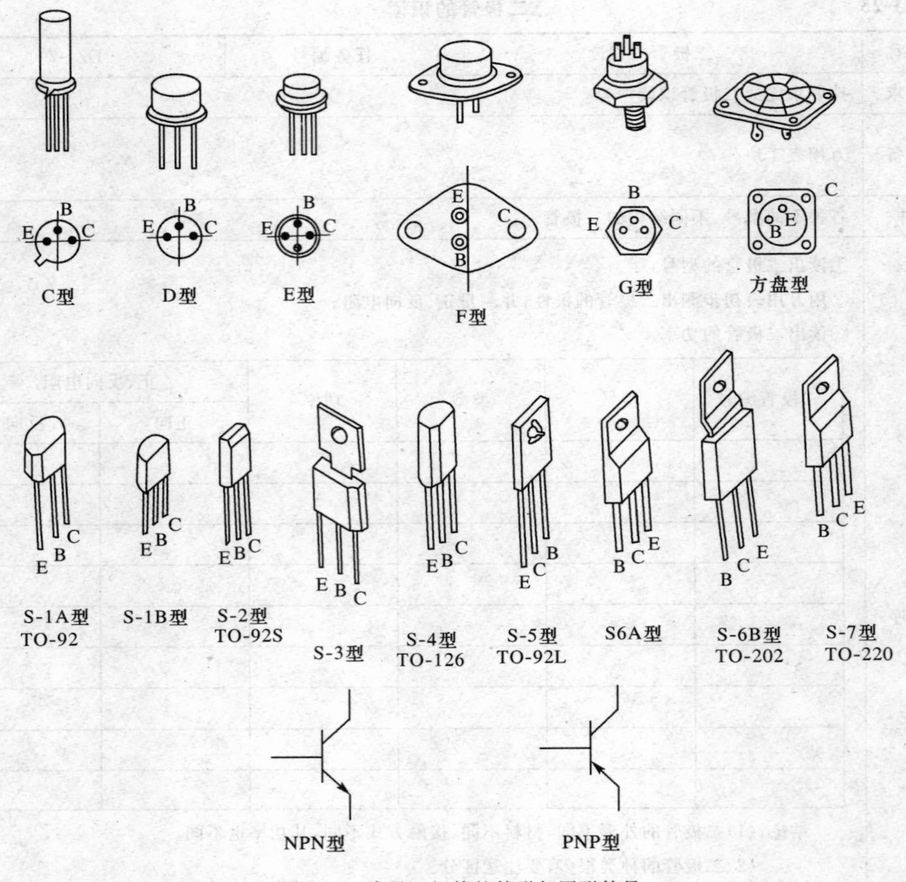

图 1-16 常见三极管的外形与图形符号

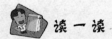

读一读

三极管在电路中对信号起放大、开关、倒相等作用。

1. 三极管的分类

三极管按导电类型分：有 NPN 型和 PNP 型三极管；按频率分：有高频三极管和低频三极管；按功率分：有小功率、中功率和大功率三极管；按电性能分：有开关三极管、高反压三极管、低噪声三极管等。

2. 三极管引脚的判别

(1)目测法　目测三极管确定其引脚，不同封装形式的三极管引脚如图 1-17 所示。

(2)表测法　通用万用表测量确定其引脚。依据是：NPN 型三极管的基极到发射极和集电极均为 PN 结的正向，而 PNP 型三极管的基极到发射极和集电极均为 PN 结的反向。具体方法如下：

①判别三极管的基极　对于功率在 1 W 以下的中小功率管，可用万用表的 R×1k 或 R×100 挡测量；对于功率在 1 W 以上的大功率管，可用万用表的 R×1 或 R×10 挡测量。

用黑表笔接触某一引脚，红表笔分别接触另外两个引脚，若表头读数很小，则与黑表笔接触的那一引脚是基极，同时可知道此三极管为 NPN 型。若用红表笔接触某一引脚，而黑表笔分别接触另外两个引脚，表头读数同样都很小，则与红表笔接触的那一引脚是基极，同时可知道此三极管为 PNP 型。用上述方法既判定了三极管的基极，又判定了三极管的类型。

②判别三极管的发射极和集电极　以 NPN 型三极管为例，确定基极后，假定其余两个引脚中的一个是集电极，用黑表笔接触此引脚，红表笔接触余下的引脚。用手指把假定的集电极和已测出的基极捏起来(但不要将两个极相碰)，观察万用表指示值，并记录此时的读数，然后，再做相反假设，即把原来假定为集电极的引脚假定为发射极，做同样的测试并记录此时的读数，比较两次读数的大小，若前者小，则说明前者的假设是对的。那么接触黑表笔的引脚就是集电极，另一个引脚是发射极。(注意测量时，用手将基极和另一个引脚捏在一起的力量应该差不多大)。

若需判别的是 PNP 型三极管，仍用上述方法，只不过要把表笔对调一下。

(3)用数字万用表判别三极管的好坏，可以用万用表的 hFE 挡直接测量三极管的 β 值，一般三极管(小功率管)的 β 值较小的情况下为 5～60，β 值大的超过 200。使用指针万用表时需要注意，在测量 β 值前，要先校表，校表的方法是：将量程旋钮拨到 ADJ 挡，短接两个表笔，调节面板的电位，让指针指到“400”，表就校准了。

3. 三极管的主要参数

三极管的主要参数符号及其意义见表 1-26。

表 1-26　　三极管的主要参数符号及其意义

参数符号	意　　义
I_{CBO}	发射极开路，集电极与基极间的反向电流
I_{CEO}	基极开路，集电极与发射极间的电流(即穿透电流)。一般 $I_{CEO}=(1+\beta)I_{CBO}$
V_{CES}	在共发射极电路中，三极管处于饱和状态时，集电极、发射极之间的电压降
β	共发射极电流放大系数
f_T	特征频率。当三极管共发射极运用时，随着频率的增大，电流放大系数 β 减小为 1 时所对应的频率。它表征三极管具备电流放大能力的极限频率
V_{CBO}	发射极开路时集电极、基极间的击穿电压
V_{CEO}	基极开路时集电极、发射极间的击穿电压
I_{CM}	集电极最大允许电流。它是 β 值减小到最大值的 1/2 或 2/3 时的集电极电流
P_{CM}	集电极最大耗散功率。它是集电极允许耗散功率的最大值

任务 1-8　三极管的识读

做一做

根据图 1-17 所示的三极管实物，完成三极管的识读，并将结果填入表 1-27 中。

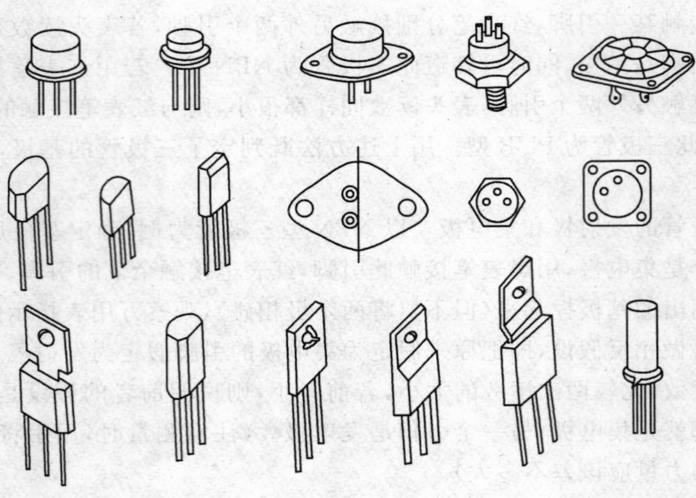

图 1-17　三极管的识读

表 1-27　　　　　**三极管的识读**

任务名称	三极管的识读	任务编号	DZ1-8
任务要求	按要求完成三极管识读内容		
测试设备	万用表 1 块		
元器件	各种不同型号、不同结构的三极管		

测试程序

①读出三极管的型号；简要区分三极管的工作频率；

②用万用表测出三极管的各极，并判断三极管的好坏；

③测量三极管的放大倍数。

三极管型号	工作频率	功率	放大倍数	类型	
				PNP	NPN

结论：(1)三极管的外形不同，材料不同，其功率也不同。

(2)三极管的种类很多，要注意区分。

(3)测量三极管时，要正确选用万用表。

(4)要注意区分三极管的各极。

(5)不同的三极管有不同的用途。

结论与体会	

(1)采购三极管时除了要看三极管的用途外，还需要选择相应的材料、功率、________类型和额定正向电流。

(2)如何用数字万用表判断三极管的各极？

常见场效应管的外形与图形符号如图 1-18 所示。

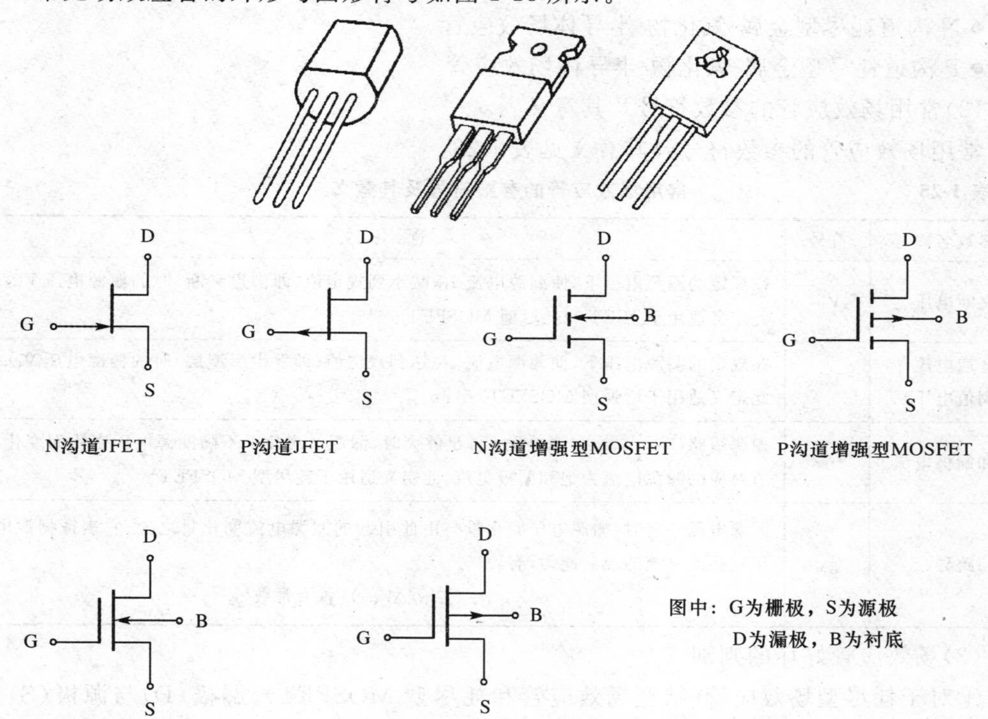

图 1-18 常见场效应管的外形与图形符号

场效应是指半导体材料的导电能力随电场改变而变化的现象。

场效应管(FET)的原理是当晶体管有一个变化的输入信号时，信号电压的改变使加在器件上的电场改变，从而改变器件的导电能力，使器件的输出电流随电场改变而变化。与三极管不同的是，它是电压控制器件，而三极管是电流控制器件。

场效应管具有以下特点：①输入阻抗高，在电路上便于直接耦合；②结构简单、便于设计、容易实现大规模集成；③温度性能好、噪声系数低；④开关速度快，截止频率高；⑤I、V满足平方律关系，是非线性器件等。所以其应用十分广泛。但它也存在一个很大的弱点，就是放大倍数小，使用时要注意。

(1)场效应管分类

①结型场效应管(JFET)

- N 沟道结型场效应管
- P 沟道结型场效应管

②金属-氧化物-半导体场效应管(MOSFET)

- N 沟道增强型金属-氧化物-半导体场效应管
- P 沟道增强型金属-氧化物-半导体场效应管
- N 沟道耗尽型金属-氧化物-半导体场效应管
- P 沟道耗尽型金属-氧化物-半导体场效应管

(2)常用场效应管的参数符号及其意义

常用场效应管的参数符号及其意义见表 1-28。

表 1-28　　常用场效应管的参数符号及其意义

参数名称	符号	意　义
夹断电压	V_P	在规定的漏源电压下，使漏源电流 I_{DS}减小到规定值(即沟道夹断)时的栅源电压 V_{GS}。此定义适用于 JFET 和耗尽型 MOSFET
开启电压(阈值电压)	V_T	在规定的漏源电压下，使漏源电流 I_{DS}达到规定值(即发生反型层)时的栅源电压 V_{GS}。此定义适用于增强型 MOSFET
饱和漏极电流	I_{DSS}	栅源短路($V_{GS}=0$)、漏源电压 V_{DS}足够大时，漏源电流几乎不随漏源电压变化而变化，所对应的漏源电流为饱和漏极电流，此定义适用于耗尽型 MOSFET
跨导	g_m	漏源电压一定时，栅源电压变化量与由此引起的漏源电流变化量之比，它表征栅源电压对漏源电流的控制能力，有 $g_m=(\Delta I_D/\Delta V_{GS})V_{DS}=$常数

(3)场效应管好坏的判别

①对于耗尽型场效应管(结型场效应管和耗尽型 MOSFET)，漏极(D)与源极(S)是通过沟道(N 沟道或 P 沟道)相连的(不是短路)，因此可以用万用表的电阻挡测量漏源(D-S) 间的阻值，若阻值为零或为无穷大，则管子已损坏。

②结型场效应管的栅极与源极、漏极之间其实是一个 PN 结，所以只要用万用表测量它的正、反向电阻就很容易判断出它的好坏，但要注意沟道类型，若是 N 沟道的管子则栅极是 P 区，若是 P 沟道的管子则栅极是 N 区。

③对于绝缘栅场效应管(MOSFET)，因为栅极与源极、漏极之间都是绝缘的，所以只要用万用表判断一下是否开路就能判断出管子的好坏。

④对于绝缘栅增强型场效应管，因为栅极与源极、漏极之间都是绝缘的，源极与漏极之间相当于两个相向的 PN 结串联，所以，三个极之间不互通。

⑤判断场效应管好坏的最好的方法是用晶体管图示仪测量它的输出特性曲线。测量的方法大致与测量三极管的方法相同，将场效应管的 S、G、D 极，分别插入 E、B、C 三个孔，将晶体管图示仪上的基极电流改为基极电压。对于 N 沟道的管子(相当于 NPN 型三

极管)，C-E 间加正电压，B 孔加负电压；对于 P 沟道的管子(相当于 PNP 型三极管)，C-E 间加负电压，B 孔加正电压。

任务 1-9　场效应管的识读

做一做

根据图 1-19 所示的场效应管实物，完成场效应管的识读，并将结果填入表 1-29 中。

图 1-19　场效应管的识读

表 1-29　　**场效应管的识读**

<table>
<tr><td>任务名称</td><td>场效应管的识读</td><td>任务编号</td><td>DZ1-9</td></tr>
<tr><td>任务要求</td><td colspan="3">按要求完成场效应管识读内容</td></tr>
<tr><td>测试设备</td><td colspan="3">万用表 1 块</td></tr>
<tr><td>元器件</td><td colspan="3">各种不同型号、不同结构的场效应管</td></tr>
<tr><td>测试程序</td><td colspan="3">①读出场效应管的型号；
②再用万用表判断场效应管的好坏。
<table>
<tr><td rowspan="2">场效应管型号</td><td rowspan="2">D-S 阻抗</td><td rowspan="2">G-D 阻抗</td><td rowspan="2">G-S 阻抗</td><td colspan="3">类型</td></tr>
<tr><td>结型</td><td>增强型</td><td>耗尽型</td></tr>
<tr><td></td><td></td><td></td><td></td><td></td><td></td><td></td></tr>
<tr><td></td><td></td><td></td><td></td><td></td><td></td><td></td></tr>
<tr><td></td><td></td><td></td><td></td><td></td><td></td><td></td></tr>
<tr><td></td><td></td><td></td><td></td><td></td><td></td><td></td></tr>
<tr><td></td><td></td><td></td><td></td><td></td><td></td><td></td></tr>
<tr><td></td><td></td><td></td><td></td><td></td><td></td><td></td></tr>
</table>
结论：(1)场效应管的外形不同，材料不同，其功率也不同。
(2)场效应管的种类很多，要注意区分。
(3)不同的场效应管有不同的用途。</td></tr>
<tr><td>结论与体会</td><td colspan="3"></td></tr>
</table>

想一想

场效应管是________控制器件，而三极管是电流控制器件。

读一读

【拓展知识】

场效应管使用时的注意事项：

(1)使用时器件工作参数不能超过其极限参数，以免器件被过高的电压或电流损坏。

(2)结型场效应管的源极、漏极可以互换使用。

(3)MOSFET 输入阻抗很高，容易造成因感应电荷泄漏不掉而使栅极击穿的情况，导致场效应管永久性损坏。因此，存放时应使各电极引线短接，同时测量仪器、电烙铁、线路本身都需要良好接地。焊接时按源、漏、栅极的顺序焊接；拆焊时顺序相反。不过目前新型的 MOSFET 在器件内部的绝缘栅和源极之间接了一只齐纳二极管作为保护装置，这样不需要外部短接引线就能保护器件。

(4)在要求输入阻抗高的场合，应采取防潮措施，否则输入阻抗会因潮湿而减小。

(5)在未关电源时不可以插拔器件。

(6)相同沟道的结型场效应管和耗尽型 MOSFET，在相同的电路中，一般可以通用。

(7)结型场效应管的栅源电压 V_{GS} 不允许为正值，否则会损坏管子。

看一看

光电耦合器的不同类型的实物和图形符号如图 1-20 所示。

(a)不同类型的实物

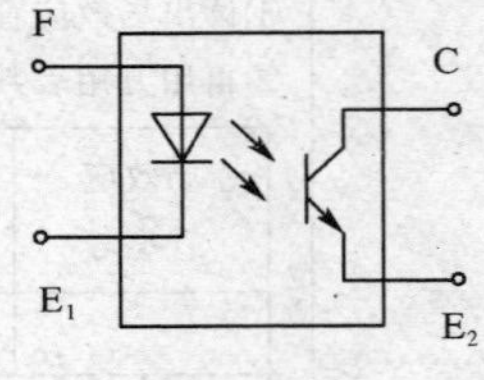

(b)图形符号

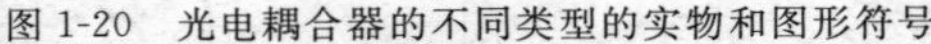

图 1-20　光电耦合器的不同类型的实物和图形符号

读一读

光电耦合器是一种利用电-光-电耦合原理传输信号的半导体器件，其输入、输出电路在电气上是相互隔离的。

光电耦合器的输入端($F\text{-}E_1$)是一个发光二极管，正常工作时，两端的压降大约为 1.3 V，最大工作电流小于 50 mA；光电耦合器的输出端($C\text{-}E_2$)是一个光敏管(光敏二极管或光敏三极管)。当输入端有电信号输入时，发光二极管发光，光敏管受光照后其道通产生电流，输出端就有电信号输出，实现了以光为媒介的电信号传输。这种电路使输入端与输出端无导电的直接联系，实现了输入端与输出端的隔离，具有很好的抗干扰性能，得到广泛的应用。

任务 1-10　光电耦合器的识读

做一做

根据图 1-21 所示的光电耦合器实物,完成光电耦合器的识读,并将结果填入表 1-30 中。

图 1-21　光电耦合器的识读

表 1-30　光电耦合器的识读

任务名称	光电耦合器的识读		任务编号	DZ1-10
任务要求	按要求完成光电耦合器识读内容			
测试设备	万用表 1 块			
元器件	各种不同型号、不同结构的光电耦合器			
测试程序	①读出光电耦合器的型号; ②再用万用表判断光电耦合器的好坏。 （见下表） 结论:(1)光电耦合器的外形不同,材料不同,其功率也不同。 (2)光电耦合器的种类很多,要注意区分。 (3)不同的光电耦合器有不同的用途。			
结论与体会				

光电耦合器型号	F-E_1 阻抗	C-E_2 阻抗	结论

想一想

(1)光电耦合器有什么作用?

(2)光电耦合器是如何工作的?

看一看

部分集成电路的封装形式如图 1-22 所示。

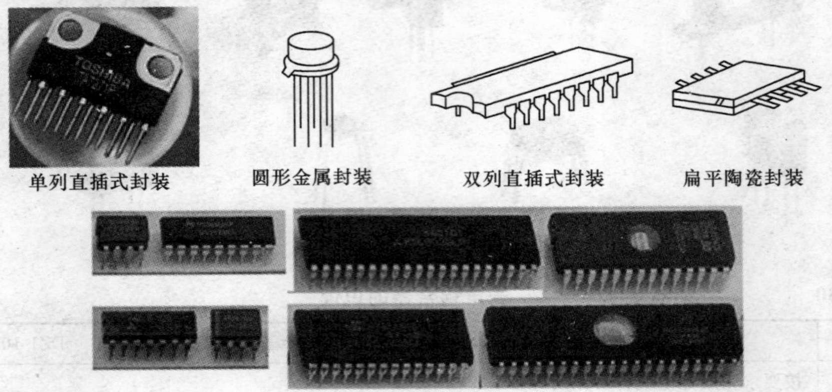

图 1-22 部分集成电路的封装形式

部分集成电路的引脚识别方法如图 1-23 所示。

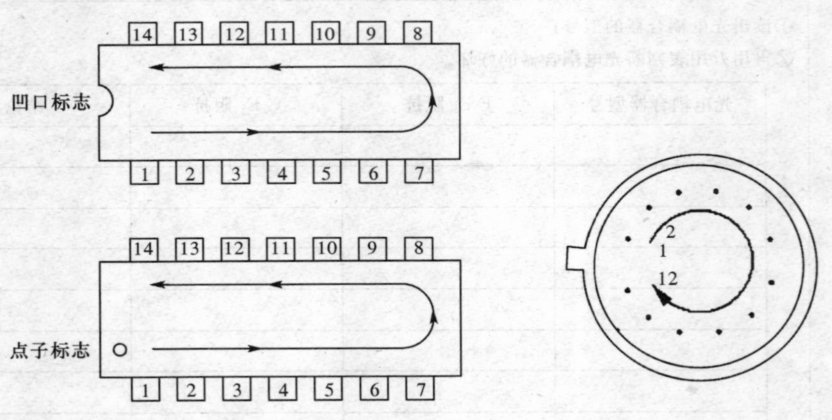

图 1-23 部分集成电路的引脚识别方法

读一读

集成电路是将组成电路的有源元器件(三极管、二极管)、无源元器件(电阻器、电容器等)及其互连的布线,通过半导体工艺或薄膜、厚膜工艺,制作在半导体或绝缘基片上,形成结构上紧密联系的具有一定功能的电路或系统。与分立元器件相比,它具有体积小、功耗低、性能好、可靠性高、成本低等优点，应用十分广泛。

(1)集成电路的分类

按结构形式和制造工艺的不同，集成电路可分为半导体集成电路、薄膜集成电路、厚膜集成电路和混合集成电路。其中半导体集成电路发展最快，品种最多，应用最广。半导体集成电路的分类，见表 1-31。

表 1-31　半导体集成电路分类

按功能分类	数字集成电路	门电路	与门、或门、非门、与非门、或非门、与或门、与或非门
		触发器	RS 触发器、JK 触发器、D 触发器、锁定触发器等
		存储器	随机存储器(RAM)、只读存储器(ROM)、移位寄存器等
		功能器件	译码器、数据选择器、驱动器、数据开关、模/数(数/模)转换器及各种接口电路等
		微处理器	中央处理器(CPU)
	模拟集成电路	线性电路	各种运算放大器、音频放大器、高频放大器、宽频带放大器
		非线性电路	电压比较器、直流稳压电源、模拟乘法器等
按集成度分类	小规模(SSI)	1～10 个等效门/片，10～100 个元件/片	
	中规模(MSI)	10～100 个等效门/片，100～1000 个元件/片	
	大规模(LSI)	大于 100 个等效门/片，元件数在 1000 个以上/片	
	超大规模(VLSI)	元件数超过 10 万个以上/片	

(2)集成电路的封装形式及引脚的识别

集成电路的封装形式有圆形金属封装、扁平陶瓷封装、双列直插式封装等。其中，模拟集成电路采用圆形金属封装的较多，数字集成电路采用双列直插式封装的较多，而扁平陶瓷封装一般用于功率器件。

任务 1-11　集成电路的识读

做一做

根据图 1-24 所示的集成电路实物，完成集成电路的识读，并将结果填入表 1-32 中。

图 1-24　集成电路的识读

表 1-32　　集成电路的识读

<table>
<tr><td>任务名称</td><td>集成电路的识读</td><td>任务编号</td><td>DZ1-11</td></tr>
<tr><td>任务要求</td><td colspan="3">按要求完成集成电路识读内容</td></tr>
<tr><td>测试设备</td><td colspan="3">无</td></tr>
<tr><td>元器件</td><td colspan="3">各种不同型号、不同结构的集成电路</td></tr>
<tr><td>测试程序</td><td colspan="3">①读出集成电路的型号；
②确定集成电路的类型。
<table><tr><td>集成电路型号</td><td>半导体集成电路</td><td>薄膜集成电路</td><td>厚膜集成电路</td><td>混合集成电路</td></tr><tr><td></td><td></td><td></td><td></td><td></td></tr><tr><td></td><td></td><td></td><td></td><td></td></tr><tr><td></td><td></td><td></td><td></td><td></td></tr><tr><td></td><td></td><td></td><td></td><td></td></tr></table>结论：(1)集成电路的外形可分为单列、双列、方形和圆形等。
(2)集成电路的种类很多，不能随意使用，需查手册或资料后才能正确使用。
(3)不同的集成电路能完成不同的功能。</td></tr>
<tr><td>结论
与体会</td><td colspan="3"></td></tr>
</table>

想一想

现在计算机、彩色电视机中常用的集成电路是________(小规模/中规模/大规模/超大规模)集成电路。

知识小结

⊙ 电阻器是组成电路的基本元器件之一。在电路中，电阻器用来稳定和调节电流、电压，做分流器和分压器，并可做消耗电路的负载电阻。电阻器用文字符号 R 或 r 表示。

❖ 电阻器按阻值是否可调，可分为固定式和可调式两大类。

❖ 电阻器按制造材料，可分为碳膜电阻器、金属膜电阻器、线绕电阻器、水泥电阻器等。还有热敏电阻器、压敏电阻器、光敏电阻器、气敏电阻器等敏感电阻器和排阻。

❖ 电阻器的主要参数有：标称阻值和允许偏差、标称功率、温度系数、最高工作温度、极限工作电压、稳定性和高频特性等。一般只考虑标称阻值和允许偏差、标称功率、温度系数。

❖ 电阻器的标识方法：直标法、文字符号法、色标法和数码表示法。通常用万用表测量。

⊙ 电容器是组成电路的基本元器件之一，是一种储能元件，在电路中起隔直、旁路和耦合等作用。电容器用文字符号 C 表示。

❖ 电容器按容量是否可调节，分为固定式和可变式两大类。

❖ 按其介质材料不同,可分为空气介质电容器、固体介质(云母、纸介、陶瓷、涤纶、聚苯乙烯等)电容器、电解电容器。一般电解电容器有正负极之分。

❖ 电容器的主要参数有:标称容量及允许偏差、额定工作电压(又称耐压)、绝缘电阻等。

❖ 电容器的标识方法:直标法、文字符号法、色标法和三位数码表示法。通常用万用表只能测出大电容的好坏。

⊙ 电感器主要指各种线圈。线圈按用途可分为高频扼流圈、低频扼流圈、调谐线圈、退耦线圈、提升线圈、稳频线圈等。

⊙ 电感器的主要参数有标称电感量、品质因数、分布电容和额定电流。购买电感器时主要考虑的是电感器的类型、电感量和额定电流。

❖ 电感器的标识方法:直标法、色标法和数码表示法。通常用万用表测量。

⊙ 继电器是一种控制式自动电器,它具有控制系统(又称输入回路)和被控制系统(又称输出回路)。

❖ 继电器的种类很多,按动作原理或结构特征分,有电磁继电器、无触点固态继电器、热继电器、温度继电器、光电继电器、霍尔效应继电器等。

❖ 购买继电器时主要考虑的是:触点组数、触点允许流过最大电流、控制电压的性质(交流还是直流)、额定电压等。

⊙ 半导体器件中,最常见的是二极管、三极管和场效应管。

⊙ 二极管具有单向导电性、反向击穿特性、电容效应、光电效应等特性。它在电路中可以起到整流、开关、检波、稳压、箝位、光电转换和电光转换等作用。

❖ 二极管按材料分:有锗二极管、硅二极管。判断二极管的极性,可以采用目测法,也可以通过万用表测量。

❖ 采购二极管时要看二极管的用途,选择相应的材料、功率和额定正向电流。

⊙ 三极管在电路中对信号起放大、开关、倒相等作用。按导电类型分:有 NPN 型和 PNP 型三极管;按频率分:有高频三极管和低频三极管;按功率分:有小功率、中功率和大功率三极管;按电性能分:有开关三极管、高反压三极管、低噪声三极管等。

❖ 引脚的判别通常有目测法和表测法。

❖ 采购三极管时要看三极管的用途,选择相应的材料、功率和额定正向电流等。三极管可分为结型场效应管和绝缘栅场效应管(MOSFET)。

❖ 场效应是指半导体材料的导电能力随电场改变而变化的现象。

❖ 场效应管具有以下特点:①输入阻抗高,在电路上便于直接耦合;②结构简单,便于设计,容易实现大规模集成;③温度性能好,噪声系数低;④开关速度快,截止频率高。

❖ 光电耦合器是一种利用电-光-电耦合原理传输信号的半导体器件,其输入、输出电路在电气上是相互隔离的。

❖ 集成电路是将组成电路的有源元器件(三极管、二极管)、无源元器件(电阻、电容等)及其互连的布线,通过半导体工艺或薄膜、厚膜工艺,制作在半导体或绝缘基片上,形成结构上紧密联系的具有一定功能的电路或系统。

∵ 集成电路按结构形式和制造工艺的不同，可分为半导体集成电路、薄膜集成电路、厚膜集成电路和混合集成电路。

思考与练习

1. 什么是电阻器？一般分哪几类？
2. 电阻器的哪两个参数最重要？
3. 电阻器典型参数的标识方法有哪四种？
4. 指出下列各个电阻器上的标志所表示的标称阻值及允许误差：

(1)5.1kΩⅠ	(2)9.1ΩⅡ	(3)6.8 kΩⅢ	(4)2.2MΩ
(5)3G3K	(6)R47J	(7)8R2K	(8)333J
(9)472M	(10)912K		

5. 根据下列各色码标志，写出各电阻器的标称阻值及允许偏差：

(1)橙橙橙金	(2)红红绿银	(3)红红棕银	(4)绿棕红金
(5)棕黑橙银	(6)棕黑红红棕	(7)橙白黄银	(8)黄紫棕银
(9)紫黄黄红棕	(10)蓝灰橙银	(11)紫黑黄红棕	(12)棕黑黑银

6. 怎样判别电阻器的好坏？
7. 电容器在电路中起什么作用？
8. 电容器的主要参数为哪两个？
9. 指出下列电容器标志所表示的意义：

(1)10n	(2)4n7	(3)202	(4)2R2
(5)339	(6)0.22	(7)473	(8)3p3

10. 怎样用万用表判断电容器的好坏？
11. 怎样用万用表判别电解电容器的极性？
12. 电感器的主要参数有哪些？购买电感器时主要考虑哪些参数？
13. 使用万用表怎样判断二极管的好坏？
14. 使用万用表怎样判别二极管的极性？
15. 按功能分二极管大致可分为哪几类？
16. 三极管在电路中对信号起什么作用？
17. 三极管按导电类型分为哪两大类？
18. 如何用万用表判别三极管的三个极？
19. 半导体三极管的主要参数为哪几个？
20. 常见的场效应管分哪六种类型？
21. 场效应管的主要参数有哪些？
22. 使用场效应管时应注意什么？
23. 什么是光电耦合器？画出光电耦合器的图形符号。
24. 光电耦合器的输入端是一个什么器件？正常工作时两端的压降大约是多大？工

作电流一般不能超过多少？

25. 什么是集成电路？简述集成电路的分类。

26. 标出图 1-25 中集成电路的引脚序号。

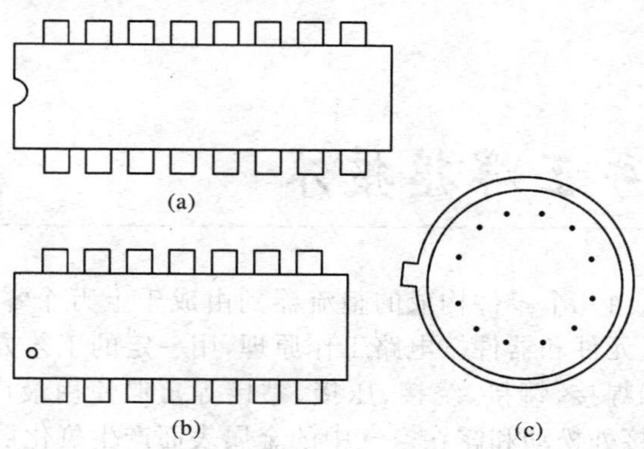

图 1-25　集成电路

27. 什么是继电器？继电器是怎样工作的？

28. 画出电磁继电器的图形符号。

29. 固态继电器有哪些特点？

项目2

手工焊接技术

任何电子产品，从由几个零件构成的整流器到由成千上万个零部件构成的计算机系统，基本上都是由电子元件和器件按电路工作原理，用一定的工艺方法连接而成的。虽然连接方法有多种(例如焊接、铆接、绕接、压接、黏接等)，但使用最广泛的方法还是焊接。这主要是为了避免连接处松动和露在空气中的金属表面产生氧化层导致导电性能的不稳定，所以通常采用焊接工艺来处理金属导体的连接。

焊接是把比被焊金属熔点低的焊料和被焊金属一同加热，在被焊金属不熔化的条件下，将熔化的焊料黏结在需被连接的金属表面，在它们的接触界面上形成合金层，使被焊金属间连接牢固。在焊接工艺中普遍采用的焊料是焊锡。

学习目标

◇ 能叙述焊料的特性。
◇ 能叙述助焊剂松香、松香酒精等的功能。
◇ 能叙述焊接操作的三步法、五步法。
◇ 能叙述各种元器件、导线及印制电路板的焊接特点和要求。
◇ 能叙述焊接标准和检查方法。
◇ 能叙述拆焊工具和拆焊步骤与要求。

工作任务

◇ 正确操作与使用电烙铁等焊接工具。
◇ 编制手工焊接工艺文件。
◇ 手工焊接各种元器件。
◇ 检验焊点质量。
◇ 撰写焊接工艺报告(含工艺建议)。

2.1 焊接工具的使用

学习目标

◇ 理解焊接工具的结构与图形等。
◇ 掌握焊接工具的分类、使用方法。

工作任务

◇ 完成焊接工具的选择与使用。

◇ 完成焊接工具的维护与保管。

读一读

1. 焊接工具

电烙铁的种类多种多样，从加热方式分，有直热式、恒温式、调温式等；从发热能力分，有 20 W、30 W、45 W 等。

(1)直热式电烙铁

最常用的是直热式电烙铁，它又可分为外热式和内热式两种，其结构分别如图 2-1(a)、图 2-1(b)所示。

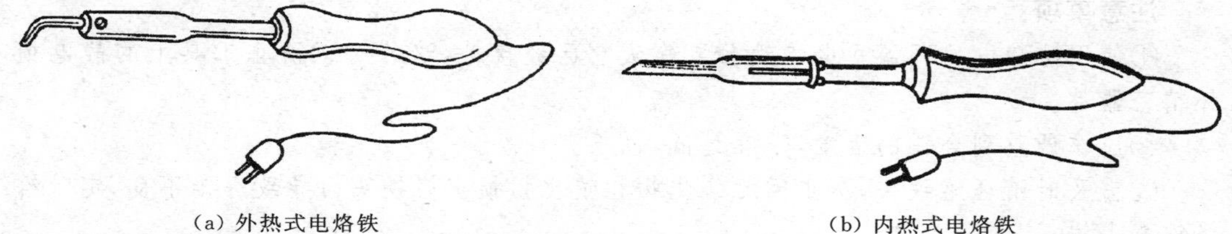

(a) 外热式电烙铁　　(b) 内热式电烙铁

图 2-1　直热式电烙铁

直热式电烙铁主要包含两个部分：发热元件和烙铁头。发热元件俗称烙铁芯子，它是将镍铬电阻丝缠在云母、陶瓷等耐热、绝缘材料上构成的。烙铁头，用来存储和传递热量，一般用紫铜制成。使用中，因高温氧化和助焊剂腐蚀，烙铁头表面会变得凹凸不平，需要经常清理和修整。

(2)恒温式电烙铁

恒温式电烙铁主要由烙铁头、加热器、控温元件、永久磁铁和加热器控制开关组成，其内部结构如图 2-2(a)所示，原理示意图如图 2-2(b)所示。其工作原理是：由于恒温式电烙铁内装有带永久磁铁的温度控制器，可以通过控制通电时间而实现恒温。

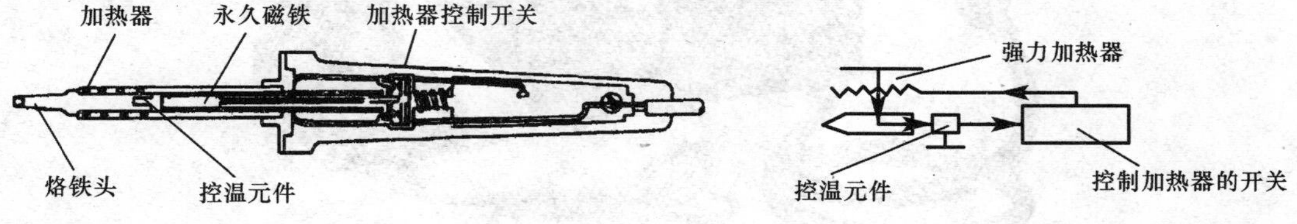

(a) 恒温式电烙铁内部结构　　(b) 恒温式电烙铁原理示意图

图 2-2　恒温式电烙铁

适合焊接的元器件：主要是怕高温的元器件，如集成电路、晶体管等，还有某些导线、软线。因为温度太高，或焊接时间过长，会造成元器件的损坏，因而对电烙铁的温度要加以限制。

(3)防静电的调温式电烙铁

防静电的调温式电烙铁主要由烙铁头、加热器、调温旋钮、电源开关组成，其实物如图 2-3 所示。

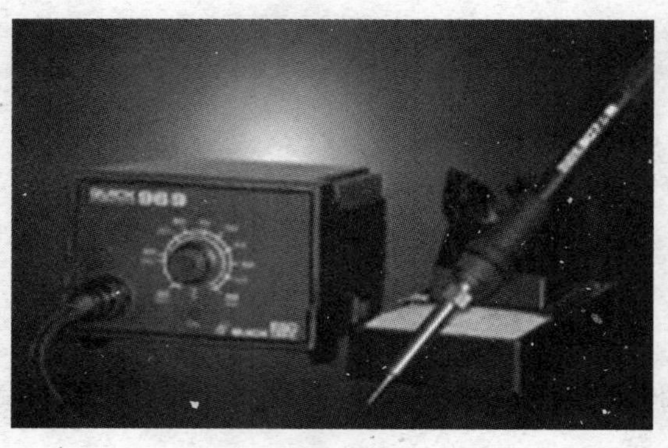

图 2-3　防静电的调温式电烙铁

适合焊接的元器件：主要是组件小、分布密集的贴片元器件和易被静电击穿的 CMOS 器件。

注意事项：

①使用防静电的调温式电烙铁前要确认它已经接地，这样可以防止工具上的静电损坏精密器件。

②应该调整到合适的温度，不宜过低，也不宜过高。

③需及时清理烙铁头，防止因为氧化物和碳化物损害烙铁头而导致焊接不良，定时给烙铁头上锡。

④电烙铁不用时应将温度挡旋至最低或关闭电源，防止因为长时间的空烧损坏烙铁头。

(4)热风枪

热风枪的实物如图 2-4 所示。其特点是防静电，温度调节适中，不易损坏元器件。

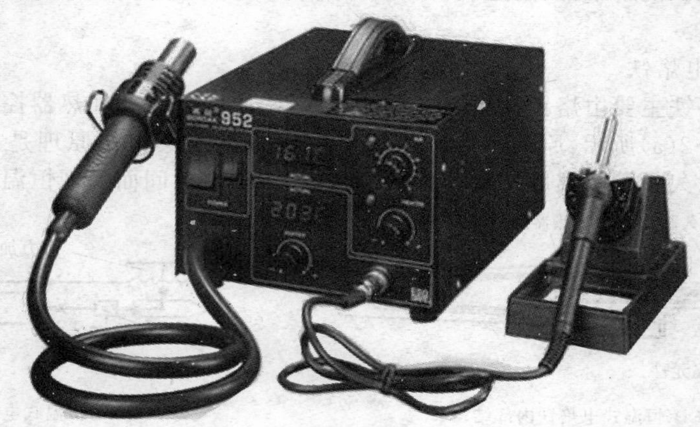

图 2-4　热风枪

热风枪主要用来焊接和拆卸集成电路(QFP 和 BGA 封装等)和片式元器件。

注意事项：

①温度旋钮、风量旋钮选择适中，根据不同集成组件的特点，选择不同的温度，以免温度过高而损坏组件或风量过大而吹丢小的元器件。

②注意吹焊的距离适中。距离太远，吹不下元器件；距离太近，会损坏元器件。

③枪头不能集中一点吹，以免吹鼓、吹裂元器件，按顺时针或逆时针方向均匀转动手柄。

④不能用热风枪吹显示屏、接插口的塑料件、灌胶集成电路和印制电路板线。

⑤吹焊组件时要熟练准确，以免多次吹焊而损坏组件。

⑥吹焊完毕时，要及时关闭热风枪，以免持续高温而减少手柄的使用寿命。

2. 助焊工具

助焊工具一共有六件，包括起、刀、叉、锥、钩、刷，如图 2-5 所示。在电子产品的维修中，可对工件进行多种操作，如切断印制电路板线、钩出元器件、调节中周、刷除污垢等。

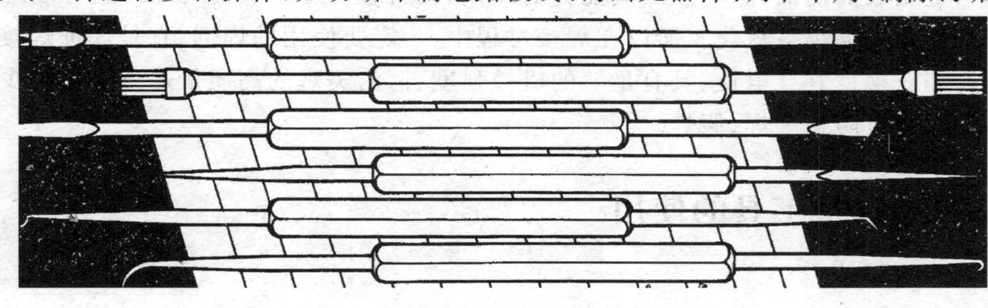

图 2-5　六件助焊工具

3. 拆焊工具

(1)吸锡器

吸锡器是一种主要拆焊工具，其外形如图 2-6 所示。

(2)空心针

空心针形状如注射用针，如图 2-7 所示。它有大小不同的各种型号，主要在拆焊时使用。当烙铁头加热焊点时，迅速将空心针插入引脚，使焊盘与引脚分离，很容易将元器件拆下。

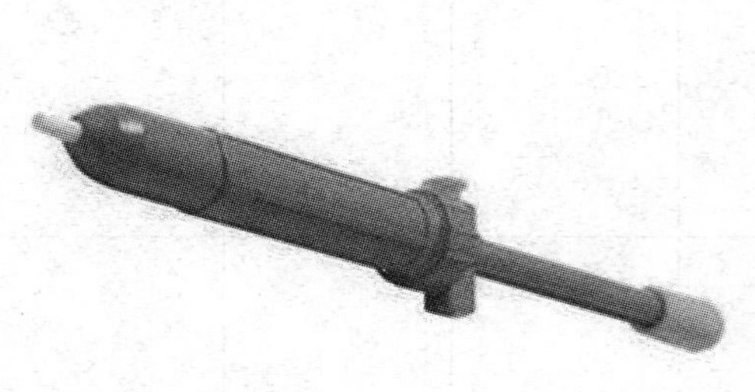

图 2-6　吸锡器

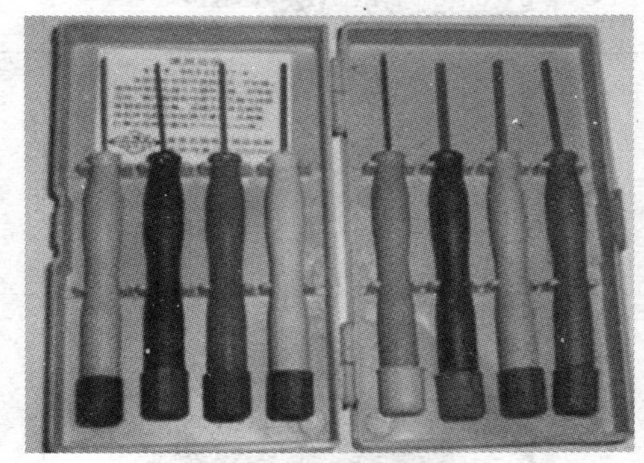

图 2-7　空心针

4. 焊料与助焊剂

焊料与助焊剂的质量，是保证焊接质量的重要因素。焊料是连接两个被焊物的媒介，它的好坏关系焊点的可靠性和牢固性，助焊剂则是清洁焊点的一种专用材料，是保证焊点可靠生成的催化剂。

(1)焊料

焊料是一种熔点比被焊金属低，在被焊金属不熔化的条件下能润湿被焊金属表面，并在接触界面处形成合金层的物质。

焊料按其组成成分，可分为锡铅焊料、银焊料和铜焊料；按照使用的环境温度可分为高温焊料（在高温环境下使用的焊料）和低温焊料（在低温环境下使用的焊料）。按熔点可分为硬焊料（熔点在 450 ℃以上）和软焊料（熔点在 450 ℃以下）。常见的焊料是金属焊料和锡铅合金焊料。焊料常见的形状有圆状、带状、球状和丝状。

（2）助焊剂

助焊剂也是用于清除金属表面同空气接触后生成的氧化膜的一种专用材料，具有增强焊料与金属表面的活性、增强浸润能力的作用；另外能覆盖在焊料表面，能有效地抑制焊料和被焊金属继续被氧化。所以在焊接过程中，一定要使用助焊剂，它是保证焊接过程顺利进行和获得良好导电性、具有足够的机械强度、清洁美观的高质量焊点必不可少的辅助材料。同时可防止虚焊、假焊。

任务 2-1　焊接工具的使用

做一做

操作下列工具，并将结果填入表 2-1 中。

表 2-1　　焊接工具操作

实物图形	名称	作用	操作程序	注意事项

续表

实物图形	名称	作用	操作程序	注意事项

想一想

(1)电烙铁有什么作用?

(2)热风枪可焊接哪些元器件?

(3)简述拆焊工具的使用方法。

读一读

【拓展知识】

1. 焊料的特性与适用范围

根据不同的焊接产品,需选用不同的焊料,因为焊料的质量,是影响焊接性能的重要因素。为使焊接质量得到保障,根据被焊物的不同,选用不同的焊料是很重要的。在电子产品的装配中,一般都选用锡铅焊料,也称焊锡。

焊锡主要是由两种或两种以上金属按照不同的比例组成的,因此它的性能会随着锡铅的比例不同而不同。在市场上出售的焊锡,由于生产厂家的不同,其配制比例有很大的差别,表 2-2 列出了几种焊锡的参数和适用范围。

表 2-2　几种焊锡的参数和适用范围

名 称	牌号	含锡量/%	熔点/℃	抗拉强度/kg·mm⁻²	适 用 范 围
39 锡铅焊料	HISnPb39	59～61	183	4.3	耐热性能较差的元器件、电气制品
50 锡铅焊料	HISnPb50	49～51	210	4.7	散热片、计算机、黄铜制品
58-2 锡铅焊料	HISnPb58-2	39～41	235	3.8	无线电元器件、导线、工业及物理仪器
68-2 锡铅焊料	HISnPb68-2	29～31	256	3.3	电缆护套、铅管等

2. 焊料的选用规则

由于焊料的型号较多，在选用焊料时，一定要根据被焊元器件的要求选用，因为焊料的好坏，关系到焊接的质量。通常选用的规则是：

与被焊金属之间具有很强的亲和力　被焊金属在适当的温度和助焊剂的作用下，与焊料能形成良好的合金。一般地，铜、镍和银等在焊接时能与焊料中的锡生成锡铜、锡镍与锡银合金。金在焊接中能与焊料铅生成铅金合金。也有的金属能与焊料中的锡、铅两种金属同时生成合金，所以焊料要根据被焊金属来选择。

与被焊金属的熔点相匹配　不同的金属具有不同的熔点，选取的焊料要比被焊金属的熔点低。焊料的熔点要与焊接温度相适应。如果焊接温度超过被焊器件、印制电路板焊盘或接点等所能承受的温度，就会损坏被焊材料；如果焊接温度低于被焊金属，则焊料与被焊金属不能形成良好的合金。在选择焊料时，被焊金属的熔点是很重要的依据。

与焊点的机械性能有关　焊点的机械性能，如抗拉强度、冲击韧性、抗剪强度等，都决定了所装设备的可靠性。而焊点的机械性能与焊料中锡和铅的含量有一定的关系，一般的电子元器件本身重量较轻，对焊点强度要求不是很高，但对某些要求机械强度大的，则应选用含锡量较高（如 61%）的共晶锡焊料形成的焊点，其机械性能就比较高。

与焊点的导电性能有关　一般焊点对导电性能要求不高。由于焊料的导电率远低于金、银、铜、铁等其他金属，所以应注意当有大电流流经焊接部位时由于焊点的电阻增大而出现电路电压减小及发热的问题时，应选用含锡量较大的焊料，其导电性能较好，影响相对较小。

助焊剂的分类与适用焊材：

助焊剂可分为无机系列、有机系列和树脂系列。

(1)无机系列助焊剂　这种类型的助焊剂其主要成分是氯化锌或氯化铵及其他的混合物。这种助焊剂最大的优点是助焊作用强，但具有强烈的腐蚀性。焊接后要清洗，否则会造成被焊物的损坏。这种助焊剂用有机油乳化后，制成一种膏状物质，俗称焊油，市场上出售的各种焊油多数属于这一类。

它适合金属制品、贴片元器件的焊接。

(2)有机系列助焊剂　有机系列助焊剂主要是由有机酸卤化物组成的。这种助焊剂的特点是助焊性能好。不足之处是有一定的腐蚀性，且热稳定性差，即一经加热，便迅速分解，然后留下无活性残留物。

它适合铅、黄铜、青铜及带镍层的金属制品、开关、接插件等塑料件的焊接。

(3)树脂系列助焊剂　这种助焊剂中最常用的是松香或在松香助焊剂中加入活性剂，如松香酒精助焊剂，它是用无水乙醇加 25%～30% 的纯松香配制成乙醇溶液，这种助焊剂的优点是无腐蚀性、高绝缘性、长期的稳定性和耐湿性。焊接后清洗容易，并形成膜层覆盖焊点，使焊点不被氧化腐蚀。

当然也可选用纯松香，但纯松香助焊剂的活性较弱，只有当被焊金属表面较清洁、无氧化层时，才可选用。

它适合铂、铜、金、银等金属焊点，电子元器件的焊接。

2.2 元器件的筛选与成形

学习目标

◇ 理解元器件的筛选。

◇ 理解元器件成形的原因。

工作任务

◇ 完成元器件的筛选与结果记录。

◇ 完成元器件成形。

读一读

1. 元器件的筛选

任何一个电子产品，如果只有先进的设计，而缺少高品质的元器件，缺少先进的生产方式和工艺，或缺少一流技术水平的生产工人和工程技术人员等，都可能使产品的质量下降。因此，在产品的焊接过程中，必须严格按工艺要求办事，决不能马虎。

元器件的筛选是焊接的一道极其重要的工序，也是整机装配的一道极其重要的工序。

元器件的筛选主要包括以下几个方面：

(1)要有可靠的筛选操作人员，对元器件的筛选具有较高的操作技能和业务水平。

(2)对元器件和材料供货单位，必须严格把关。

(3)对所存放元器件的仓库，要有良好的通风设备，保证有一定的温度和干燥度，不允许同化学药品一起存放。

(4)必须有专职人员负责保管，定期抽查、测试。

(5)对普通元器件的筛选，主要是对元器件的型号、规格和外观的检查。

(6)关键元器件和材料应在一定温度条件下进行性能参数测试、功率老化测试等。对不符合要求的元器件，要坚决剔除；对可疑的元器件，要进行检测，确保质量良好的条件下，才可使用。

2. 元器件引线成形

元器件引线成形，有利于元器件的焊接，特别在自动焊接时可以防止元器件脱落、虚焊，减少焊点修整，也能提高元器件的散热性。

元器件引线成形是针对小型元器件而言的。大型元器件不可能悬浮跨接、单独立放，必须用支架、卡子等固定在安装位置上。

(1)两引脚元器件成形

两引脚元器件可用跨接、立、卧等方法焊接，并要求受振动时不能移动元器件的位置。引线折弯成形时要根据焊点之间的距离，将引线做成需要的形状。

两引脚元器件主要指电阻器、电容器、电感器、二极管等元器件，在成形时可采用立式或者卧式，如图 2-8 所示，图 2-8(a)、图 2-8(b)、图 2-8(c)为卧式形状，图 2-8(d)、图 2-8(e)、图 2-8(f)为立式形状。引线折弯处距离根部至少 2 mm，弯曲半径不小于引线直径的两倍，以减小机械应力，防止引线折断或被轻易拔出。图 2-8(a)、图 2-8(f)元器件可直接贴到印制电路板上。图 2-8(b)、图 2-8(d)元器件与印制电路板保持 2～5 mm 的距离，用于双面印制电路板或发热器件。图 2-8(c)、图 2-8(e)引线较长，有绕环，多用于焊接怕热的元器件，如熔断电阻器。

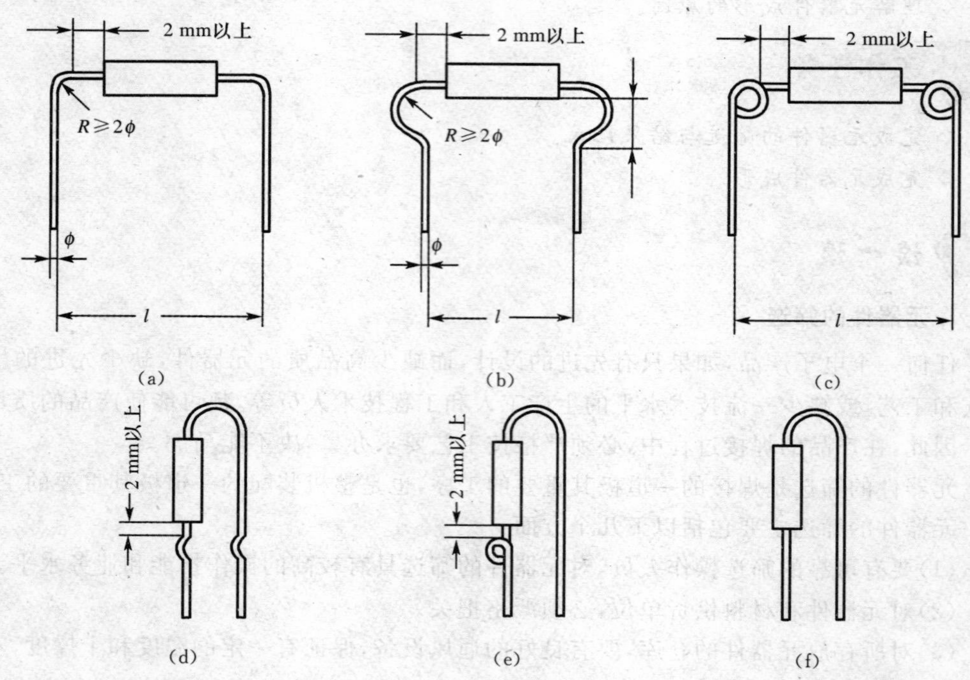

图 2-8　两引脚元器件引脚成形

(2)三引脚、多引脚元器件成形

这类元器件引脚的成形，要根据焊接的要求来进行。一般地，这类元器件大都是三极管、CMOS 管、可控硅或集成电路，其特点是一般受热易损坏，需留有较长的引脚。

对于三引脚小功率管可采用正装、倒装、卧装或横装等方式，其成形如图 2-9 所示。

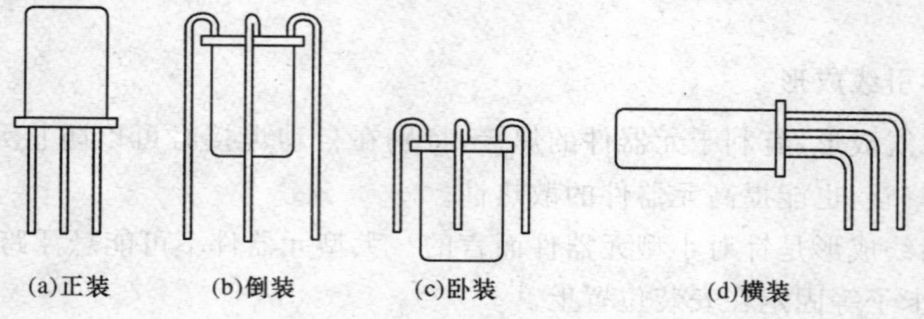

图 2-9　三引脚小功率管的成形

对于多引脚(如集成电路)元器件，其成形如图 2-10 所示。

(a)直插式

(b)表面接触式

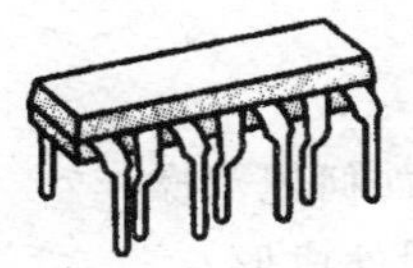

(c)交错式

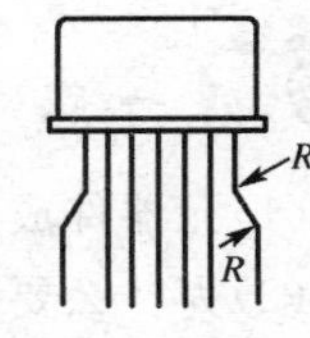

(d)管式 IC 直插式

图 2-10　多引脚元器件成形

任务 2-2　元器件成形

做一做

将表 2-3 中的元器件成形并完成表格中的内容。

表 2-3　　　　元器件成形

元器件名称	成形依据	成形步骤	成形结果	注意事项

想一想

(1)元器件成形时,如何规范操作?

(2)为什么要做元器件成形?

(3)多引脚元器件成形时应注意什么?

2.3 手工焊接

学习目标

◇ 理解焊料的特性。

◇ 理解手工焊接的规范、步骤、过程和注意事项。

◇ 理解焊点质量的检查方法。

◇ 理解拆焊的过程与注意事项。

工作任务

◇ 完成点焊与带锡焊接。

◇ 完成贴片焊接。

◇ 完成焊点质量检查。

◇ 完成拆焊。

读一读

1. 电烙铁的选用

在手工焊接中,到底选用什么样的电烙铁,完全根据所需焊接的工件和焊料来决定。表 2-4 列出了电烙铁的参数与被焊工件的对应关系。

在焊接中,如果不明了电烙铁与被焊工件之间的关系,盲目选用电烙铁,不但不能保证焊接的质量,反而会损坏元器件或印制电路板。如焊接温度过低,焊料熔化较慢,助焊剂不能挥发,焊点不光滑、不牢固,这样势必造成焊接强度及外观质量的不合格,或者焊料不能熔化而使焊接无法进行,甚至造成元器件损坏。

表 2-4　电烙铁的参数与被焊工件的对应关系

电烙铁	烙铁头温度/℃	被焊工件
20 W 外热式	250～400	集成电路、玻璃壳二极管
25 W 外热式	300～400	一般印制电路板、导线
35～50 W 内热式、外热式	350～450	焊片、大电阻、功率管、热敏元器件、同轴电缆
100 W 内热式、外热式	400～550	散热片、8 W 以上的电阻器、2 A 以上导线、接线柱
50 W 防静电调温式	100～550	贴片元件、CMOS 管

注意事项：

(1)电烙铁有两种加热方式：内热式与外热式。由于加热方式不同，相同额定功率电烙铁的实际功率相差很大，一个 20 W 内热式电烙铁的实际功率，就相当于 25～45 W 外热式电烙铁的实际功率。选用电烙铁时首先要注意电烙铁的加热方式。

(2)烙铁头的温度除与电烙铁的功率有直接关系外，与电源电压的变化也有一定的关系。当电源电压波动较大时，烙铁头顶端的温度也随着变化，为了保证焊接质量，在供电网电压变化比较大的地方使用电烙铁时，应加装稳压电源或调压器，也可采用恒温式电烙铁。

(3)当不知所用的电烙铁为多大功率时，可测量其内阻，通过公式计算出功率。外热式电烙铁烙铁芯的功率规格不同，其内阻也不同。25 W 电烙铁的内阻约为 2 kΩ，45 W 电烙铁的内阻约为 1 kΩ，75 W 电烙铁的内阻约为 0.6 kΩ，100 W 电烙铁的内阻约为 0.5 kΩ。

必须注意：一般电烙铁有三个接线柱，其中一个是接金属外壳的，接线时不能接错，最简单的办法是用万用表测外壳与接线柱之间的阻值。

2. 使用电烙铁前的准备

(1)烙铁头的修整和镀锡

在使用新电烙铁前先给烙铁头镀上一层焊锡。具体的方法是：首先用锉刀把烙铁头按需要锉成一定的形状，然后接上电源，当烙铁头温度升至能熔锡时，将松香涂在烙铁头上，等松香冒烟后再涂上一层焊锡，如此反复进行两至三次，使烙铁头挂上一层锡便可使用了。

如果烙铁头进行了电镀，一般不需要修锉或打磨。因为电镀层是保护烙铁头不受腐蚀的。如果没有进行过电镀，烙铁头在使用一段时间后，表面会变得凹凸不平，当氧化层较严重时，需要细锉修平，立即镀锡，然后在松香中来回摩擦，直到整个烙铁头修整面均匀镀上一层锡为止。

(2)烙铁头长度的调整

当我们选用了内热式电烙铁后，额定功率已基本满足焊接温度的需要，但是仍不能完全适应印制电路板中所装元器件的需求。如焊接集成电路与晶体管时，烙铁头的温度就不能太高，且时间不能过长，此时可将烙铁头插在烙铁芯上的长度进行适当的调整，进而控制烙铁头的温度。

3. 焊点的质量要求

焊点的质量，应达到电接触性能良好、机械强度牢固和清洁美观的标准，焊锡不能过多或过少，没有搭焊、拉刺等现象，其中最关键的一点是避免虚焊、假焊。因为假焊会使电路断路；而虚焊易使焊点处于有接触电阻的连接状态。从而使电路在工作时噪声增加，产生不稳定状态。其中有些虚焊点在电路开始工作的一段较长时间内，保持接触良好状态，电路工作正常，但在温度、湿度和振动等环境条件下工作一段时间后，接触表面逐步被氧化，接触电阻渐渐变大，最后导致电路工作不正常。当我们要对这种问题进行检查时，是十分困难的，往往要花费许多时间，降低工作效率。所以大家在进行手工焊接时，一定要了解清楚焊接的质量要求。

(1)电气性能良好

高质量的焊点应使焊料和金属工件表面形成牢固的合金层,才能保证良好的导电性能。简单地将焊料堆附在金属工件表面而形成虚焊,是焊接工作中的大忌。

(2)具有一定的机械强度

焊点的作用是连接两个或两个以上的元器件,并使电气接触良好。电子设备有时要工作在振动环境中,为使焊件不松动、不脱落,焊点必须具有一定的机械强度。锡铅焊料中的锡和铅的强度都比较低,有时在焊接较大和较重的元器件时,为了增加强度,可根据需要增加焊接面积,或将元器件引线、导线先行网绕、绞合、钩接在接点上再进行焊接。

(3)焊点上的焊料要合适

焊点上的焊料过少,不仅降低机械强度,而且由于表面氧化层逐渐加深,会导致焊点"早期"失效;焊点上的焊料过多,既增加成本,又容易造成焊点桥连(短路),还会掩饰焊接缺陷,所以焊点上的焊料要适量。焊接印制电路板时,焊料布满焊盘呈裙状展开时为最适宜。

(4)焊点表面应光亮且色泽均匀

良好的焊点表面应光亮且色泽均匀。这主要是因为助焊剂中未完全挥发的树脂成分形成的薄膜覆盖在焊点表面,能防止焊点表面的氧化。如果使用了消光剂,就对焊点的光泽不做要求。

(5)焊点不应有毛刺、空隙

焊点表面存在毛刺、空隙,不仅不美观,还会给电子产品带来危害,尤其在高压电路部分,会产生尖端放电而损坏电子设备。

(6)焊点表面必须清洁

焊点表面的污垢,如果不及时清除,酸性物质会腐蚀元器件引线、焊点及印制电路板,吸潮会造成漏电甚至短路燃烧。

以上是对焊点的质量要求,可将它作为检验焊点的标准。焊料、助焊剂及焊接工具、焊接工艺、焊点的清洗都与焊点的好坏有着直接的关系。

4. 焊接的要领

掌握焊接的要领,是完成焊接的基本条件。对于初学者,一方面要不断地向有经验的工程技术人员学习,另一方面要在实际中不断摸索焊接技巧,只有这样,才能不断地提高自己的焊接水平。

(1)设计好焊点

合理的焊点形状,对保证焊接的质量至关重要,印制电路板的焊点应为圆锥形,而导线之间的焊接,则应将导线交织在一起,焊成长条形,如图 2-11 所示,要保证焊点具有足够的强度。

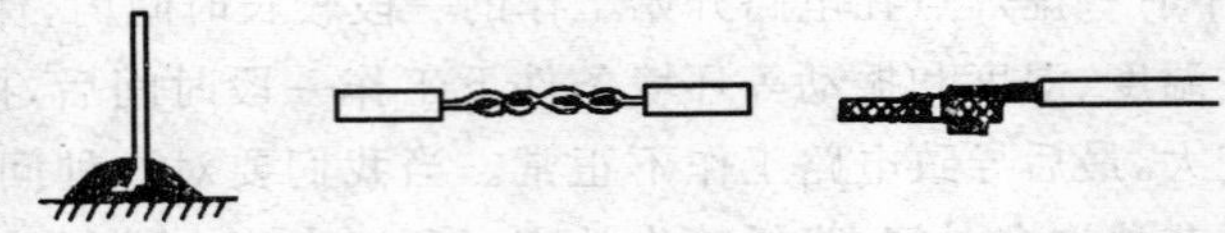

图 2-11　标准焊点

(2)要掌握好焊接的时间

焊接的时间是随电烙铁功率的大小和烙铁头的形状变化而变化的，也与被焊工件的大小有关。焊接时间一般规定为 2～5 s，既不可太长，也不可太短。真正地准确把握时间，必须靠自己不断在实践中摸索。但初学者往往把握不好，有时担心焊接不牢，时间很长，造成印制电路板焊盘脱落、塑料变形、元器件性能变化甚至失效、焊点性能变差；有时又怕烫坏元器件，烙铁头轻点几下，表面上已焊好，实际上却是虚焊、假焊，造成导电性能不良。

(3)要掌握好焊接的温度

在焊接时，为使被焊工件达到适当的温度，并使固体焊料迅速熔化润湿，就要有足够的热量和温度。如果温度过低，焊锡流动性差，很容易凝固，形成虚焊；如果锡焊温度过高，焊锡流淌，焊点不易存锡，印制电路板上的焊盘脱落。特别值得注意的是，当使用天然松香助焊剂时，锡焊温度过高，很容易氧化脱羧产生碳化，因而造成虚焊。

温度高低合适的简易判断标准是：用烙铁头去碰触松香，当发出“咝”的声音时，说明温度合适。

焊点的标准是：被焊工件完全被焊料所润湿(焊料的扩散范围达到要求后)。通常情况下，烙铁头与焊点的接触时间长短，以焊点光亮、圆滑为宜。如果焊点不亮并形成粗糙面，说明温度不够、时间太短，此时需要增加焊接温度；如果焊点上的焊锡成球不再流动，说明焊接温度太高或焊接时间太长，因而要降低焊接温度。

(4)焊剂的用量要合适

使用焊剂时，必须根据被焊工件的面积大小和表面状态适量施用，具体地说，焊料包着引线灌满焊盘，如图 2-12 所示。焊剂量的多少会影响焊接质量，过量的焊剂增加了焊接时间，相应地降低了焊接速度。更为严重的是，在高密度的电路中，很容易造成不易觉察的短路。当然焊剂量也不能过少，焊剂量过少不能使焊盘和引线牢固地接合，降低了焊点强度，特别是在印制电路板上焊导线时，焊剂不足往往造成导线脱落。

图 2-12　焊剂量标准参考图

(5)焊接时不可施力

用烙铁头对焊点施力是有害的，烙铁头把热量传给焊点主要靠增加接触面积，用烙铁头对焊点施力对加热无用，很多情况下会造成焊件损伤，例如电位器、开关、接插件的焊点往往固定在塑料构件上，施力容易造成元器件变形、失效。

(6)掌握好焊点的形成火候

焊点的形成过程是：将烙铁头的搪锡面紧贴焊点，焊锡全部熔化，并因表面张力紧缩而使表面光滑后，轻轻转动烙铁头带走多余的焊锡，从斜上方 45°的方向迅速离开，便留下了一个光亮、圆滑的焊点；若烙铁头不挂锡，电烙铁应从垂直向上的方向撤离，如图 2-13 所示。焊点形成后，焊盘的焊锡不会立即凝固，所以此时要注意不能移动被焊工件，否则焊锡会凝成砂粒状，使被焊工件附着不牢，造成虚焊。另外也不能向焊锡吹气散热，应让它自然冷却凝固。若烙铁头离开后，焊点上有锡峰，说明焊接时间过长，这是助焊剂气化引起的，这时应重新焊接。

电烙铁以 45°撤离焊点

上撤离焊点

烙铁头不挂锡，向上撤离焊点

图 2-13 电烙铁撤离焊点的方向

(7)焊接后的处理

当焊接结束后，焊点的周围会有一些残留的焊料和助焊剂，焊料易使电路短路，助焊剂有腐蚀性，若不及时清除，会腐蚀元器件或印制板，或破坏电路的绝缘性能。同时还应检查电路是否有漏焊、虚焊、假焊情况，或焊接不良的焊点，并可用镊子将可疑的元器件拉一拉、摇一摇，看是否松动。

5. 焊接的步骤

(1)焊接的姿势

在焊接时，助焊剂受热挥发，对人体有害，因此必须在加有排气扇的环境中进行，同时人的面部与电烙铁的距离至少应为 40 cm。

①电烙铁的握法　电烙铁一般有三种握法，如图 2-14 所示。电烙铁在不用时应放在烙铁架上，烙铁架放置在操作者右前方 40 cm 左右，放置要稳妥，远离塑料件等物品，以免发生意外。

握笔法

正握法

反握法

图 2-14 电烙铁的握法

②焊锡丝的拿法　在手工焊接中，一般用右手握住电烙铁，左手拿焊锡丝，要求两手相互协调工作。焊锡丝的拿法如图 2-15 所示。

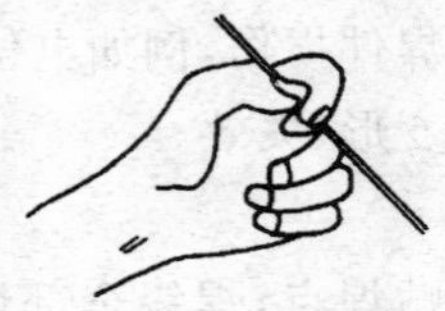

图 2-15 焊锡丝的拿法

(2)焊接的方法

焊接的方法主要有两种，一种是带锡焊接法，即用加热的烙铁头黏带适当的焊锡，去进行焊接。另一种方法是点锡焊接法，这种方法是将烙铁头放在焊接位置上，另一手拿着焊锡丝用它的一端去接触焊点处的烙铁头来进行焊接。这种方法要求双手相互配合，才能保证焊接的质量。

①带锡焊接法　带锡焊接法不是标准的焊法，但我们在维修过程中有时也采用此种方法，尽管存在湿润不足、接合不易等缺点，但只要操作得法，还是可以在焊料缺乏条件下作为应急焊接法。其步骤可分为三步，如图 2-16 所示。

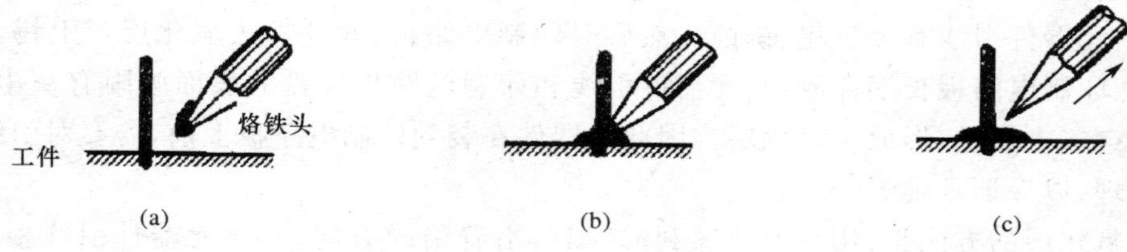

图 2-16　带锡焊接法的步骤

● 烙铁头带锡：将焊锡熔化在烙铁头上，如图 2-17(a)所示。

● 放上烙铁头：将烙铁头放在需要焊接的工件上，如图 2-17(b)所示。

● 移开烙铁头：当焊锡完全润湿焊点后移开电烙铁，沿大致 45°的方向，如图 2-17(c)所示。

②点锡焊接法　点锡焊接法又称为五步焊接法。一般初学者都必须从此法开始训练。点锡焊接法的步骤如图 2-17 所示。

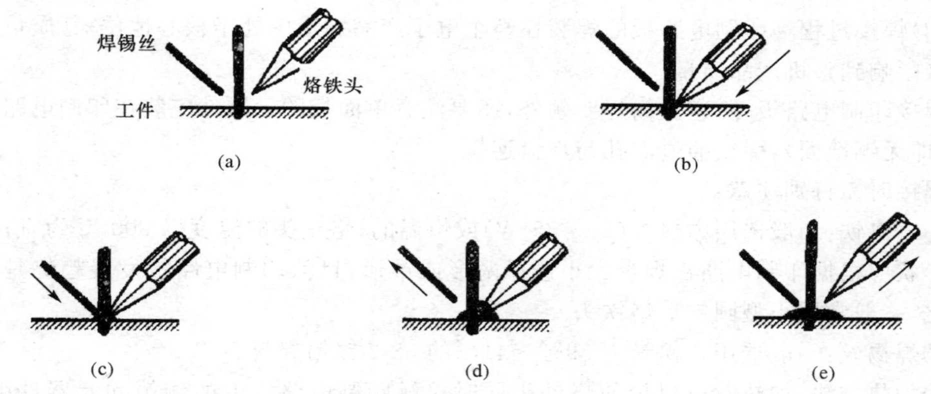

图 2-17　点锡焊接法的步骤

● 准备施焊：准备好焊锡丝和电烙铁，此时要特别强调的是烙铁头要保持干净，可以沾上焊锡(俗称吃锡)。左手拿焊锡丝，右手拿电烙铁对准焊接部位，如图 2-17(a)所示。

● 加热工件：将烙铁头接触焊点，注意首先要保持烙铁头加热工件各部分，例如元器件引线和印制电路板焊盘都要受热，其次要让烙铁头的扁平部分接触热容量较大的工件，烙铁头的侧面或边缘部分接触热容量较小的工件，以保持均匀受热，如图 2-17(b)所示。

● 熔化焊料：当工件加热到能熔化焊料的温度后将焊锡丝置于焊点处，焊料开始熔化并润湿焊点，熔化焊料要适量，如图 2-17(c)所示。

● 移开焊锡丝：当熔化一定量焊料后将焊锡丝移开，如图 2-17(d)所示。

● 移开电烙铁：当焊料完全润湿焊点后移开电烙铁，注意移开电烙铁时是大致 45°的方向，如图 2-17(e)所示。

上述五步间并没有严格的区分,要熟练掌握焊接的方法,必须经过大量的实践,特别是准确掌握各步骤所需的时间,对保证焊接质量至关重要。

6. 印制电路板的焊接

(1)焊前处理　首先应检查印制电路板是否符合要求,表面处理是否合格,有无污染、变质和断裂。图形、孔位及孔径是否符合图纸等;元器件的品种、规格及外封装是否与图纸吻合,元器件引线有无氧化、锈蚀。然后对印制电路板、元器件去氧化层与上锡。由于元器件、印制电路板长期存放,其元器件引线和印制电路板焊盘的表面吸附有灰尘、杂质或者在空气中氧化,形成了氧化层。因此元器件在装到印制电路板上前,需要对引线进行浸锡处理,以保证不虚焊。

去氧化层的方法是:用小刀或锋利的工具,沿着引线方向,距离元器件引线根部 2～4 mm 处向外刮,一边刮,一边转动引线,直到将引线上的氧化物彻底刮净为止。刮引线时要注意,不能把引线上原有的镀层刮掉,见到原金属的本色即可,同时也要注意,不能用力过猛,以防将元器件的引线刮断或折断。将刮净的元器件引线及时蘸上助焊剂,放入锡锅浸锡,或者用电烙铁上锡。不管用哪种方法,上锡的时间都不能过长,以免元器件因过热而损坏。尤其是半导体器件,如晶体管在浸锡时用镊子夹持引线上端,以帮助散热。

有些元器件,在操作时,还应注意保护,如焊接 CMOS 管时,要戴防静电手套,使用的工具如改锥、钳子,不能划伤印制电路板铜箔等。

(2)焊接过程　印制电路板的焊装在整个电子产品制造中处于核心地位,其质量的好坏直接影响到整机产品质量。

焊接印制电路板,除遵循锡焊要领外,还要注意单面板的元器件应装在印制电路板的反面(即无铜箔面),引线插过洞孔与焊盘连接。

焊接时需特别注意:

①电烙铁:一般选用内热式(20～35 W)或恒温的,烙铁头的温度以 300 ℃为宜;烙铁头的形状应根据印制电路板焊盘大小选择凿形或锥形,目前印制电路板发展趋势是小型密集化,一般常用小型圆锥形烙铁头。

②焊锡丝:一般选用含锡量为 39%～41%的 58-2 锡铅焊料。

③加热方法:加热时应尽量使烙铁头同时接触印制电路板上的铜箔和元器件引线。对较大的焊盘焊接时可移动烙铁头,即烙铁头绕焊盘移动,以免长时间加热,造成局部过热。

④双面板的焊接:两层以上的电路板的孔都要进行金属化处理。焊接时可采用单面板的焊接方式,要让焊料湿润焊盘,使孔充分湿润,焊料从孔的一侧流到另一侧,当然也可以两面焊接,但要充分加热,排尽孔中的气体,以免产生气泡,造成虚焊,如图 2-18 所示。

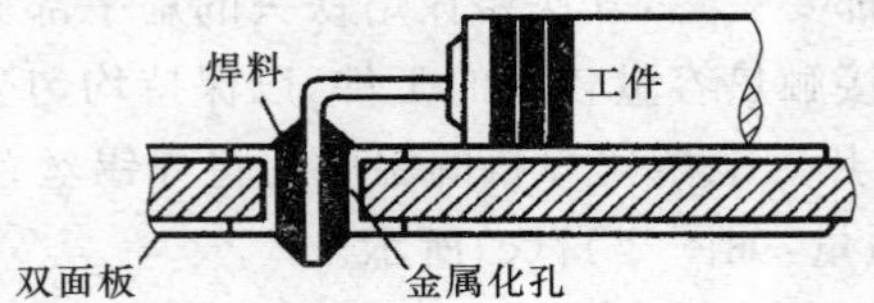

图 2-18　双面板的焊接示意图

⑤耐热性差的元器件应使用工具辅助散热。

(3)焊后处理

①剪去多余引线,注意不要对焊点施加剪切力以外的其他力。

②检查印制电路板上所有元器件引线焊点,修补缺陷。

③清洁印制电路板。

7. 焊接质量的检查

焊接结束后,并不是万事大吉了,还要对焊点进行检查,确认其是否达到了焊接的要求,如果不进行检查,势必会存在许多隐患,所以对焊接的检查是十分重要的一步。具体检查可从外观和电路工作方面入手。

(1)外观检查

外观检查主要是通过目测进行检查,有时需要用手触摸,看有无松动、是否焊接不牢;有时还需要借助放大镜,仔细观察是否存在下列焊点状况,如果有,就需要修复。

①搭焊　搭焊是指相邻两个或几个焊点的焊料连接在一起的现象,如图 2-19(a)所示。明显的搭焊较易发现,但细小的搭焊用目测较难发现,只有通过电性能的检测才能暴露出来。造成的原因是:焊料过多,或者焊接温度过高。危害是:焊接后的元器件不能正常工作,甚至烧坏元器件,严重的危及产品安全和人身安全。

②焊料过多　焊料堆积过多,焊点的外形轮廓不清,如丸子状,根本看不出导线的形状。这种焊接缺陷如图 2-19(b)所示。造成的原因是焊料过多,或者是元器件引线不能润湿,以及焊料的温度不合适。危害是:容易短路,可能隐藏焊点缺陷,造成元器件间打火。

③毛刺　焊料形成一个或多个毛刺,毛刺超过了允许的引出长度,将造成绝缘距离变小,尤其是对高压电路,将造成打火现象,如图 2-19(c)所示。毛刺如同石钟乳形。造成的原因是:焊料过多、焊接时间过长,使焊料黏性增加,当烙铁头离开焊点时就容易产生毛刺现象。危害是:容易形成搭焊、元器件间高压打火。

④松香过多　焊缝中夹有松香,表面豆腐渣形状,如图 2-19(d)所示。造成的原因是:因焊盘氧化、脏污、预处理不良等,在焊接时加助焊剂太多。危害是:强度不够,导电不良,外观不佳。

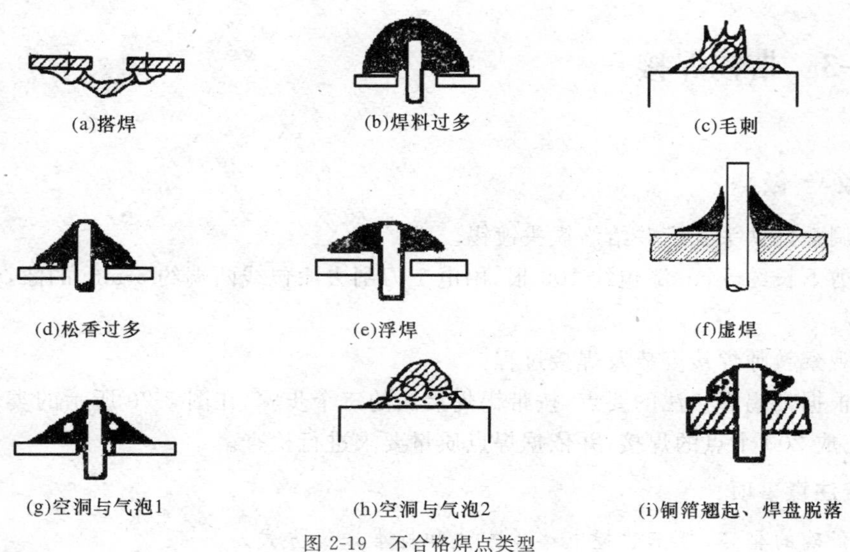

图 2-19　不合格焊点类型

⑤浮焊　浮焊是指焊点未能将两个工件完全焊接成功，焊点没有正常焊点的光泽和圆滑，而是呈现白色细粒状，表面凸凹不平，如图 2-19(e)所示。造成的原因是：焊盘氧化、脏污、预处理不良等。当焊料不足、焊接时间太短，以及焊料中金屑杂质过多时也可能引起。危害是：导电性能不良、机械强度弱，一旦受到振动或敲击，焊料便会自动脱落。

⑥虚焊(假焊)　虚焊是指焊接时，焊点内部没有将两个工件形成真正的合金，有的引线还可以上下移动，如图 2-19(f)所示。造成的原因是：焊盘、元器件引线氧化；焊接过程中热量不足，焊料的润湿不良；焊料太少。危害是：这种焊点虽然能短时间维持导通，但随着时间的推延，最后变为不导通，造成电路故障。

⑦空洞与气泡　引线的根部有喷火状的隆起，外部或内部有空洞，如图 2-19(g)、(h)所示。造成的原因是：焊盘、元器件引线氧化处理不彻底；焊盘的穿线孔太大，而元器件引脚太小；焊接过程中温度不高，或焊料太少。危害是：导电不良、强度低，长时间容易脱焊。

⑧铜箔翘起、焊盘脱落　铜箔从印制电路板上翘起，甚至脱落，如图 2-19(i)所示。造成的原因是：焊接温度过高、焊接时间过长；反复拆除和焊接。

(2)用万用表电阻挡检查

在目测检查的过程中，有时对一些焊点之间的搭焊、虚焊，不是一眼就能看出来的，需借助万用表的电阻挡通过测量来进行判断。对于搭焊，测量不相连的两个焊点，看是否短路；对于虚焊，测量引脚与焊盘之间阻值，看是否开路，或元器件相连的两个焊点，是否与相应的阻值相符(因焊点之间可能接了电阻器、半导体或其他元器件，本身焊点之间有阻值，需仔细判断)。

(3)加电检查

对于一些要求比较高的电路焊接，不光是通过目测检查，有时还需要加电检查，如焊接面狭小、元器件体积小等。但在加电前，必须进行外观检查及确认连线无误，否则可能引起新的故障，有时甚至会损坏设备仪器、造成安全事故。加电检查，主要通过测量电压、电流等方式进行，也可以通过仪器、仪表进行。

任务 2-3　带锡焊接

做一做

(1)调整烙铁头长度并给烙铁头镀锡。

(2)剪下长约 5 cm 漆包线 100 根，用电工刀刮去漆包线两端约 5 mm 的漆，然后在锡锅中挂锡。

(3)观察教师焊接姿势及焊接过程。

(4)根据带锡焊接法的要点，按带锡焊接法的三个步骤，在图 2-20 所示的类似印制电路板上完成 200 个点的焊接，并依据焊点质量要求进行检查。

焊接注意事项

(1)正确的坐姿、规范的握电烙铁方法和标准送锡方式。

(2)掌握好每一步的时间，以免焊点不合格。

(3)注意操作要领。

图 2-20　用带锡焊接法焊接印制电路板

想一想

点锡焊接法也叫双手焊接法，焊接时右手握着电烙铁，左手捏着焊锡丝，在焊接时两手要相互配合、协调一致。不仅如此，还要掌握正确的操作方法及焊接要领，这样才能做到焊点光亮圆滑、大小均匀，杜绝虚焊、假焊出现。这种焊接方法具有焊接速度快、焊点质量高等特点，适用于多元器件快速焊接，具体焊接过程可分为__________、__________、__________、__________与__________。

读一读

【拓展知识】

1. 电烙铁的维护

(1)外表维护　电烙铁在使用时，要放置在特制的烙铁架上，以免烧坏电烙铁的电源线或其他物品，经常要检查电源线及插头是否完好，如有铜导线裸露，要用绝缘胶布包好；要检查电烙铁的螺丝是否紧固，若有松动的部件，应及时修复。

(2)烙铁头维护　烙铁头要经常趁热上锡，如果发现烙铁头上有氧化物，在有余热时用破布等物将氧化层或污物擦除，并涂上助焊剂(例如松香)，随后立即通电，使烙铁头镀一层焊锡。进行焊接时，应采用松香或弱酸性助焊剂。对新的电烙铁或长期未用的电烙铁，首先要去除烙铁头表面氧化层，再用锉刀把烙铁头锉掉一层氧化铜，趁热上锡。注意使用过程中电烙铁不宜长时间空热，以免烙铁头再次被氧化“烧死”。

(3)整体维护　由于电烙铁的加热器是由很细的电阻丝绕制在陶瓷材料上而制成的，易碎易断，所以在使用过程中要轻拿轻放，决不可因烙铁头上粘锡太多而随意敲打。

2. 电烙铁的维修

电烙铁在使用过程中，经常会出现“电烙铁通电后不热”故障。首先应用万用表 R×10

的欧姆挡测量电烙铁插头(用两个表笔触碰插头的两端),如果万用表的指针指示接近0,说明有短路故障。故障点多为插头内短路,或者是防止电源引线转动的压线螺丝脱落,致使接在烙铁芯引线柱上的电源线断开而发生短路。当发现短路故障时,应及时处理,不能再次通电,以免烧坏保险丝;如果指针不动,就说明有断路故障。当插头本身没有断路故障时,可卸下胶木柄,再用万用表测量烙铁芯的两根引线,如果指针仍不动,说明烙铁芯损坏,应换成新的烙铁芯。如果测量发现烙铁芯两根引线间阻值为几千欧,说明烙铁芯完好,故障出现在电源引线及插头上,多数故障为引线断路、插头中的接点断开。可进一步用万用表的R×1挡测量引线的阻值,便可发现问题。

更换烙铁芯的方法是:将固定烙铁芯引线的螺丝松开,将引线卸下,把烙铁芯从连接杆中取出,然后将新的同规格烙铁芯插入连接杆,将引线固定在固定螺丝上,并注意将烙铁芯多余引线剪掉,以防两根引线短路。

另外也有"烙铁头带电"的故障。一般是由于电源线从烙铁芯固定螺丝上脱落后,又碰到了接地线的螺丝上,从而造成烙铁头带电。也可能是电源线错接在接地线的接线柱上,这种故障最容易造成触电事故,并损坏元器件,为此,要随时检查固定螺丝(压线螺丝)是否松动或丢失。如有丢失、损坏应及时配好或更换(固定螺丝的作用是防止电源引线在使用过程中由于拉伸、扭转而造成的引线头脱落)。

任务2-4　点锡焊接

做一做

(1)调整烙铁头长度并给烙铁头镀锡。

(2)剪下长约5 cm漆包线100根,用电工刀刮去漆包线两端约5 mm的漆,然后在锡锅中挂锡。

(3)观察教师焊接姿势及焊接过程。

(4)根据点锡焊接法的要点,按点锡焊接法的五个步骤,在图2-21所示的类似印制电路板上完成200个点的焊接,并依据焊点质量要求进行检查。

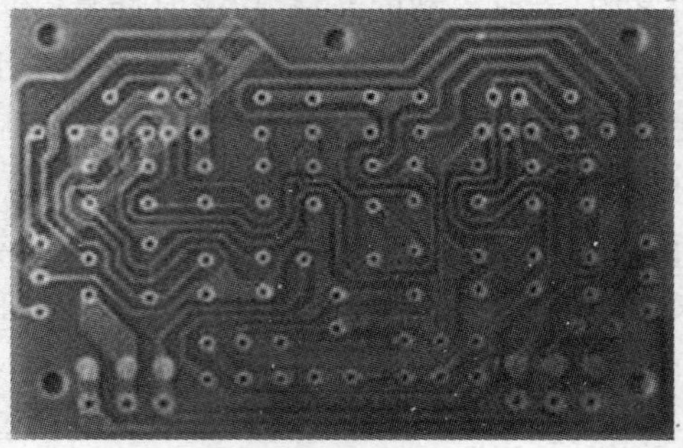

图2-21　用点锡焊接法焊接印制电路板

焊接注意事项

(1)正确的坐姿、规范的握电烙铁方法和标准送锡方式。

(2)掌握好每一步的时间,特别是第四步的时间要把握好,否则焊点不合格。

(3)注意操作要领。

想一想

(1)在焊点上的焊料接近饱满,助焊剂尚未完全挥发,就是焊点上的温度最适当的时候。在焊料最光亮、流动性最强的时刻应迅速移开________。移开电烙铁的时间、方向和速度决定着焊点的质量和外观。正确方法是烙铁头沿焊点水平方向移动,在将要离开焊点时快速往回带一下然后迅速离开。这样才有保证焊点光亮、圆滑、不出毛刺。

(2)在焊点上的焊料开始熔化后应使依附在焊点上的烙铁头根据焊点的形状移动,以使熔化的焊料在助焊剂的帮助下流布焊盘,并渗入被焊锡面的缝隙,在焊点上的焊料适量后应移开________。

任务 2-5　元器件焊接

做一做

(1)将表 2-5 中的元器件按要求焊接在图 2-22 所示的印制电路板中(也可以用类似的元器件与印制电路板进行焊接训练)。

(2)认真检查印制电路板上的每一个焊盘,如果已氧化,则需清除氧化层。

(3)元器件在印制电路板上的焊接一般有两种方法,一种是贴装焊接(短引线),另一种是悬挂焊接(长引线)。在此,将元器件分为两部分,一部分做贴装焊接,另一部分做悬挂焊接。

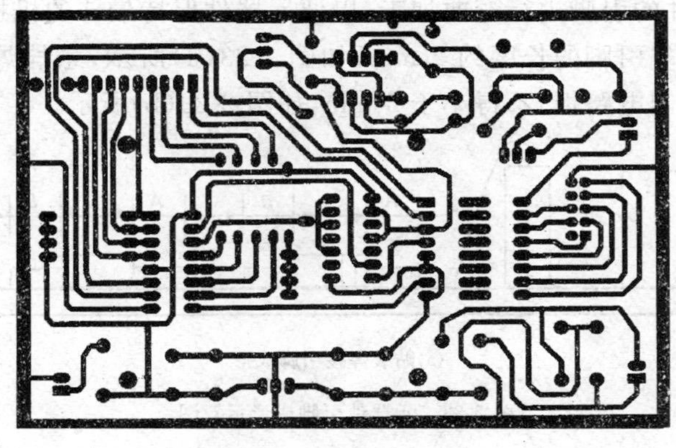

图 2-22　元器件焊接印制电路板

表 2-5　　元器件焊接训练清单

序号	规格		数量	位号或名称
1	电阻器	RJ-0.25-200Ω±5%	1只	R7
2		RJ-0.25-510Ω±5%	8只	R1、R16～R22
3		RJ-0.25-1kΩ±5%	1只	R2
4		RJ-0.25-4.7kΩ±5%	1只	R6
5		RJ-0.25-10kΩ±5%	8只	R3、R8～R15
6		RJ-0.25-100kΩ±5%	1只	R5
7		RJ-0.25-1MΩ±5%	1只	R4
8	电容器	CT4-40V-0.01μF±10%	1只	C6
9		CT4-40V-0.33μF±10%	1只	C4
10		CT4-40V-0.47μF±10%	1只	C2
11	电解电容器	CD11-25V-47μF±10%	1只	C5
12		CD11-25V-100μF±10%	1只	C3
13		CD11-25V-220μF±10%	1只	C1
14	二极管 1N4001		4只	VD1～VD4
15	发光二极管 BJ304		1套	VD5(带座)
16	三极管 9013		2只	VT1、VT2
17	三端稳压器 MC7806		1只	N1
18	时基电路 MC555		1只	N2
19	音响电路 KD9651		1只	N3
20	8位优先编码器 MC4532		1只	N4
21	六反相器 MC4069		1只	N5
22	译码器 MC4511		1只	N6
23	共阴极数码管 LC5011		1只	N7 20×13

(4)元器件的引脚成形，除了去氧化层、上锡和清洗外，还需根据贴装焊接和悬挂焊接的要求分别给元器件的引脚进行弯曲加工，以便元器件保持最佳的机械性能。一般的，贴板焊接的元器件，两端引脚的长度约 2 mm，如图 2-23(a)所示；悬挂焊接的元器件，引脚的最短长度(距离印制电路板)不得小于 5 mm，如图 2-23(b)所示。

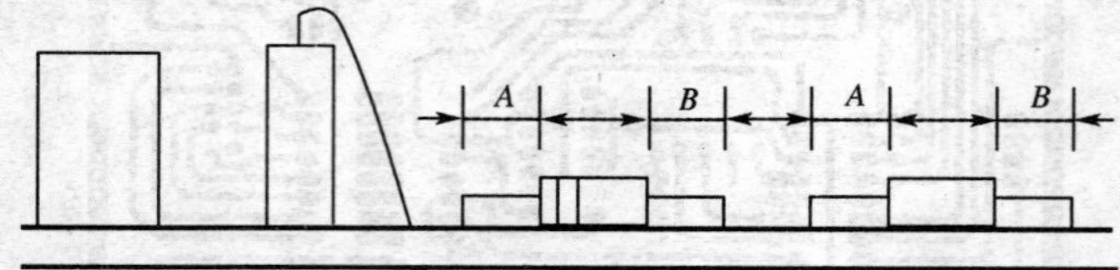

(a)贴装焊接引脚成形

图 2-23　元器件引脚成形示意图

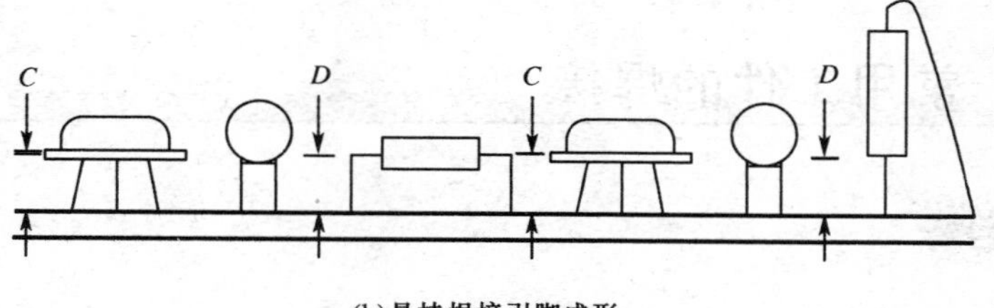

(b)悬挂焊接引脚成形

图 2-23　元器件引脚成形示意图(续)

(5)给元器件引脚在锡锅中挂锡。

(6)根据焊接的方法,先做贴装焊接,再做悬挂焊接。做悬挂焊接前,需在各元器件引脚外露部分套上耐热的黄蜡套管。要求每个焊点都焊得完好,尽量一次成形,如果焊点不合格,需要修复。

(7)焊接结束后,要认真检查每一个焊点。

(8)焊接完毕,应用清洗溶剂清洗多余的助焊剂。

焊接注意事项

(1)正确的坐姿、规范的握电烙铁方法和标准送锡方式。

(2)注意操作要领,特别是贴装焊接和悬挂焊接的元器件引脚的弯曲长度。

(3)掌握好每一步的时间,反复训练。

想一想

(1)电烙铁的选择　电烙铁的功率应由焊点的大小决定。电烙铁经过长时间使用后,烙铁头会生成一层氧化物,这时它就不容易“吃锡”,这时可以用________锉掉氧化层,将电烙铁通电后等烙铁头微热时将其插入松香,涂上焊锡即可继续使用,新买来的电烙铁也必须先上锡然后才能使用。

(2)焊料和助焊剂　选用熔点低的焊锡丝和没有腐蚀性的助焊剂,比如松香,不宜采用工业焊锡和有腐蚀性的酸性焊油,最好采用含有松香的________,使用起来非常方便。

(3)焊接方法　元器件必须清洁和________,并且立即涂上一层焊锡(俗称搪锡),然后再进行焊接。经过上述处理后元器件容易焊牢,不容易出现虚焊现象。

(4)焊接的温度和焊接的时间　焊接时应使电烙铁的温度高于焊料的温度,但也不能太高,以烙铁头接触松香时刚刚________为好。焊接时间太短、焊点的温度过低、焊料熔化不充分、焊点粗糙都容易造成虚焊,反之焊接时间过长,焊料容易流淌,并且容易使元器件过热而损坏。

(5)焊点的上锡量　焊点的上锡量不能太少,太少了焊接不牢,机械强度也差。而太多容易造成外观上徒有一大堆焊料而内部未接通的情况。焊锡应该刚好将焊点上的元器件引脚全部浸没,轮廓隐约可见为好。

2.4 常用工件的焊接

学习目标

◇ 理解常用工件的性能。

◇ 理解常用工件的方法。

工作任务

◇ 导线焊接训练。

◇ 绕焊、钩焊与搭焊训练。

读一读

1. 导线焊接

导线焊接在电子产品装配中占有重要的位置。因此，应熟练掌握导线焊接的几种方法。

(1)导线焊前处理　在电子产品装配中，常用的连接导线主要有三类：单股导线、多股导线、屏蔽线。

①剥绝缘层：手工剥线时可用普通工具或专用工具，在大规模工业生产中采用专用器械。根据焊接的需要，用剥线钳或普通扁口钳剥出导线末端绝缘层 2～4 cm。屏蔽线的剥头工艺如图 2-24 所示。用剥线钳剥头时，要选用合适的孔号；用普通扁口钳剥头时，要边旋转边剪，用力要均匀，力度要不重不轻，否则易损坏屏蔽线。在分离屏蔽线时，用镊子顺绕线方向慢慢剥开，不可用剪刀剪开。

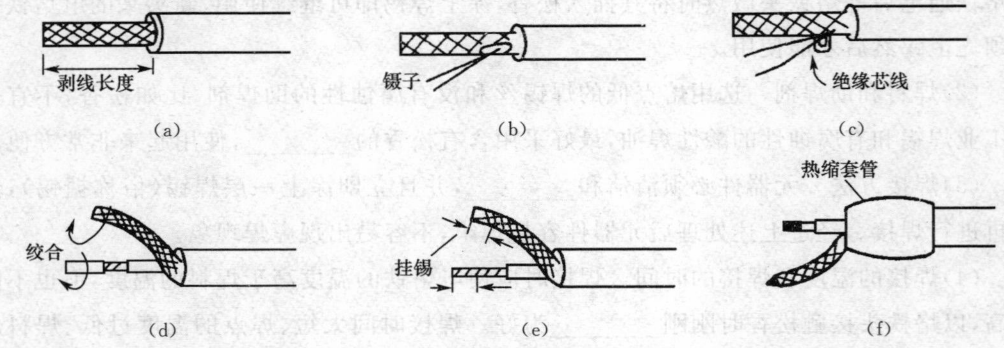

图 2-24　屏蔽线的剥头工艺

注意：对于单股导线，不应损伤导线；对于多股导线及屏蔽线，不能断线。对多股导线进行剥去绝缘层操作时要将线顺线芯的旋转方向拧成螺旋状。

②镀锡：导线的焊接，关键是镀锡。尤其对多股导线来说，如果没有镀锡处理，焊接时导线容易散开，像扫帚一样，焊点大，不美观，特别容易形成搭焊，造成元器件之间短路。

导线的镀锡方法同元器件引脚的镀锡方法一样，但要注意多股导线挂锡时要边上锡边旋转，旋转方向同拧绞方向一致。

(2)焊接的方法

①导线与印制电路板的焊接：跟元器件与印制电路板的焊接方法一样。

②导线与焊片的焊接：根据焊片的大小、形状、连接方式，一般有三种基本焊法。

● 绕焊　焊接前将经过上锡的导线端头在接线端子上缠一圈，用镊子拉紧，缠牢后进行焊接，如图 2-25(a)所示。注意导线一定要紧贴端子表面，绝缘层不接触端子，绝缘层距端子一般 1～3 mm 为宜，这种连接可靠性最好。

● 钩焊　将导线端子弯成钩形，钩在接线端子上并用钳子夹紧后施焊，如图 2-25(b)所示。

● 搭焊　搭焊如图 2-25(c)所示。这种方法最方便，但强度可靠性最差，仅用于临时连接或不便于缠、钩的地方以及某些接插件上。

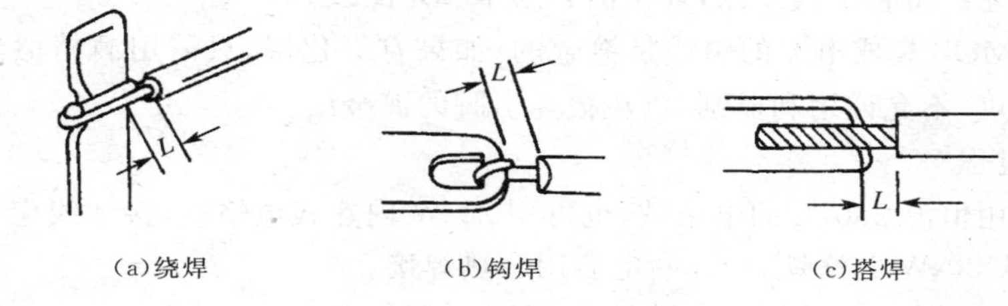

(a)绕焊　(b)钩焊　(c)搭焊

图 2-25　导线与焊片的焊接

(3)导线与导线的焊接　导线与导线的焊接如图 2-26 所示。

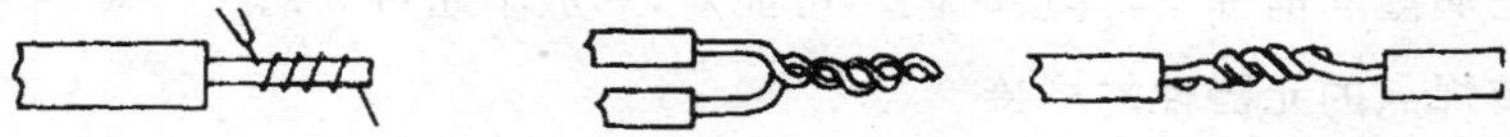

图 2-26　导线与导线的焊接

焊接步骤：

①去掉一定长度的绝缘层；

②根据需要采用不同的绕接方式；

③加热导线，然后施焊，一般采用绕焊；

④趁热套上套管，冷却后套管固定在接头处。

2. 铸塑元器件的焊接

由有机材料制造的电子元器件，例如各种开关、继电器、延迟线、接插件等，它们最大的特点是不能承受高温，当对铸塑在有机材料中的导体施焊时，如不注意控制加热温度、时间，极容易造成塑件变形，导致元器件失效或降低性能，造成隐患。

(1)元器件预处理，要求一次镀锡成功，镀锡时加的助焊剂要少，防止其进入电接触点。尤其将元器件在锡锅中浸镀时，更要掌握好浸入深度及时间。

(2)元器件成形后，装到印制电路板上时要平稳，不能歪斜。

(3)焊接时烙铁头要修整好，尖一些，焊接时间要短，要一次成形，在保证润湿的条件下越短越好，决不允许采用小于规定功率的电烙铁反复焊接。

(4)焊接时焊料要适量，施锡方式要正确。

(5)烙铁头不要对接线片施加任何方向的压力。

(6)焊后要检查,但在冷却前不要摇动,或做牢固性试验。

3. CMOS 集成电路的焊接

CMOS 集成电路由于内部集成度高,通常管子隔离层很薄,一旦受到过量的热容易损坏,特别是绝缘栅型,由于输入阻抗很高,稍不慎便可造成内部击穿而失效。无论哪一种集成电路均不能承受高于 200 ℃的温度,因此焊接时必须非常小心,否则就会造成损坏。

(1)焊接前的处理

①防静电。操作前,手必须经过金属外壳对地放静电,并戴防静电手套,工作台上如果铺有橡皮、塑料等易于积累静电的材料,CMOS 集成电路及印制电路板就不宜放在该台面上。

②如果事先已将各引线短路,焊接前必须拿掉短路线。

③一般 CMOS 集成电路的引线是镀金的,如果有氧化层,只需用酒精擦洗或用绘图橡皮擦干净即可,不允许用利器刮,以免损坏引脚的镀金层。

(2)焊接过程

①最好使用恒温 230 ℃的电烙铁,也可用 20 W 内热式电烙铁,接地线应保证接触良好,若用外热式 30 W 电烙铁,最好断电后用余热焊接。

②安全焊接顺序为:地端—输出端—电源端—输入端。

③烙铁头应修整窄一些,施焊一个焊点时不碰到其他焊点。

④在保证润湿的前提下,焊接时间尽可能短,一般不超过 3 s。

4. 内部有焊点的元器件的焊接

这类元器件如陶瓷滤波器、中周等,它们的共同特点是内部具有焊点,加热时间过长,就会造成内部焊点开焊。焊接前一定要处理好焊点,施焊时强调一个"快"字,采用辅助散热手段可避免损坏元器件。

任务 2-6　常用工件的焊接

做一做

(1)准备 30 W 直热式电烙铁、剪线钳、镊子、电工刀等工具;焊锡丝、松香等焊料和助焊剂;导线和带接线柱的印制电路板。

(2)将工件表面清洁干净,并在表面上锡。

(3)将表 2-6 所列的工件焊接在图 2-27 所示的印制电路板上(也可以是类似的印制电路板),并检查焊接质量。

(4)仿照图 2-28 所示的形式,反复练习导线与接线柱之间的搭接、钩接、绕接等焊接方法。焊接时可采用单股导线和多股导线交替进行。

(5)焊接完成后应做清洁处理。

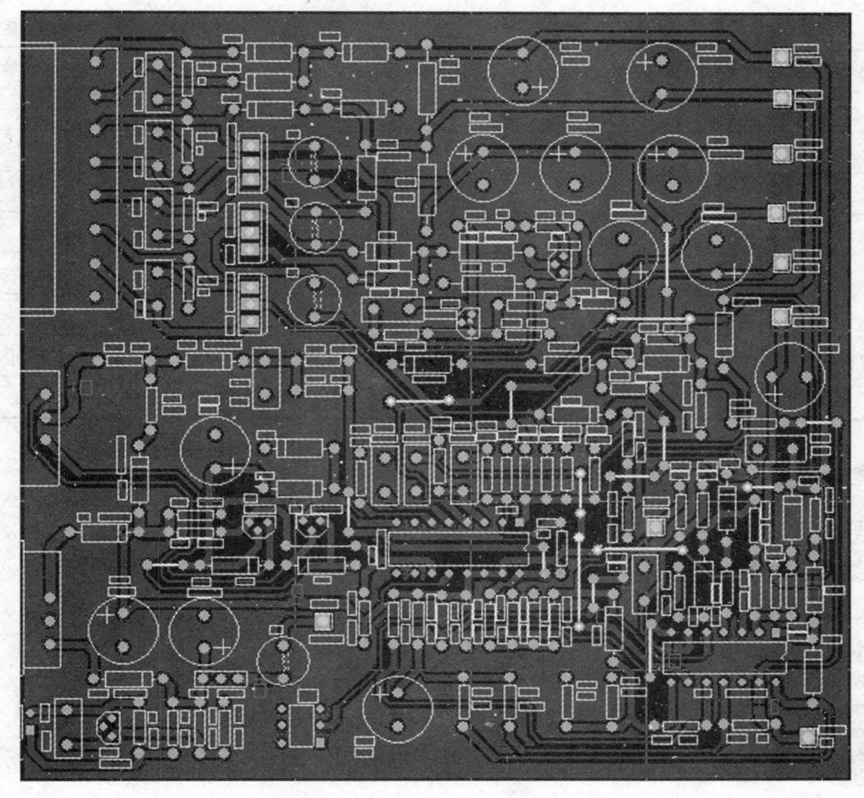

图 2-27　常用工件的焊接印制电路板

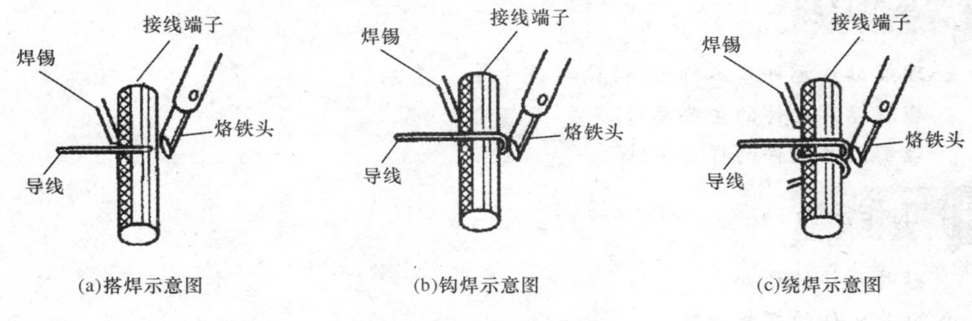

图 2-28　特殊焊接示意图

注意事项：

(1)多股导线焊接前应拧线。

(2)搭接、钩接和绕接时线头要紧贴接线柱表面。

(3)根据接线柱的大小,选用不同功率的电烙铁,以免热量不够,造成焊点不合格。

表 2-6　　常用工件焊接清单

常用工件名称	规格型号	数量
精密可调电位器	1 kΩ,5 kΩ,10 kΩ	3
LED 发光二极管	5 mm 长脚,高亮度,红,绿	2

续表

常用工件名称	规格型号	数量
IC 芯片	74LS154	1
拨码开关	8 位,16 位	2
双排插针	40P,间距 2.54 mm	1
芯片插座	8 脚	1
晶振	12 MHz,24 MHz	2
接线端子	2 芯,脚距 5 mm,高度 14.25 mm,厚度 10.35 mm,宽度 10 mm	1
插拔式接线端子	2EDG5.08-9P2EDGKA-5.08 间距 5.08 mm	100
彩色排线	7 股 40P	1

想一想

(1)导线焊接可分为哪些步骤?

(2)绕焊、钩焊与搭焊有什么不同?

(3)CMOS 集成电路焊接应注意什么?

(4)铸塑元器件的焊接应注意什么?

2.5 贴片焊接

学习目标

◇ 理解贴片元件基本特性、结构与符号等。

◇ 理解贴片元件的主要参数。

◇ 理解贴片元件的焊接方法。

工作任务

◇ 贴片元件的认知。

◇ 贴片元件的焊接训练。

读一读

1. 贴片元件的焊接

(1)焊接前的准备

①去氧化层与上锡:由于贴片元件体积很小且容易损坏,所以在焊接前去氧化层和上锡就变得比普通元件的处理更加严格、更加仔细。

②核对型号与引脚:对于贴片元件的标注,一般在外壳上都不清楚。所以在焊接前需认真仔细检查核对,以免焊错。

(2)焊接过程

贴片元件的焊接,同普通元件焊接的五步法不同,一般采用带锡焊接法。

①准备施焊:让烙铁头挂锡(俗称吃锡),如图 2-29(a)所示。

②加热焊件:将贴片元件用小镊子夹住置于焊点处,加热。注意要使烙铁头加热焊点各部分,烙铁头的侧面或边缘部分接触贴片元件的引脚,以保持均匀受热,如图 2-29(b)所示。

③熔化焊料:继续加热到能熔化焊件原来附有的焊料后,焊料开始熔化并润湿焊点,熔化焊料要适量,如图 2-29(c)所示。

④交叉焊接:对于两个或两个以上的焊点,应交替焊接。焊接时镊子不可用力挤压,让焊点自然沉降,如果焊得高低不平,可用镊子扶正,重新焊接。

⑤移开电烙铁:当焊料完全润湿焊点后移开电烙铁,注意移开方向应该是大致 45 ℃的方向,如图 2-29(d)所示。

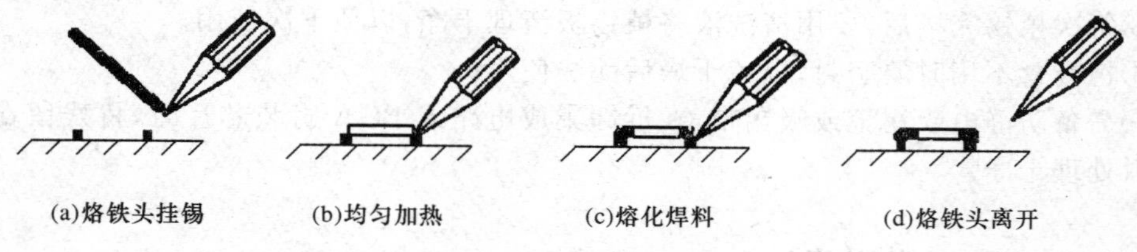

图 2-29 贴片焊接示意图

2. BGA 元件的焊接

(1)BGA 封装芯片植锡操作

①清洗:首先将芯片表面加上适量的助焊膏,用电烙铁将芯片上的残留焊锡去除,然后清洗干净。

②固定:可以使用专用的固定芯片的卡座,也可以简单地采用双面胶将芯片粘在桌子上来固定,还可点胶黏合剂进行固定。

③上锡:选择稍干的锡浆,用平口刀挑适量锡浆到植锡板上,用力往下刮,边刮边压,使锡浆均匀地填充到植锡板的小孔中,上锡过程中要注意压紧植锡板,不要让植锡板和芯片之间出现空隙,以免影响上锡效果。

④吹焊:将热风枪的风嘴去掉,将风量调大、温度调至 350 ℃左右,摇晃风嘴对着植锡板缓缓均匀加热,使锡浆慢慢熔化。当看见植锡板的个别小孔中已有锡球生成时,说明温度已经适当,这时应当抬高热风枪的风嘴,避免温度继续上升。过高的温度会使锡浆剧烈沸腾,造成植锡失败;严重的还会使芯片过热损坏。

⑤调整:如果吹焊完毕后发现有些锡球大小不均匀,甚至有个别引脚没植上锡,可先用裁纸刀沿着植锡板的表面将过大的锡球露出部分削平,再用刮刀将锡球过小和缺焊的小孔中上满锡浆,然后用热风枪再吹一次。

(2)BGA 封装芯片的定位

由于 BGA 封装芯片的引脚在芯片的下方,在焊接过程中不能直接看到,所以在焊接时要注意 BGA 封装芯片的定位,定位的方式包括圆线走位法、贴纸定位法和目测定位法等,定位过程中要注意芯片的边沿应对齐所画的线。

(3)BGA 封装芯片的焊接

BGA 封装芯片定好位后，就可以焊接了。与吹焊时一样，把热风枪的风嘴去掉，调节至合适的风量和温度，让风嘴的中央对准芯片的中央位置，缓慢加热。当看到芯片往下一沉且四周有助焊剂溢出时，说明锡球已和印制电路板上的焊点融合在一起，这时可以轻轻晃动热风枪使芯片受热均匀充分。由于表面张力的作用，BGA 封装芯片与印制电路板的焊点之间会自动对准定位，具体操作方法是用镊子轻轻推动 BGA 封装芯片，如果芯片可以自动复位就说明芯片已经对准位置。注意在加热过程中切勿用力按住 BGA 封装芯片，这样会使焊锡外溢，极易造成脱脚和短跟。

(4)BGA 封装芯片焊接注意事项如下：

①风枪吹焊植锡球时，温度不宜过高，风量也不宜过大，否则锡球会被吹在一起，造成植锡失败，温度的经验值为不超过 300 ℃。

②刮抹锡膏要均匀。

③每次植锡完毕后，要用清洗液将植锡板清理干净，以便下次使用。

④植锡膏不用时要密封，以免干燥后无法使用。

⑤需备防静电吸锡笔或吸锡带，在拆卸集成电路或 BGA 封装芯片时，将残留在上面的焊料处理干净。

任务 2-7 手工贴片焊接

做一做

(1)35 W 调温式电烙铁、带灯放大镜、镊子、吸锡器和基板工具等。

(2)Φ0.5 mm 焊锡丝、焊胶、松香等焊料和助焊剂。

(3)贴片焊装印制板 1 块，如图 2-30 所示。贴片电阻、电容、电感、二极管、三极管和集成电路若干。

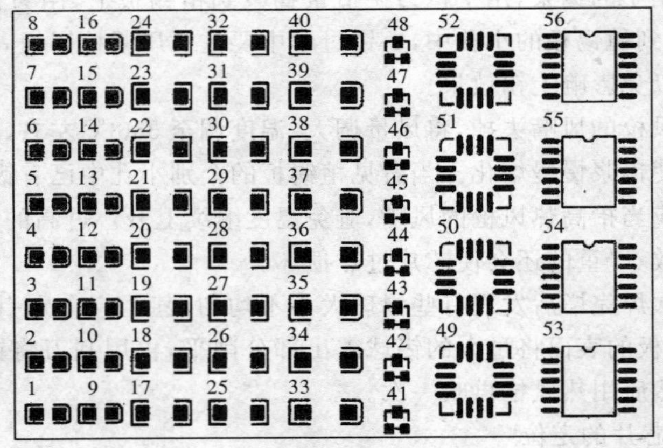

图 2-30 贴片焊装印制板

实训步骤：

(1)涂助焊剂 先加热焊盘，涂一层助焊剂，或上一层薄而平的焊锡。

(2)贴片　用焊胶将需焊接的贴片元件固定在焊盘上，对于引脚少的贴片电阻、电容之类的元器件也可用镊子将其固定进行焊接，对四边扁平封装的细间距集成电路也可用真空吸笔等手工贴片装置固定焊接。

(3)手工焊接　用左手拿镊子固定元器件，右手拿电烙铁加热，电烙铁上带有焊锡，接触焊盘与元器件引脚，焊接后横向移开电烙铁。对于四边扁平封装的细间距集成电路，可采用“拖焊”技术，即用黏合剂固定集成电路，注意要在带灯放大镜下仔细检查各脚是否对准了焊盘，然后边加焊锡边拖动烙铁头，进行整体焊接。焊接完成后要仔细检查，如有虚焊的情况需补焊，有搭焊的情况要仔细分开。

注意事项：

(1)电烙铁的温度一般以350 ℃为宜。

(2)助焊剂需选用高浓度助焊剂，以便焊料能完全湿润。

(3)每次焊接都需在带灯放大镜下检查。

(4)集成电路焊接时要防静电损坏元器件。

想一想

(1)清洁和固定PCB(印制电路板)　在焊接前应对要焊的PCB进行检查，确保其干净。对其表面的油性手印以及氧化物进行清除，从而不影响上锡。手工焊接PCB时，如果条件允许，可以用焊台将其固定好从而方便焊接，值得注意的是避免手指接触PCB上的焊盘影响上锡。

(2)固定贴片元件　根据贴片元件的引脚多少，其固定方法大体上可以分为两种——单脚固定法与多脚固定法。对于引脚数目少(一般为2～5个)的贴片元件如贴片电阻、电容、二极管、三极管等，一般采用________固定法。即先在印制板上对其的一个焊盘上锡然后左手拿镊子夹持贴片元件放到安装位置并轻抵印制板，右手拿电烙铁靠近已镀锡焊盘，熔化焊锡将其固定。焊好一个焊盘后贴片元件已不会移动。而对于引脚多而且多面分布的贴片芯片，以上方法难以将芯片固定好，这时就需要采用________固定法，一般可以采用对脚固定的方法。需要注意的是，引脚多且密集的贴片芯片，精准的引脚对齐焊盘尤为重要，应仔细检查核对。

(3)清除多余焊锡　焊接时易造成引脚短路现象，要用________将多余的焊锡吸掉。

(4)清洗焊接的地方　由于使用松香助焊剂和吸锡带吸锡的缘故，引脚的周围残留了松香等物质，有必要对这些残余物进行清理。常用的清理方法是________清洗。

2.6 拆焊

学习目标

◇ 理解拆焊的要求、步骤。

◇ 理解典型元器件的拆焊方法。

工作任务

◇ PCB 拆焊训练。

◇ 贴片拆焊训练。

读一读

拆焊，指在电子产品的生产过程中，因为装错、损坏、调试或维修而拆换元器件，将原先焊上的元器件拆下来的过程，有时也叫解焊。它的操作难度大，技术要求高，所以在实际操作中，要反复练习，掌握操作要领，才能做到不损坏元器件、不损坏印制电路板焊盘。

(1)拆焊的基本要求

①不损坏元器件、导线和结构件，还有焊盘与印制导线。

②对已判断损坏的元器件可将引线剪断再拆除，这样可避免其他元器件损坏。

③在拆焊过程中，应尽量避免拆动其他元器件或变动其他元器件的位置，如确实需要，应做好复原工作。

(2)拆焊工具

①电烙铁；

②镊子；

③基板工具：可用来切、划、钩、拧和通孔的工具(借助电烙铁恢复焊孔)；

④吸锡器、吸锡绳：用于吸取焊点或焊孔中的焊锡。

(3)拆焊的步骤

①选用合适的电烙铁　选用的电烙铁应比相应的焊接电烙铁功率略大，这是因为拆焊所需要的加热时间稍长，加热温度稍高。所以要严格控制加热温度和加热时间，以免将元器件烫坏或使焊盘翘起、断裂。宜采取间隔加热法来进行拆焊。

②加热拆焊点　使电烙铁平稳地靠近拆焊点，确保各部分均匀加热，如图 2-31(a)所示。

③吸去焊料　当焊料熔化后，用吸锡工具吸去焊料，如图 2-31(b)所示。要注意的是，即使还有少量锡相连，在拆卸时也易损坏元器件。

④拆下元器件　一般可直接用镊子将元器件拔下，如图 2-31(c)所示。但要注意的是，在高温状态下，元器件的封装强度会下降，尤其是塑封器件、陶瓷器件、玻璃端子等，如果用力拉、摇、扭，会损坏元器件和焊盘。

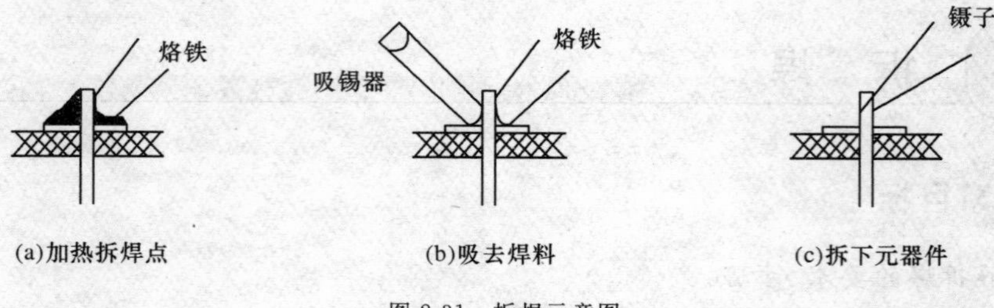

图 2-31　拆焊示意图

上述过程并不是一成不变的，在没有吸锡工具的情况下，可以将印制电路板或可移动的部件倒过来，用电烙铁加热至焊料熔化后，不移开电烙铁的条件下，用镊子或其他工具，也可以将元器件拆下。

(4)几种元器件的拆焊

①阻容元件拆焊　如采用卧式安装，两个焊点较远，可采用电烙铁分点加热的方法，逐点拔出。

②晶体管拆焊　由于焊点距离较近，可用电烙铁同时交替加热几个焊点，待焊锡熔化后一次拔出。

③集成电路拆焊　因为集成电路的引脚多，既不能采用分点拆焊，也不能采用交替加热拆焊，一般可利用吸锡器吸尽焊料或用空心针在加热的条件下，迅速插入焊孔中，使印制电路板的焊盘与引脚分离。在没有辅助工具的条件下，也可以用焊锡将集成电路的一排或两排引脚加满，同时加热，用集成电路起拔器起下。但一般情况下不要使用这种方法，因为这样拆焊易损坏集成电路。

总之，在拆焊时，尽量不要损坏元器件与焊盘，在元器件损坏的情况下，可剪断引脚，再拆焊点上留下的金属线。

任务 2-8　分立元器件拆焊

做一做

(1)准备 25 W 直热式电烙铁、剪线钳、镊子、吸锡器和基板工具等；松香等助焊剂；带各种分立元器件的印制电路板（也可以是类似的印制电路板），如图 2-32 所示。

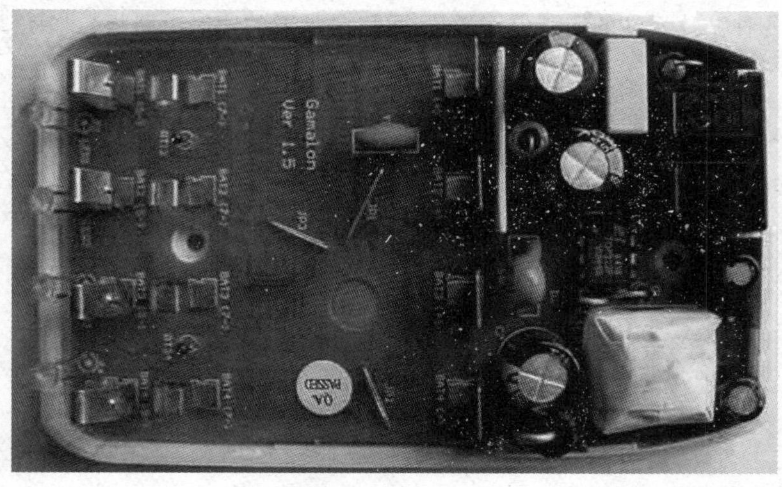

图 2-32　带各种分立元器件的印制电路板

(2)分点拆焊法　当两个焊点之间的距离较大时，可先用吸锡器吸除两个焊点的焊锡，将元器件拔出。如果焊点上的引线是弯折的，吸去焊点上的焊锡后，用烙铁头撬直引线后再拆除元器件。

(3)集中拆焊法　对焊点之间的距离较小的元器件，如三极管及直立安装的电阻器、电容器，可用电烙铁同时交替加热几个焊点，待焊锡熔化后一次拔出元器件。此法要求操作时注意力集中，加热迅速，动作快。

(4)反复练习。

注意事项：

(1)不可在加热不到位时，强扭硬拔，以免损坏印制电路板。

(2)注意在加热元器件时，不要用手去拔，以免烫伤。

(3)严格控制加热温度和加热时间，以免烫坏印制电路板。

想一想

(1)焊锡可用吸锡器、________、________、粗多芯线去除。

(2)拆焊时，________(能/否)多次加热。

(3)简述拆除集成电路的方法。

任务 2-9　贴片拆焊

做一做

(1)准备 25 W 双头电烙铁、带灯放大镜、镊子、吸锡器、吸锡带和起拔器等工具及有机溶剂。带各种贴片元件的印制电路板(也可以是类似的印制电路板)，如图 2-33 所示。

图 2-33　带各种贴片元件的印制电路板

(2)分点拆焊法　对具有两个焊点的贴片电阻、电容，可用双头电烙铁将两个焊点夹住同时加热。待焊锡熔化后，将贴片元件取下。

(3)集中拆焊法　对焊点之间的距离较小的集成电路，在其引脚上涂上助焊剂，用热风枪同时加热，待 3～5 s 焊锡熔化后，用起拔器拔出。

(4)取下贴片元件后，用吸锡带吸除焊锡，用有机溶剂清洗焊点。

(5)反复练习。

注意事项：

(1)加热时间既不要太长也不能太短，以免损坏印制电路板。

(2)用热风枪加热时，根据集成电路的大小，需选用不同的风头。若用热风笔，则要沿引脚做圆周运动，助焊剂冒烟后，说明焊锡已充分熔化，停止加热，取下贴片元件。

想一想

(1)能不能用热风枪拆除贴片元件?

(2)拆除多引脚贴片元件时，一般采用什么方法?

知识小结

⊙ 焊接是把比被焊金属熔点低的焊料和被焊金属一同加热，在被焊金属不熔化的条件下，将熔化的焊料黏结在需被连接的金属表面，在它们的接触界面上形成合金层，实现被焊金属间的牢固连接。在焊接工艺中普遍采用的焊料是焊锡。

∵ 焊接工具主要是电烙铁，电烙铁可分为直热式电烙铁、恒温式电烙铁和防静电的调温式烙铁。

∵ 助焊工具一共有六件，有起、刀、叉、锥、钩、刷。拆焊工具有吸锡器、空心针和吸锡带。

∵ 焊料与助焊剂主要是焊锡和松香。

∵ 元器件在焊接前都需要筛选和成形。

∵ 焊接需正确选用电烙铁，并对烙铁头的长度进行调整和镀锡。

∵ 焊点的质量，应达到电接触性能良好、机械强度牢固和清洁美观的标准，焊锡不能过多或过少，不能有搭焊、拉刺等现象，其中最关键的是避免虚焊、假焊。

∵ 焊接的要领，是设计好焊点，掌握好焊接的时间、焊接的温度、焊料和助焊剂的用量，焊接时施力的大小和焊接后对焊点的处理。

❖ 焊接要有正确姿势。焊接的方法主要有带锡焊接法和点锡焊接法。

❖ 焊点的质量不良主要有搭焊、焊锡过多、毛刺、松香过多、浮焊、虚焊(假焊)和空洞与气泡、铜箔翘起、焊盘脱落等。

⊙ 几种常用工件的焊接方法主要是导线焊接所采用的绕焊、钩焊和搭焊。铸塑元器件的焊接时间要短，要一次成形，不允许反复焊接。CMOS 集成电路焊接时要防静电，且要保证电烙铁的接地线接触良好，内部有焊点的元器件的焊接强调一个“快”字，采用辅助散热手段可避免元器件损坏。

❖ 贴片元件焊接时可先焊一个引脚，然后再焊其余的引脚。但贴片元件由于其引脚的数目比较多且密，引脚与焊盘的对齐是关键。

❖ BGA 封装芯片的焊接要经过植锡、定位和焊接三个步骤。

⊙ 拆焊的步骤是加热拆焊点、吸去焊料和拆下元器件。但不能损坏元器件、导线和结构件，还有焊盘与印制导线。

思考与练习

1. 如何正确选用和使用电烙铁？

2. 电烙铁常见故障有哪些？怎样维修？

3. 防静电的调温式电烙铁和热风枪在使用应注意哪些事项？

4. 常用的焊锡有哪些？分别适合哪些焊接？

5. 新电烙铁一般要经过怎样处理才能使用？什么叫挂锡？

6. 如何根据焊接材料选用电烙铁？

7. 助焊剂是什么，它具有哪些功能？

8. 试述焊接操作的正确姿势。

9. 元器件的筛选主要包括哪几个方面？

10. 焊点的质量要求如何？

11. 焊接的要领是什么？

12. 简述手工焊接有哪几个基本步骤。

13. 带锡焊接法和点锡焊接法各有哪些步骤？

14. 焊接操作的五步法是什么？焊接时间如何控制？

15. 印制电路板焊接和导线焊接是怎样进行的？

16. CMOS集成电路焊接要注意哪些事项？

17. 什么叫虚焊？产生虚焊的原因是什么？有何危害？如何避免？

18. 从外观上如何判断焊点质量？

19. 拆焊的方法有哪些？如何选择？

20. 什么样的焊点是不合格的？

21. 拆焊是怎样进行的？

22. 简述拆焊时去吸除焊锡的常用方法。

项目3 识读设计文件与工艺文件

现代电子产品的性能和构造日益复杂，功能日益强大。为了适应不断提高的生产效率和产品质量，用于描述产品技术性能、功能和结构的设计文件和指导产品生产制造的工艺文件就显得越来越重要了。电子产品制造部门的工程技术人员、管理人员和实际操作者只有在这些准确的文件和图纸指导下，才能准确无误地、保质保量地完成生产任务。

学习目标

◇ 能准确描述设计文件与工艺文件的含义。

◇ 能识读设计文件与工艺文件。

◇ 了解设计文件与工艺文件的分类及各种工艺文件的绘制方法。

◇ 能收集、整理、成套设计文件与工艺文件。

◇ 能查阅设计文件与工艺文件的相关标准。

工作任务

◇ 识读设计文件与工艺文件。

◇ 编制简单工艺文件。

◇ 收集、整理、成套设计文件与工艺文件。

◇ 根据设计文件与工艺文件完成相关工作。

读一读

电子产品生产一般有两类文件，即设计文件与工艺文件。设计文件是设计部门在产品研发设计过程中形成的反映产品功能、性能、构造特点及测试试验要求等方面内容的产品技术文件。设计文件的种类很多，有数十种，如产品标准、技术条件、明细表、电路图、方框图、零件图、印制板图(印制电路板图)、技术说明书等。而工艺文件则是按照一定的条件选择产品最合理的工艺过程(即生产过程)，将实现这个工艺过程的程序、内容、方法、工具、设备、材料以及每一个环节应该遵守的技术规程，用文字和图表的形式表示出来的文件。工艺文件是工艺部门根据产品的设计文件进行编制的，是设计文件转化来的，用于指导生产，因此，工艺文件又要根据各企业的生产设备、规模及生产的组织形式不同而有所不同。

1. 设计文件

设计文件可以按文件的样式分为三大类：文字性设计文件、表格性设计文件和电子工程图。

(1)文字性设计文件

①产品标准或技术条件

产品标准或技术条件是对产品性能、技术参数、试验方法和检验要求等所做的规定。产品标准或技术条件是反映产品技术水平的文件。

②技术说明、使用说明、安装说明、调试说明

技术说明是供研究、使用和维修产品用的，对产品的性能、工作原理、结构特点应说明清楚，其主要内容应包括产品技术参数、结构特点、工作原理、安装调整、使用和维修等。使用说明是供使用者正确使用产品而编写的，其主要内容是说明产品性能、基本工作原理、使用方法和注意事项。安装说明是供使用产品前的安装工作而编写的，其主要内容是产品性能、结构特点、安装图、安装方法及注意事项。调试说明是用来指导产品生产时调试其性能参数的。

(2)表格性设计文件

①明细表

明细表是构成产品(或某部分)的所有零部件、元器件和材料的汇总表，也叫物料清单。从明细表可以查到组成该产品的零部件、元器件及材料。

②软件清单

软件清单是记录软件程序的清单。

③电子工程图

电子工程图主要包括功能图、明细表、装配图、布线图和面板图等，如图 3-1 所示。

功能图		电气原理图	逻辑图	说明书	明细表		印制板图	装配图			布线图		机壳底板图	面板图	
方框图	电原理图				整件汇总表	元器件材料表		印制板装配图	实物装配图	安装工艺图	接线图	接线表		机械加工图	制板图

图 3-1　电子工程图的分类

电子产品设计文件通常由产品开发设计部门编制和绘制，经工艺部门和其他有关部门会签，开发部门技术负责人审核批准后生效。

2. 工艺文件

工艺文件主要包括通用工艺规范、产品工艺流程、岗位作业指导书、工艺定额、生产设备工作程序和测试程序、生产用工装或测试工装的文件等。

通用工艺规范：为了保证正确的操作或工作方法而提出的对生产所有产品或多种产品时均适用的工作要求。例如“手工焊接工艺规范”“防静电管理办法”等。

产品工艺流程：根据产品要求和企业内生产组织、设备条件而拟制的产品生产流程或步骤，一般由工艺技术人员画出工艺流程图来表示。生产部门根据工艺流程图可以组织物料采购、人员安排和确定生产计划等。

岗位作业指导书：供操作员工使用的技术指导性文件，例如设备操作规程、插件作业指导书、补焊作业指导书、程序读写作业指导书、检验作业指导书等。

工艺定额:工艺定额是供成本核算部门和生产管理部门做人力资源管理和成本核算用的,工艺技术人员根据产品结构和技术要求,计算出制造每一件产品所消耗的原材料和工时,即工时定额和材料定额。

生产设备工作程序和测试程序:这主要指某些生产设备,如贴片机、插件机等的贴装电子产品的程序,以及某些测试设备如 ICT 检测产品所用的测试程序。程序编制完成后供所在岗位的员工使用。

生产用工装或测试工装的文件:为制作生产工装和测试工装而编制的工装设计文件和加工文件。

3.1 电路图的绘制

学习目标

◇ 理解电路图中各元器件的画法与标注。

◇ 理解电路图的布局原则与画法。

工作任务

◇ 绘制电路图。

◇ 标注电路图的元器件符号与单位。

读一读

电路图,也叫原理图、电原理图、电路原理图,用电气制图的图形符号的方式画出产品各元器件之间、各部分之间的连接关系,用于说明产品的工作原理。它是电子产品设计文件中最基本的图纸。

1. 图形符号

电路图中常用的图形符号遵循国家标准。实际应用图形符号的时候,只要不会发生误解,也可尽量简化。图 3-2 中是几种实践中常见的简化画法,如晶体管省去圆圈,电解电容器、电池的负极用细实线画等。

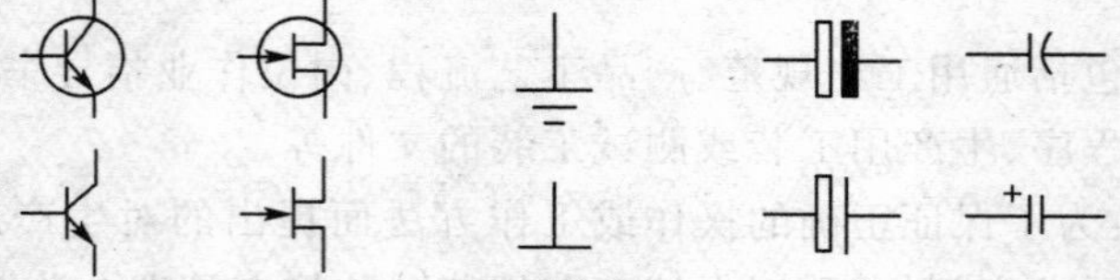

图 3-2　图形符号的简化画法

有关符号还遵守下列规定:

(1)符号所在的位置及其线条的粗细并不影响含义。

(2)符号的大小不影响含义,可以任意画成跟全图尺寸相配的图形。在放大或缩小图形时,其各部分应该按相同的比例放大或缩小。

(3)在元器件符号的端点加上"○"不影响符号原义。但在逻辑电路的元器件中,"○"另有含义。

(4)符号之间的连线画成直线或斜线,不影响符号本身的含义,但表示符号本身的直线和斜线不能混淆,如图3-3所示。

(5)连线交叉时,只要不出现歧义,可以不加点。

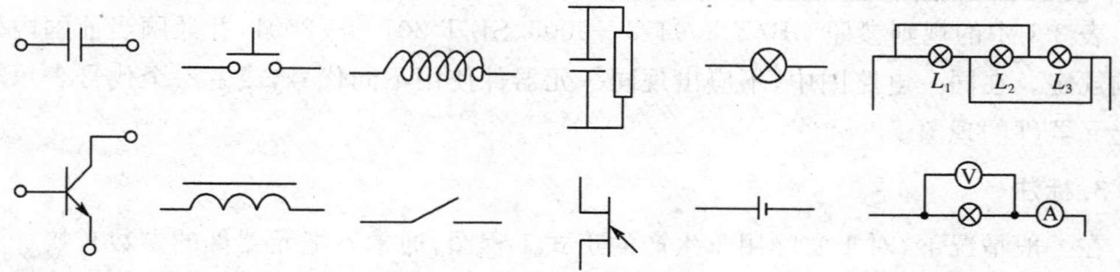

图3-3 符号规定示例

2. 元器件代号

在电路中,代表各种元器件的符号旁边,一般都标上字符记号。同样,在计算机辅助设计电路板软件中,每个元器件都必须有唯一的字符作为该元器件的名称(说明),称为元件名。在实际工作中,习惯用一个或几个字母表示元器件的类型;有些元器件是用多种记号表示的,一个字母也不仅仅代表某一种元器件。

常用元器件的代号见表3-1。

表3-1 常用元器件的代号

代号	项目种类	举例
A	组件、部件	射频盒、光模块
B	电声器件	蜂鸣器、耳机、话筒
C	电容器	电解电容器、钽电容器、片式电容器、涤纶电容器
VD	二极管	发光二极管、整流二极管、稳压二极管
F	保护器件	保险管、限流保护器、限压保护器、熔断器、气体放电管
J	接插件	IC插座、插针、各种连接器
K	继电器	电磁继电器、固态继电器
L	电感器	贴片电感器、EMI磁珠、线绕电感器、共模电感器
VT	三极管	三极管、场效应管、可控硅、晶闸管
R	电阻器	片式电阻器、金属膜电阻器、线绕电阻器、功率电阻器
RT	热敏电阻器	热敏电阻器
RV	压敏电阻器	压敏电阻器
RP	电位器	电位器、可变电阻器
RN	排阻	独立式排阻、并联式排阻
S	开关	按钮、拨动开关、微动开关、轻触开关、拨码开关
T	变压器	电源变压器、通信口变压器

续表

代　号	项目种类	举　例
U	集成电路	模拟/数字 IC、DC/DC、光耦
X	晶体振荡器	晶体振荡器、谐振器
TP	测试点	测试点

表 3-1 中的规则参照 GB/T 5094.3—2005、SJ/T 207.6—2001，并兼顾当前国内外的惯例规定。在同一电路图中，不应出现同一元器件使用不同代号，或者一个代号表示一种以上元器件的现象。

3. 标注

在一般情况下，对于实际用于生产的正式工程图，通常不把元器件的参数直接标注出来，而是另附文件详细说明。这不仅使标注更加全面准确，避免混淆误解，同时也有利于生产管理（材料供应、材料更改）和技术保密。在说明性的电路图纸中，则要在元器件的图形符号旁边标注出它们最主要的规格参数或型号名称。

（1）元器件的标注

在标注元器件时，一般要遵循国家标准或行业标准：

①图形符号和文字符号共同使用，尽可能准确、简捷地提供元器件的主要信息。例如，电阻器的图形符号旁边用文字符号标注出了它的阻值，如有必要还应标注其额定功率等；电容器的图形符号要标出其种类（有无极性和极性的方向）、标称容量和额定工作电压；对于各种半导体器件，则应该标注出它们的型号。在图纸上，文字符号应该尽量靠近它所说明的那个元器件的图形符号，避免与其他元器件的标注混淆。一般地，对于分立器件和其他组件，横向放置时符号标识和参数标识要求放置于元器件上方；竖向放置时符号标识和参数标识要求放置于元器件的左边；符号标识和参数标识的左端尽量对齐。集成电路的符号标识和标称值要求放置于元器件上方或下方，图形符号四面都有引脚的在空间允许时一般将符号标识和参数标识放到图形符号的中央。

②标注的字符串不能太长，做到文字标注既清楚明确，又尽可能小；同时，还要避免因图纸印刷缺陷或磨损破旧而造成的混乱。

③采取一些相应的规定，在工程图纸的文字标注中取消小数点，小数点的位置上用一个字母代替，并且数字后面一般不写表示单位的字符，使字符串的长度不超过四位。

④阻容元件进行标注时，一般省略其基本单位，采用实用单位或辅助单位。电阻器的基本单位 Ω 和电容器的基本单位 F，一般不出现在元器件的标注中。如果出现了表示单位的字符，就是用它代替了小数点。如 0.56 Ω、5.6 Ω 和 5.6 MΩ，分别标注为 Ω56、5Ω6 和 5M6。如 4.7 pF、47 pF、470 pF 分别记作 4p7、47、470 等。大容量的电容器一般是电解电容器，所以在电解电容器的图形旁边标注 47，是不会把 47 μF 当成 47 pF 的；同样，在一般电容图形符号旁边标注 47，是不会把 47 pF 当成 47 μF 的（在某些容易混淆的地方，还需要注出 p 或 μ，例如在无极性电容器符号旁标注 1p 或 1μ）。为了便于标注，还可采用辅助单位 nF 和 mF。

另外，对于有工作电压要求的电容器，文字标注要采取分数的形式：横线上面按上述格式表示标称容量，横线下面用数字标出电容器所要求的额定工作电压。例如，在图 3-3 所示的 C_3 的标注是$\frac{3m3}{160}$，表示它是标称容量为 3300 μF、额定工作电压为 160 V 的电解电容器。

图 3-4 中微调电容器 C_4，虽然未标出单位，但按照一般规律这种电容器的容量都很小，单位只可能是 pF，所以不会产生误解。

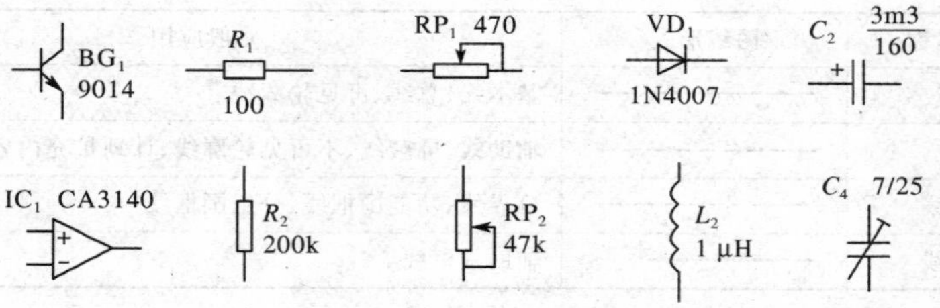

图 3-4　元器件标注举例

也有一些电路图中，所用某种相同单位的元器件特别多，则可以附加注明。例如，某电路中有 100 只电容器，其中 90 只是以 pF 为单位的，则可将该单位省去，并在图上添加附注："所有未标单位电容器均以 p 为单位"。

由于 SMT 元器件细小，一般采用 3 位数字在元器件上标注其参数。例如，电阻器上标注 101 表示其阻值是 100 Ω，电容器上标注 474 表示其容量是 0.47 μF。

(2)下脚标码

在电路图中，下脚标码表示同种元器件的序号，如 C_1、C_2、…，BG_1、BG_2、…。若有不同的单元电路，可以在元器件名的前面缀以标号，表示单元电路的序号。例如有两个单元电路，用 $1C_1$、$1C_2$、…，$1VD_1$、$1VD_2$、…表示单元电路 1 中的元器件；用 $2R_1$、$2R_2$、…，$2BG_2$、$2BG_2$、…表示单元电路 2 中的元器件。或者，对上述元器件采用 3 位标码表示它的序号以及所在的单元电路，例如：C_{101}、C_{102}、…，VD_{101}、VD_{102}、…表示单元电路 1 中的元器件；R_{201}、R_{202}、…，BG_{201}、BG_{202}、…表示单元电路 2 中的元器件。

但在工程图里通常不这样标注。主要是因为采用小字号下标的形式标注元器件，为制图增加了难度，且计算机 CAD 电路设计软件中一般不提供这种形式；另外，工程图上的小字号下标容易被模糊、污染，有可能导致混乱。所以，一般采用下标平排的形式，如 1R1、1R2……或 R101、R102……，这样就更加安全可靠。

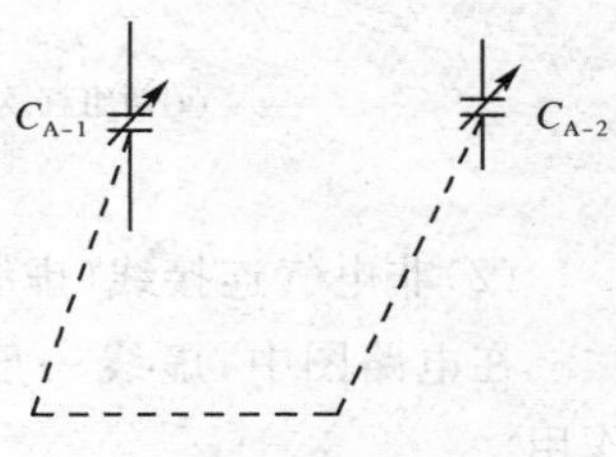

图 3-5　双联电容器的表示方法

(3)元器件有几个功能独立的单元时，在标码后面再加附码，如图 3-5 中双联电容器的表示方法。

4. 电路图中的连线

电路图用来表示设备的电气工作原理，它使用各种图形符号，按照一定的规则，表示元器件之间的连接以及电路各部分的功能。

电路图不表示电路中各元器件的形状或尺寸，也不反映这些元器件的安装、固定情况。所以，一些整机结构和辅助元器件如紧固件、接线柱、焊片、支架等组成实际产品必不可少的东西，在电路图中都不要画出来。

(1)线条规范

电路图中的线条规范见表 3-2。

表 3-2　电路图中的线条规范

图线名称	图线形式	一般应用
实线	————————	基本线、总线、可见轮廓线
虚线	‐ ‐ ‐ ‐ ‐ ‐ ‐ ‐ ‐ ‐	辅助线、屏蔽线、不可见轮廓线、计划扩充内容用线
点画线	‐·‐·‐·‐·‐·‐·‐	分界线、功能围框线、分组围框线
双点线	‐··‐··‐··‐··‐	辅助围框线

①宽度　通常只选用两种宽度的图线。粗线的宽度为细线宽度的两倍，但在某些图中，可能需要两种以上宽度的图线，在这种情况下，线的宽度应以 2 的倍数依次递增。

②间距　相互平行线条的间距不要小于 1.6 mm；较长的连线应按功能分组画出，线间应留出 2 倍的线间距离，如图 3-6(a)所示。

③线的分类　在电路图中一般将线分为两大类，即起电气连接关系的电气连接线(wire)和起区域划分、注释标记等作用的非电气连接线(line)。

- 连接线要尽可能画成水平或垂直的，斜线不代表新的含义。
- 一般不要从一点上引出多于三根的连接线，如图 3-6(b)所示。
- 线条粗细如果没有说明，不代表电路连接的变化。
- 连接线可以任意延长或缩短。

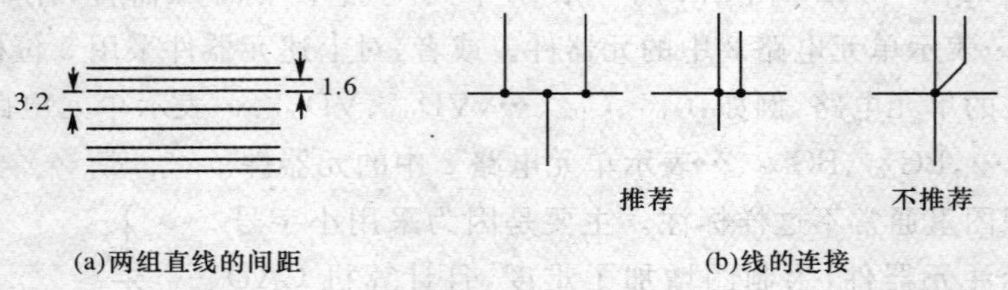

图 3-6　连接线画法

(2)非电气连接线(虚线)

在电路图中，虚线一般作为一种辅助线，没有实际电气连接的意义。它只起辅助作用。

①表示两个或两个以上元器件的机械连接。例如在图 3-7 中，图(a)表示带开关的电位器，这种电位器常用在音量控制电路中，调整 RP 可以通过改变音频信号的大小改变音量，当调整音量至最小时，开关 K 断开电源；图(b)表示两个同步调谐的电容器，这种电容器常用在超外差无线电接收机里，C_1 和 C_2 分处在高放回路和本振回路，同步调谐保证两回路的差频不变。

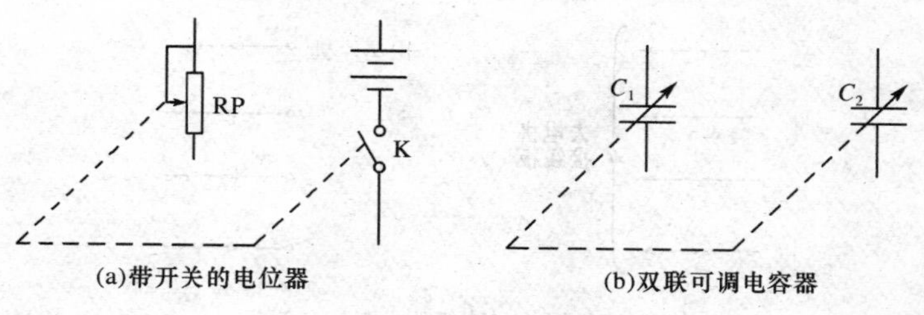

图 3-7 用虚线表示机械连接

②表示屏蔽(如图 3-8 所示)。

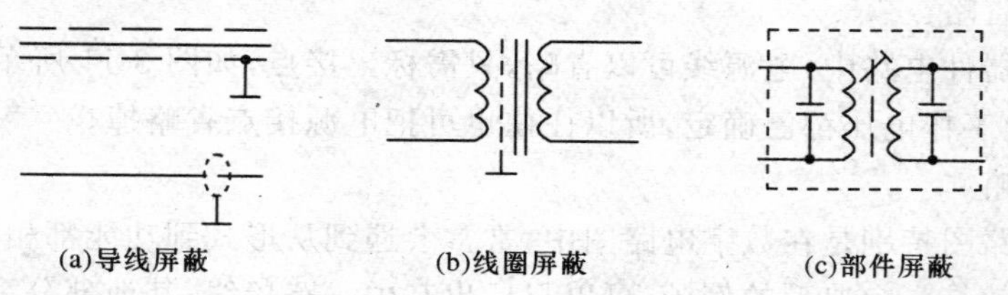

图 3-8 用虚线表示屏蔽

③当若干个功能单元电路在布局时,如果不是区分得特别明显,可以用虚线框加以划分,虚线框可以是规则的,也可以是不规则的。在采用虚线框时,应注意包络框线不能和元器件图形符号、项目代号等属性相交,如图 3-9 所示。

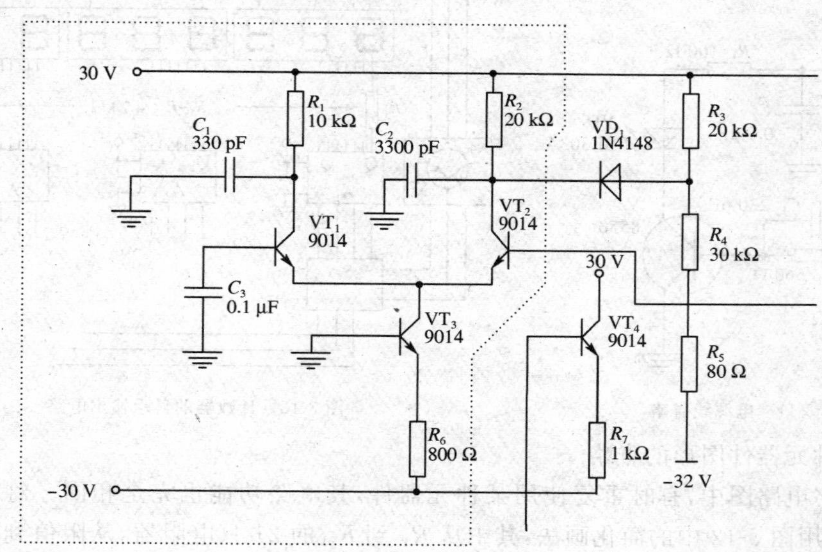

图 3-9 用虚线区分功能单元电路

(3)电路图中的省略

在那些比较复杂的电路中,如果将所有的连线和接点都画出来,图形就会过于密集,线条太多反而不容易看清楚。因此,可以采取各种办法简化图形,使画图、读图方便。

①线的中断

在图中距离较远的两个元器件之间的连线(特别是成组连线),可以不必画到最终去处,采用中断的办法表示,可以大大简化图形,如图 3-10 所示。

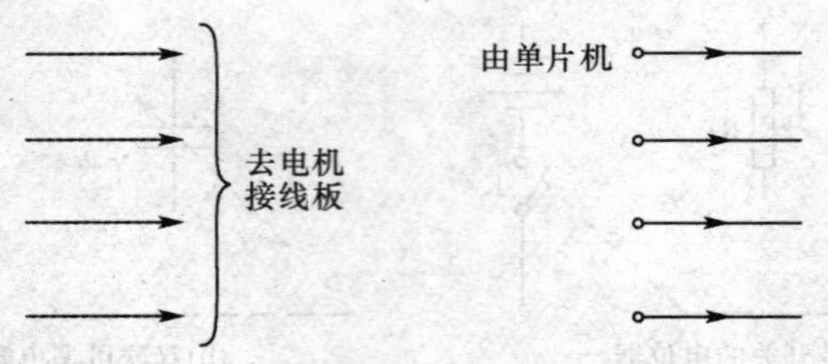

图 3-10　线的中断

在这种线的断开处，一般应该标出去向或来源。

②电源线省略

在分立元器件电路中，电源线可以省略，只需标出接点，如图 3-11 所示。对于集成电路，由于引脚及工作电压都已确定，所以往往也可把电源接点省略掉。

③同类省略

在复杂电路图特别是在数字电路图中，常常会遇到从形式到功能都相同的电路部分。数码管的接线就是一个典型的例子：可以只标出其中一路接线，其他部分采用简略画法或干脆完全省去。图 3-12 中数码管的接线，就属于简化型表示法。这种情况，应该确认不会发生误解，必要时加写附注。

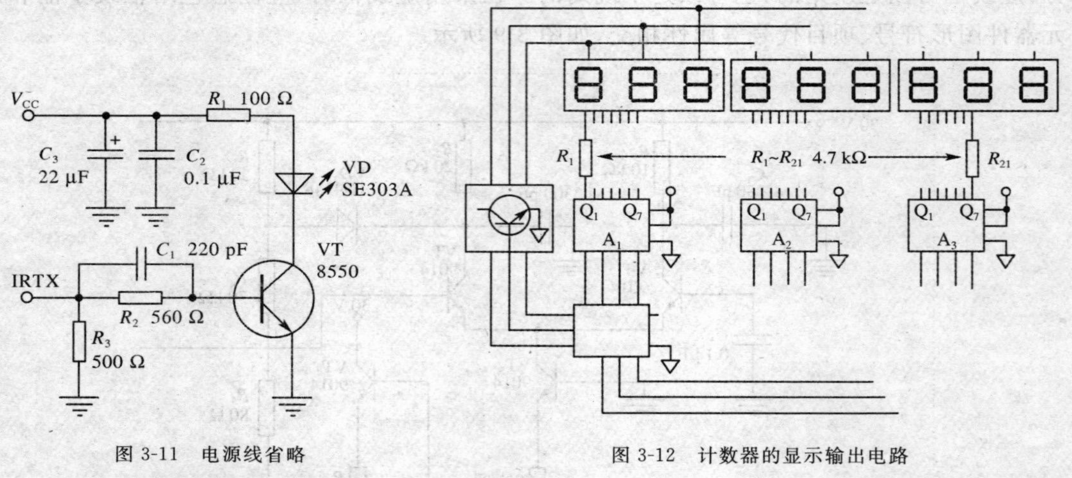

图 3-11　电源线省略　　　图 3-12　计数器的显示输出电路

④同种元器件图形的省略

在数字电路图中，有时重复使用某种元器件，其电路功能也完全相同。对于这种情况，可以采用图 3-12 中的简化画法，其中从 R_1 到 R_{21} 的 21 只电阻器，从阻值到它们在图中的几何位置都相同。

5. 电路图的绘制

绘制电路图时，要注意做到布局均匀，条理清楚。

(1)元器件放置

在电路图中，元器件的放置一般只有两种方式，即竖直和水平，一般不允许将元器件放置成不规则的状态。元器件之间的摆放要均匀，不拥挤，能对齐的尽量引脚对齐，如图 3-13 所示。

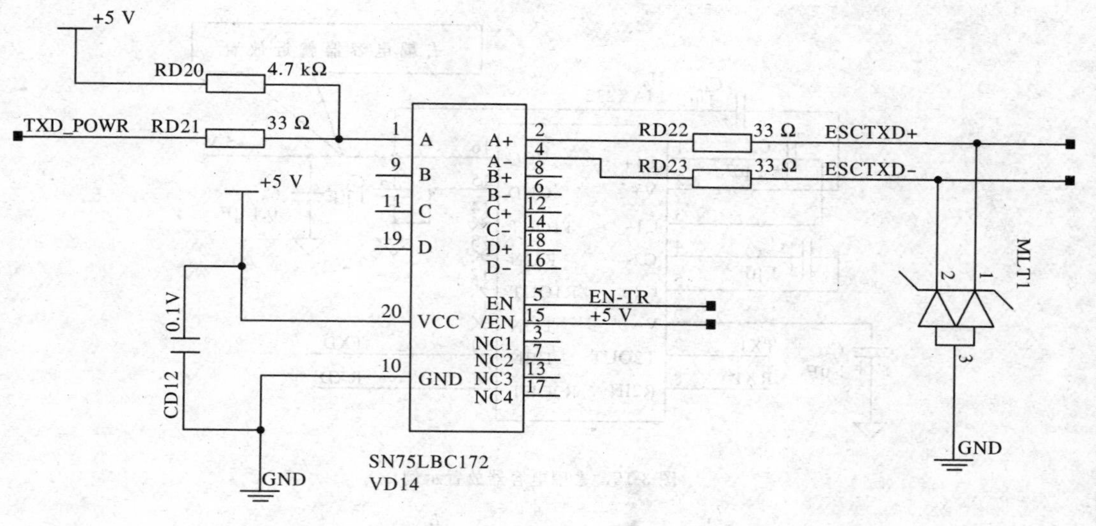

图 3-13 元器件放置示例

①集成运放和通用集成逻辑电路放置

在电路图中，对于集成运放和通用集成逻辑电路一般宜按照电路功能将每个单元分开放置，便于对电路的理解和视图，也符合电路功能单元集中布局的规则。集成运放和通用集成逻辑电路放置示例如图 3-14 所示。

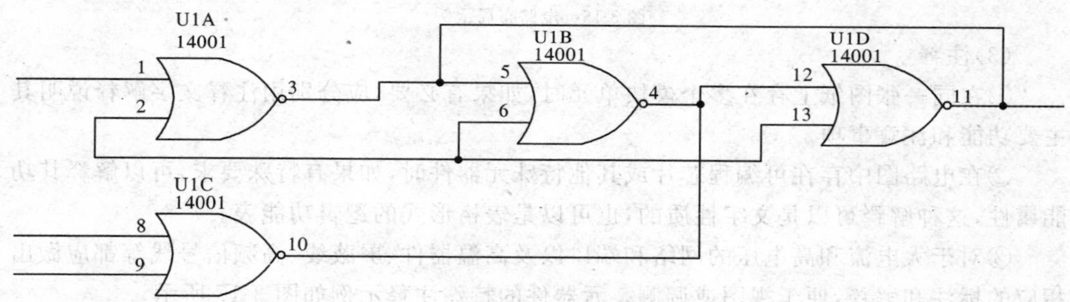

图 3-14 集成运放和通用集成逻辑电路放置示例

②去耦电容器的放置

为了清晰表达去耦电容器对特定 IC 单元的重要性，去耦电容器应尽量靠近归属元器件。以保证在 PCB 设计时，不管去耦电容器和 IC 单元的个数是否一一对应，去耦电容器都能放置到对应的 IC 上，如图 3-15 所示。

(2)电路布局

对于信号的输入、输出的连接端口，在布局时，应按照信号的流向，输入端口放置在页面的左端，输出端口放置在页面的右端，并且应上下对齐，均匀排布，集中放置在一侧，这些端口一般不允许放置在页面中间，如果必须放置在中间，也应集中排列。垂直布局时，输入端口放置在上方，输出端口放置在下方。电路布局示例如图 3-16 所示。

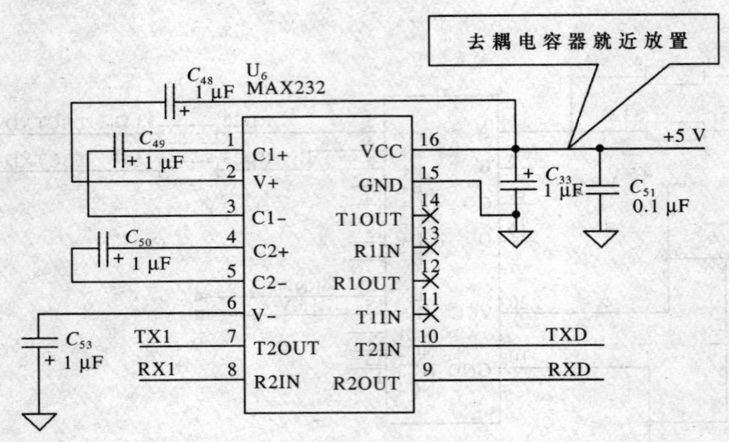

图 3-15　去耦电容器放置示例

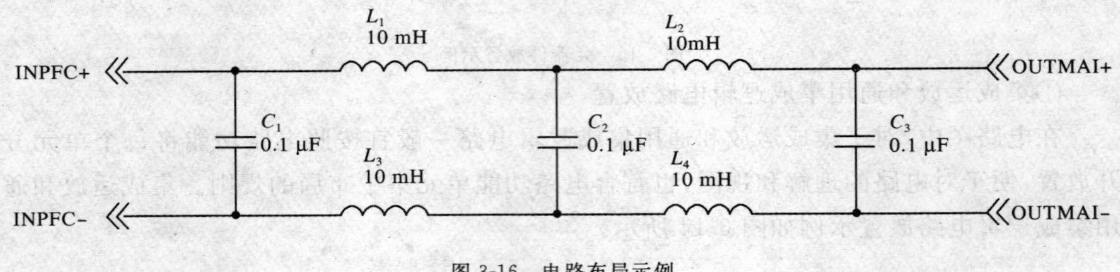

图 3-16　电路布局示例

(3)注释

①在同一张图纸上存在多个模块单元时，如果有必要，应分别用注释文字解释说明其主要功能和注意事项。

②在电路图中存在可编程芯片或其他特殊元器件时，如果有特殊要求，可以解释其功能属性，这种解释可以是文字性质的，也可以是表格形式的逻辑功能表。

③对于大电流和高电压的网络和端口以及高温器件、屏蔽线、高频信号线等都应做出相应的标注和解释，便于视图或调测。元器件的特殊注释示例如图 3-17 所示。

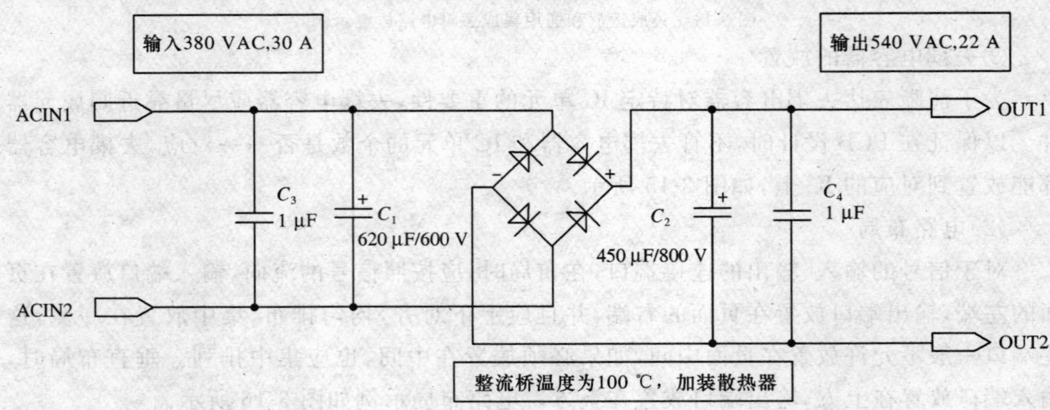

图 3-17　元器件的特殊注释示例

(4)对多组微型开关或其他类似的功能设置单元在电路图中的功能设置，为了在分析或调试时方便直观，必要时在图中用表格注释说明其操作。

另外，还可以根据图纸的需要，设计者可以在电路图中附加以下非必需的内容：导线的规格和颜色；某些元器件的外形和立体接线图；某些元器件的额定功率、电压、电流等参数；某些电路测试点上的静态工作电压和波形；部分电路的调试或安装条件；特殊元器件的说明等。

任务 3-1　绘制电路图

做一做

依照如图 3-18 所示的琴岛牌电热毯控制器印制板图绘出电路图（也可找相似印制板图做训练）。

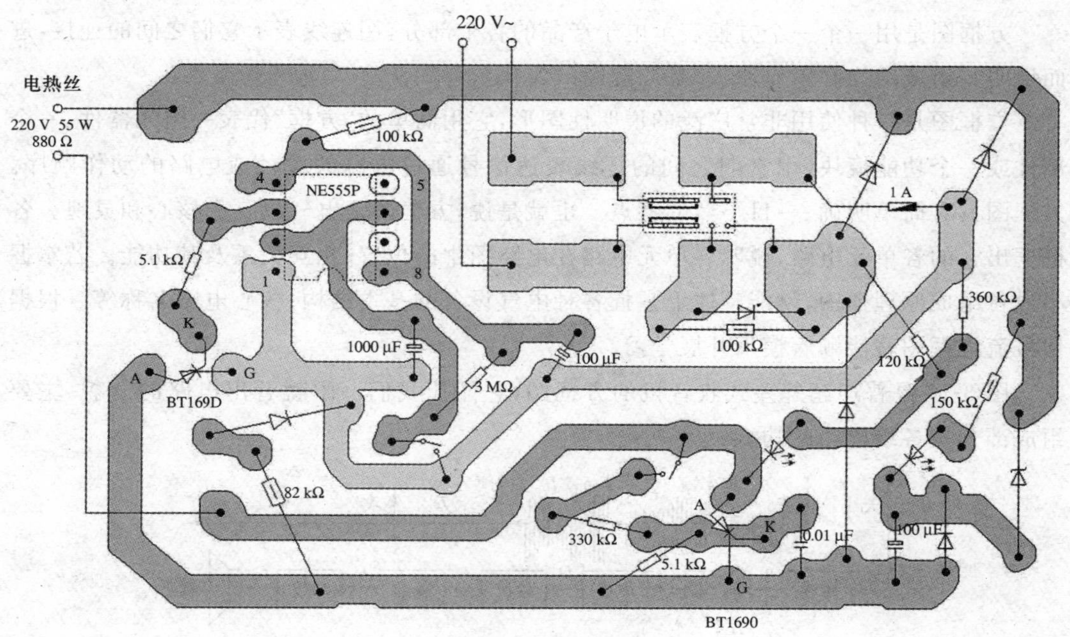

图 3-18　琴岛牌电热毯控制器印制板图

想一想

(1)在画电路图时，电源、控制输出端应画在什么地方？

(2)元器件的标注应注意哪些问题？

(3)电源线和地线应画在什么地方，输入信号和输出信号呢？

3.2 方框图的绘制

学习目标

◇ 理解方框图中各框的画法与标注。

◇ 理解方框图的布局原则与画法。

工作任务

◇ 绘制方框图。

◇ 标注方框图中的文字或图形。

读一读

方框图是用一个一个方框表示电子产品的各个部分,用连线表示它们之间的连接,进而说明其组成结构和工作原理,是原理图的简化示意图。

方框图是一种使用非常广泛的说明性图形,它用简单的"方框"代表一组元器件、一个部件或一个功能模块,用它们之间的连线表达信号通过电路的途径或电路的动作顺序。方框图具有简单明确、一目了然的特点。也就是说,方框图是电气设备的核心和灵魂。各框框出它的各单元电路,说明各单元电路在电路图中的位置、相互关系及其功能。若掌握了设备组成原理框图,就能整体上掌握各种电气设备的基本结构、核心电路名称等。根据信号流程框图就能顺藤摸瓜开展学习。

图 3-19 是普通超外差式收音机的方框图,它能让我们一眼就看出电路的全貌、主要组成部分及各级电路的功能。

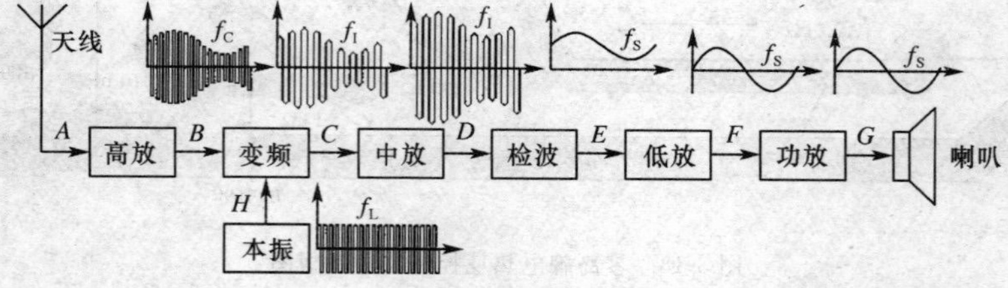

图 3-19　普通超外差式收音机的方框图

方框图对于了解电路的工作原理非常有用。一般来说,比较复杂的电路图都附有方框图作为说明。

绘制方框图,要在方框内使用文字或图形注明该方框所代表电路的内容或功能,方框之间一般用带有箭头的连线表示信号的流向。在方框图中,也可以用一些符号代表某些元器件,例如天线、电容器、扬声器等。

任务 3-2 绘制方框图

做一做

依据图 3-20 的直流电源电路图，画出直流电源电路的方框图。

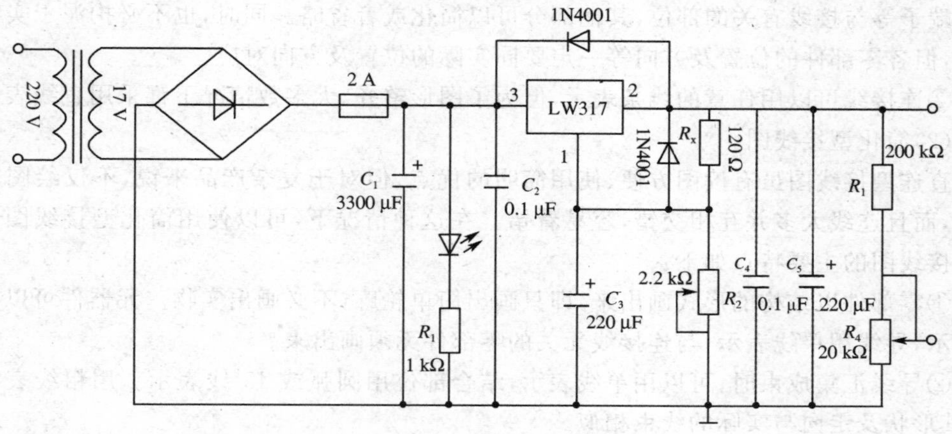

图 3-20 直流电源电路图

想一想

(1)方框图的起点与终点如何标注？

(2)在方框图中的方框上是否可标注波形？

(3)方框图中能否用元器件符号？

3.3 接线图的绘制

学习目标

◇ 理解接线图中各线条的画法与标注。

◇ 理解接线图的画法与要求。

工作任务

◇ 绘制接线图。

◇ 用连接线标注元器件间的连接。

读一读

接线图是用来表示各零部件之间相互连接情况的工艺图。接线图是电子装配工艺中必不可少的工艺文件。接线图表示了产品装接面上各元器件的相对位置关系和接线实际位置，供产品的整件、部件等之间或内部接线时使用。它是整机装配时的主要依据。常用的接线图有直连型接线图、简化型接线图，它的另一种形式是接线表。

(1)直连型接线图

这种接线图类似于实物图，将各个零部件之间的接线用连接线直接画出来，对于简单电子产品既方便又实用。

①由于接线图主要是把接线关系表示出来，所以主要画出图中各个零部件的接线板、接线端子等与接线有关的部位，其他部分可以简化或者省略。同时，也不必拘泥于实物的比例，但各零部件的位置及方向等一定要同实际的位置及方向对应。

②连接线可以用任意的线条表示，但为了图形整齐，大多数情况下都采用直线表示。

(2)简化型接线图

直连型接线图虽有读图方便、使用简明的优点，但对于复杂产品来说，不仅绘图非常费时，而且连线太多并互相交错，容易看错。在这种情况下，可以使用简化型接线图。简化型接线图的主要特点如下：

①零部件以结构的形式画出来，即只画出简单轮廓，不必画出实物。元器件可以用符号表示，导线用单线表示，与连接线无关的零部件无须画出来。

②导线汇集成束时，可以用单线表示，结合部位用圆弧或45°线表示。用粗线表示线束，其形状及走向与实际的线束相似。

在简化型接线图中，也可以直接标出导线的规格、颜色等要求。图3-21是一个控制实验装置的简化型接线图。

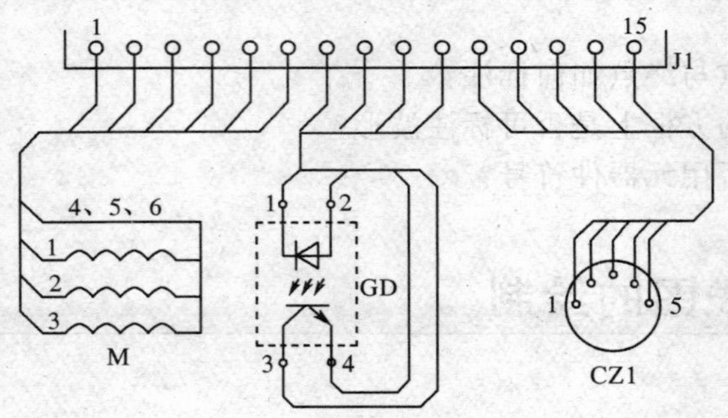

图3-21　简化型接线图举例

绘制接线图时要注意：

①绘制方式　接线图按结构图例方式绘制，即装接元器件和接线装置按实际位置以简化轮廓绘制(接点位置应重点表示)，焊接元器件以图形符号表示，导线和电缆用单线绘制。与连接线无关的元器件或固定件在接线图中不予画出。如图3-22所示是一个稳压电源的实体接线图举例。图中设备的前、后面板，采用从左到右连续展开的图形，便于表示各部件的相互连接。这是一个简单的图例，复杂的产品接线图可以依此类推。

②导线编号　对简单的接线图，可以不编号，但必须清晰明了；对结构并不复杂的接线图，按连接线的顺序对每根导线进行整体编号；对复杂的接线图，可以按单元编号。例如第5单元的第2根导线，可编线号为X5-2。对于特别复杂的产品或接线面不能清楚地表达全部接线关系的接线图，导线或多芯电缆的走线位置和连接关系不一定要全部在图

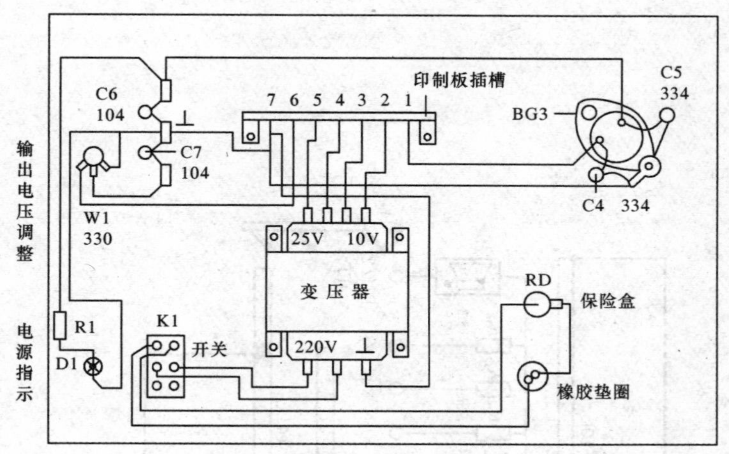

图 3-22　实体接线图举例(稳压电源)

中绘出,可以采用接线表或芯线表的方式来说明导线的来处和去向。

③特殊情况　在一个接线面上,当有个别元器件的接线关系不能表达清楚时,可采用辅助视图(如剖视图、局部视图、向视图等)来说明,并在视图旁边注明是何种辅助视图;某些在接线面上的元器件或元器件的连接处彼此遮盖时,可移动或适当地延长被遮盖导线、元器件或元器件接线处,使其在图中能清楚表示,并加以注明;接线面背面的元器件或导线,绘制时可用虚线表示。

(3)接线表

接线表针对接线图中所用的导线或电缆给出了它们的颜色、规格、型号、数量以及接线位置。在制造、调整、检查和运用产品时,与电路图一起使用。

图 3-22 也可以用接线表来表示。先将各零部件标以代号或序号,再编出它们的接线端子的线号,采用见表 3-3 的表格,把编好号码的线依次填写进去。这种方法在大批量生产中使用较多。

表 3-3　　　　接线表示例

序号	线号	导线规格	颜色	导线长度/mm			连接点	
				剥端 A	剥端 B	Ⅰ	Ⅱ	全长 L
1	1－1	AVR0.1×28	红	325	5	6	J1	M6
2	…	…	…					
…	…	…	…					

任务 3-3　绘制接线图

做一做

依据图 3-23、图 3-24 所示的 MF-47 万用表电路原理图和实物装配图,绘制出 MF-47 万用表的接线图。(学生可画其他类似的接线图或接线表)

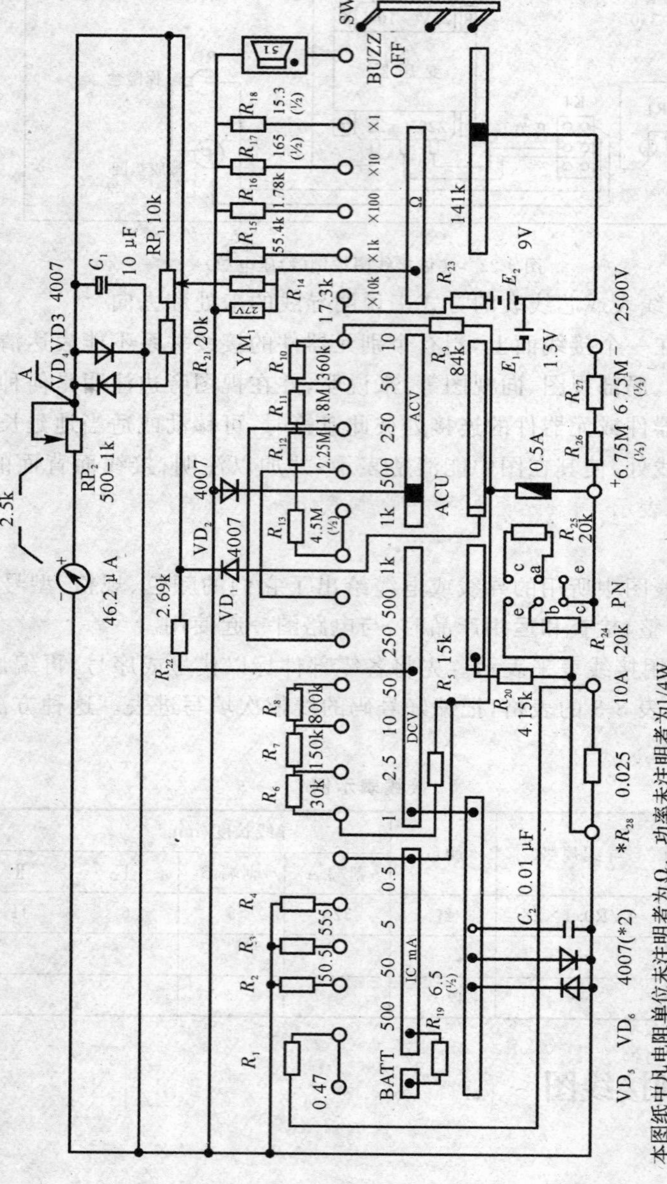

本图纸中凡电阻单位未注明者为Ω，功率未注明者为1/4W

图3-23　MF-47万用表电路原理图

图 3-24 MF-47 万用表实物装配图

想一想

(1)接线图中各零部件的位置及方向等一定要同________的位置及方向对应。

(2)根据设备的装配设计方案与电路图画接线图时，首先把所有设备按标准与实际情况摆放好，然后用平直线画连接线。

(3)在接线图中应该标出各条导线的规格、颜色及特殊要求。如果没有标注，是否就意味着由制作者任意选择？

(4)在简化型接线图中，能否直接标出导线的规格、颜色等信息？

(5)导线汇集成束时，可以用单线表示，结合部位用圆弧或________(度)线表示。用________(粗/细)线表示线束，其形状及走向与实际的线束相似。

3.4 识读成套设计文件

学习目标

◇ 理解简单设计文件的编制。

◇ 理解设计文件成套规则与方法。

工作任务

◇ 绘制简单设计文件。

◇ 完成成套设计文件。

以“BJ-1 八路数字显示报警器”的设计为例，识读成套设计文件。

任务 3-4　识读方框图

做一做

在设计或识读复杂电子产品图时，首先要识读方框图，以了解电路的全貌、主要组成部分、各级功能等。方框图是由带注释的方框概略地表示电子产品的基本组成、相互关系和主要特征的一种简图。方框图是一种说明性图形，简单明了，"方框"代表一个功能块，连线代表信号通过电路的路线或顺序。方框图为编制更详细的工艺文件打下了基础，也可作为调试和维修的参考文件。图 3-25 为 BJ-1 八路数字显示报警器方框图。

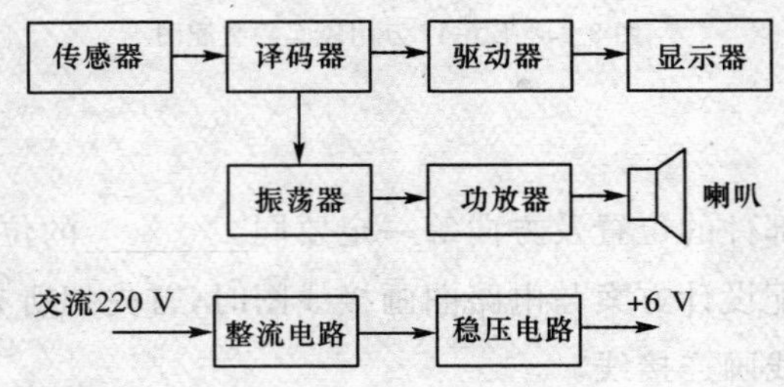

图 3-25　BJ-1 八路数字显示报警器方框图

想一想

(1)BJ-1 八路数字显示报警器是由哪些部分组成的？

(2)查阅资料，了解传感器、显示器、振荡器等器件。

(3)怎样测试喇叭？

任务 3-5　识读电路图

做一做

BJ-1 八路数字显示报警器的电路图如图 3-26 所示。

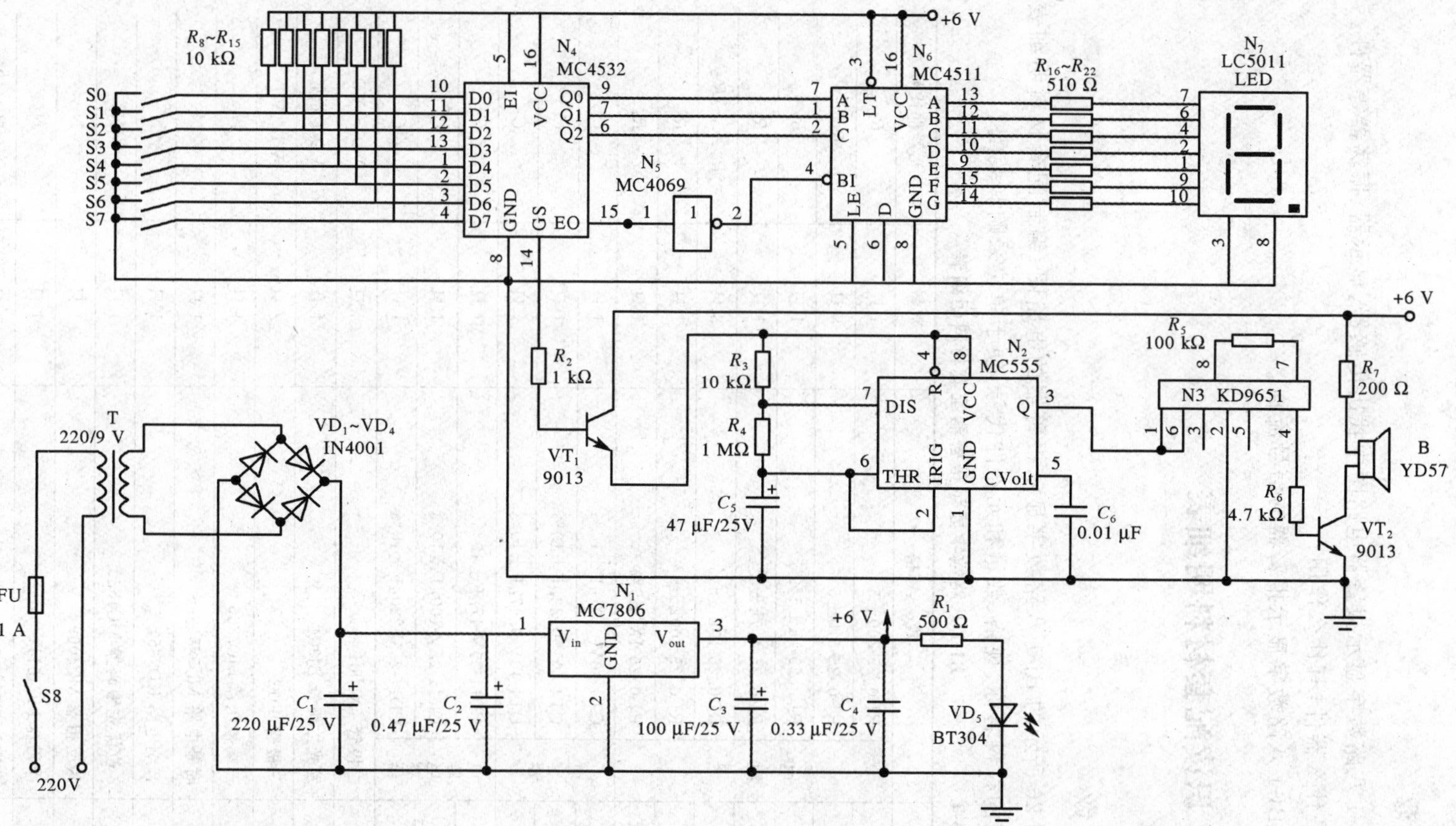

图3-26　BJ-1八路数字显示报警器电路图

想一想

(1)在 BJ-1 八路数字显示报警器电路图中找出传感器、显示器、振荡器等器件。

(2)FU 是什么器件,有什么作用?

(3)分析 BJ-1 八路数字显示报警器的信号流程。

任务 3-6　识读配套材料明细表

做一做

根据图 3-26 所示的 BJ-1 八路数字显示报警器的电路图,编制配套材料明细表。如表 3-4 中所需的材料名称、规格、数量和元器件代号,便于单位采购和装配。

表 3-4　　BJ-1 八路数字显示报警器配套材料明细表

序号	规格		数量	元器件代号
1	电阻器	RJ-0.25-200±5%	1只	R_7
2		RJ-0.25-510±5%	8只	R_1、R_{16}~R_{22}
3		RJ-0.25-1k±5%	1只	R_2
4		RJ-0.25-4.7k±5%	1只	R_6
5		RJ-0.25-10k±5%	8只	R_3、R_8~R_{15}
6		RJ-0.25-100k±5%	1只	R_5
7		RJ-0.25-1M±5%	1只	R_4
8	电容器	CT4-40V-0.01μF±10%	1只	C_6
9		CT4-40V-0.33μF±10%	1只	C_4
10		CT4-40V-0.47μF±10%	1只	C_2
11	电解电容器	CD11-25V-47μF±10%	1只	C_5
12		CD11-25V-100μF±10%	1只	C_3
13		CD11-25V-220μF±10%	1只	C_1
14	二极管 1N4001		4只	VD_1~VD_4
15	发光二极管 BJ304		1套	VD_5(带座)
16	三极管 9013		2只	VT_1、VT_2
17	三端稳压器 MC7806		1只	N_1
18	时基电路 MC555		1只	N_2
19	音响电路 KD9651		1只	N_3
20	8位优先编码器 MC4532		1只	N_4
21	六反相器 MC4069		1只	N_5
22	译码器 MC4511		1只	N_6
23	共阴极数码管 LC5011		1只	N_7,20×13

续表

序号	规　　格	数量	元器件代号
24	接插件 CH2.5-2T	1只	X_1、X_2、X_3
25	接插件 CH2.5-9T	3套	X_4
26	10芯扁平电缆接插件 DB10	1套	X_5
27	接插件 CH2.5-8L	1套	X_6
28	双列直插式集成电路插座 8P	1套	
29	DIP 14P	1只	
30	DIP 16P	1只	
31	钮子开关 KD2-1	9只	$S_0 \sim S_7$
32	喇叭 YD57-8ND-0.4W-8Ω	1只	B
33	保险丝 BLX-1-0.5A	1套	FU
34	220V 电源变压器 9V/3W	1只	T
35	220V 电源三芯插件	1套	X_7
36	220V 电源三芯插头	1只	X_8
37	12色 ASTVR0.14 聚氯乙烯绝缘软线	500 mm	
38	RWM 10芯扁平电缆线	300 mm	
39	BVV 三芯电源线	1 m	
40	ϕ3 套管	200 mm	
41	印制电路板 8-BJ-Z	1块	主板
42	印制电路板 8-BJ-X	1块	显示器
43	PVC 面板(前、后)	2块	
44	通用型多功能塑料机箱	1套	
45	紧固件:自攻螺钉 ST2.7-6.5	4只	
46	螺钉 M3×8 开槽盘头	2只	
47	螺钉 M3×10 开槽盘头	2只	
48	螺母 M3	4只	
49	垫圈 ϕ4	4只	
50	弹垫 ϕ4	4只	
51	胶合剂	10 g	

想一想

(1)根据表 3-4 所示的明细表,认识所有元器件。

(2)查资料,测试表 3-4 所示中的元器件。

(3)查资料,说明采购元器件时,要注意的事项。

任务 3-7　识读零部件简图

做一做

对于各种零部件，为了保证在装配时能正确安装，一般都需绘制出简图。在本例中列出了一种印制电路板装配图和机箱面板简图（学生自己也可设计）。

（1）印制电路板装配图　印制电路板装配图俗称印制电路板图（印制板图），是表示各元器件及零部件、整件与印制电路板连接关系的图纸，是用于装配焊接印制电路板的工艺图样，如图 3-27(a)所示为 BJ-1 八路数字显示报警器印制电路板图的正面印制线图。电路原理图与实际电路板之间是通过印制电路板图联系起来，印制电路板图是电子装配和维修中必不可少的简图。绘制的印制电路板图的反面元器件布局图如图 3-27(b)所示（有基础的学生自己练习）。显示部分的正面印制线图和反面元器件布局图分别如图3-27(c)和图3-27(d)所示。

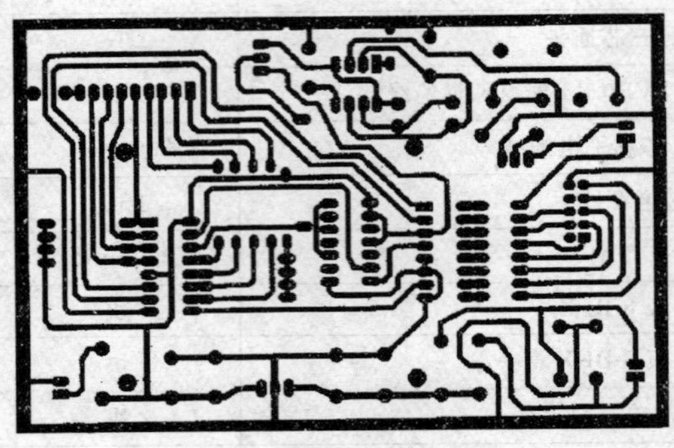

(a)正面印制线图

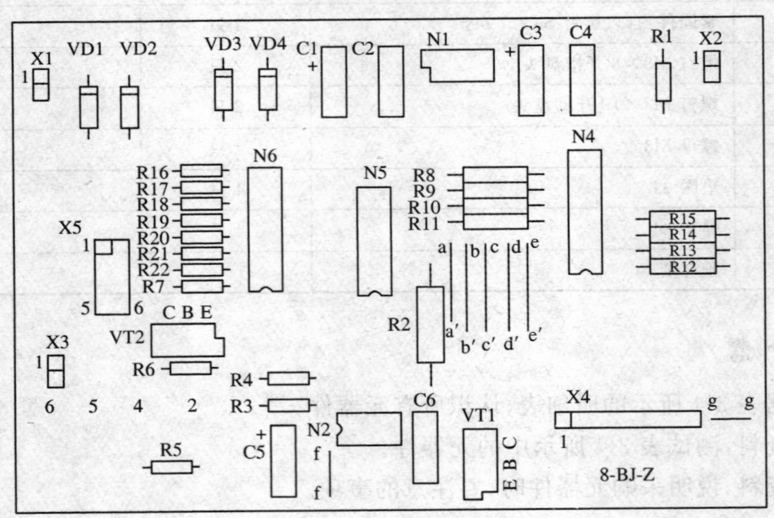

(b)反面元器件布局图

图 3-27　BJ-1 八路数字显示报警器印制电路板图

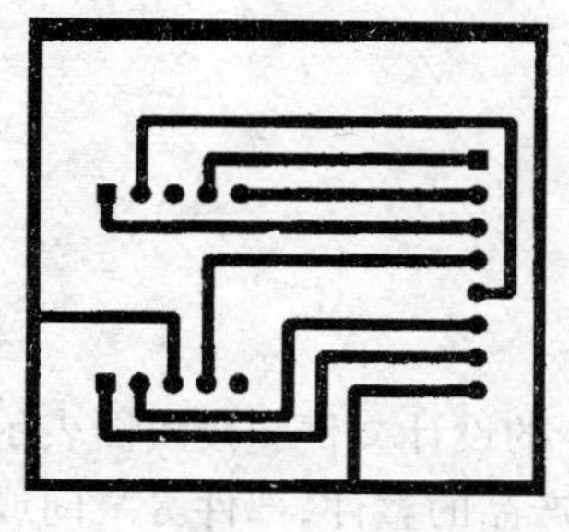

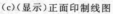

(c)(显示)正面印制线图

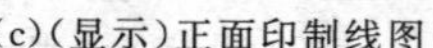

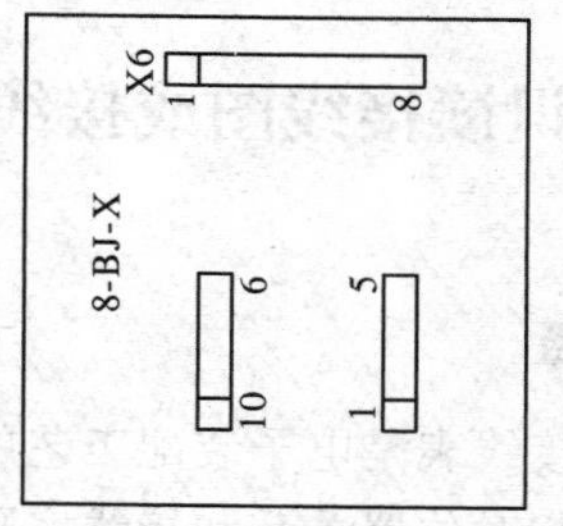

(d)(显示)反面元器件布局图

图 3-27　BJ-1 八路数字显示报警器印制电路板图(续)

印制电路板图,除了用来指导元器件的装配,也有利于测试与维修时查找元器件的位置。

(2)机箱面板简图　机箱面板简图是显示机箱面板安装的各种零部件的说明图。前面板需安装指示灯、显示窗口和输入控制开关;后面板需安装电源开关、电源接插件、保险丝和扬声器(喇叭),绘制的机箱面板简图如图 3-28 所示(有基础的学生自己练习)。

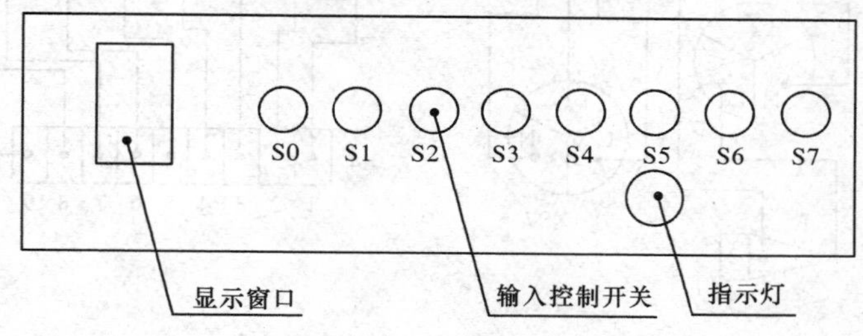

(a)前面板图

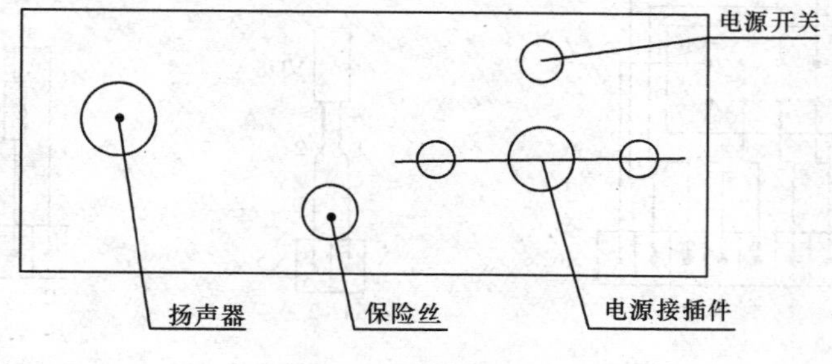

(b)后面板图

图 3-28　BJ-1 八路数字显示报警器机箱面板简图

想一想

(1)对照图 3-27,找出所有元器件的位置。

(2)认识印制电路板图,观察"地线"有什么特点?

(3)找出所有焊接导线的印制电路板通孔。

(4)设计面板的依据是什么,如何设计才能美观?

任务 3-8　识读接线图或接线表

做一做

接线图或接线表是电子装配工艺中必不可少的设计文件。接线图表示了产品装接面上各元器件的相对位置关系和接线实际位置，供产品的整件、部件等之间或内部接线时使用。接线表则针对接线图中所用的导线或电缆给出了它们的颜色、规格、型号、数量以及接线位置。在制造、调整、检查和使用产品时，与电路图一起使用。绘制的 BJ-1 八路数字显示报警器接线图如图 3-29 所示，接线表见表 3-5。

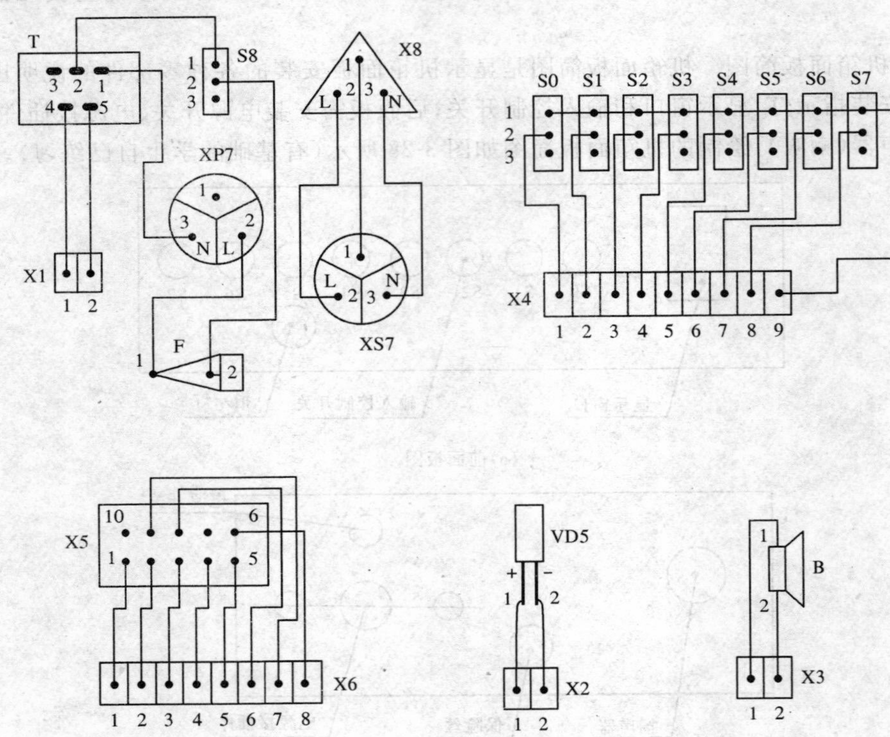

图 3-29　BJ-1 八路数字显示报警器接线图

表 3-5　**BJ-1 八路数字显示报警器接线表**

序号	名称	颜色与类型	来自何处	接到何处	线长/mm
1	电源线	三色护套线	X8-1	XS-1	1000
2	电源线	三色护套线	X8-2	XS-2	1000
3	电源线	三色护套线	X8-3	XS-3	100
4	保险丝连线	软线	XP7-2	F-1	60
5	变压器输入线	软线	XP7-3	T-1	100
6	保险丝连线	软线	F-2	S8-2	80

续表

序号	名称	颜色与类型	来自何处	接到何处	线长/mm
7	变压器输入线	软线	S8-1	T-2	100
8	变压器输出线	双色软线	X1-1	T-4	200
9	变压器输出线	双色软线	X1-2	T-5	200
10	喇叭连线	双色软线	X3-1	B-1	200
11	喇叭连线	双色软线	X3-2	B-2	200
12	传感器输入线	9 色软线	X4-1	S0-2	200
13	传感器输入线	9 色软线	X4-2	S1-2	200
14	传感器输入线	9 色软线	X4-3	S2-2	200
15	传感器输入线	9 色软线	X4-4	S3-2	200
16	传感器输入线	9 色软线	X4-5	S4-2	200
17	传感器输入线	9 色软线	X4-6	S5-2	200
18	传感器输入线	9 色软线	X4-7	S6-2	200
19	传感器输入线	9 色软线	X4-8	S7-2	200
20	传感器地线	9 色软线	X4-9	S0-1	200
21	地线连线	软线	S0-1	S1-1	20
22	地线连线	软线	S1-1	S2-1	20
23	地线连线	软线	S2-1	S3-1	20
24	地线连线	软线	S3-1	S4-1	20
25	地线连线	软线	S4-1	S5-1	20
26	地线连线	软线	S5-1	S6-1	20
27	地线连线	软线	S6-1	S7-1	20
28	发光管连线	双色软线	X2-1	VD5-1	200
29	发光管连线	双色软线	X2-2	VD5-2	200
30	数码管输入线	10 芯扁平电缆	X5-1	X6-1	200
31	数码管输入线	10 芯扁平电缆	X5-2	X6-2	200
32	数码管输入线	10 芯扁平电缆	X5-3	X6-3	200
33	数码管输入线	10 芯扁平电缆	X5-4	X6-4	200
34	数码管输入线	10 芯扁平电缆	X5-5	X6-5	200
35	数码管输入线	10 芯扁平电缆	X5-8	X6-6	200
36	数码管输入线	10 芯扁平电缆	X5-9	X6-7	200
37	数码管输入线	10 芯扁平电缆	X5-6	X6-8	200

想一想

(1)观察接线图,说明每一根连接线的起点和终点。

(2)根据实物,自己试着画一个接线图。

(3)表 3-5 中的导线长度是依据什么确定的?

(4)"电源线"一般采用何种色彩的线,"地线"呢?

(5)认识一下三色护套线、9 色软线、10 芯扁平电缆和双色软线,它们如何剥头?并进行剥头练习。

任务 3-9　识读整机装配图

做一做

电子产品的整机装配图,指出了各零部件的装配位置和整机的全貌,让生产者更加明了装配的工艺。绘制的 BJ-1 八路数字显示报警器整机装配图如图 3-30 所示(有基础的学生自己练习)。

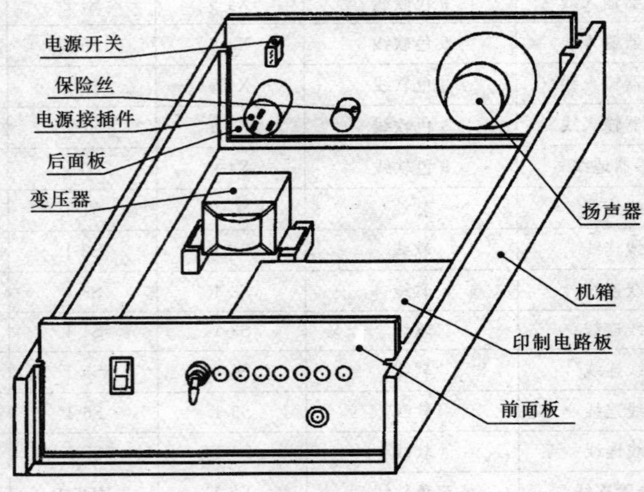

图 3-30　BJ-1 八路数字显示报警器整机装配图

想一想

(1)根据实物,说说安装变压器时对位置有什么要求?

(2)印制电路板安装在机箱的什么位置合适,有什么要求吗?

(3)为了便于扬声器的安装,在机箱设计时应考虑哪些要素?

(4)自己试着设计一下机箱,并说明你的想法。

3.5　电子工艺文件的编制与成套

学习目标

◇ 理解电子工艺文件的成套方法。

◇ 理解电子工艺文件的类型。

工作任务

◇ 完成成套工艺文件。

◇ 整理与存档成套工艺文件。

读一读

1. 工艺文件的编制原则与要求

工艺文件应根据产品的组成、内容、生产批量和生产形式来确定，在保证产品质量和有利于稳定生产的条件下，以易懂、易操作为条件，以最经济、最合理的工艺手段进行加工为原则，以规范和清晰为要求。

(1)编制工艺文件的原则

①工艺文件应标准化，技术文件要求全面、准确，严格执行国家标准。在没有国家标准条件下也可执行企业标准，但企业标准只是国家标准的补充和延伸，不能与国家标准相左，或低于国家标准要求。

②工艺文件应具有完整性、正确性、一致性。完整性是指成套性完整和签署完整，即产品技术文件以明细表为单位齐全且符合有关标准化规定，签署齐全。正确性是指编制方法正确、符合有关标准，贯彻实施标准内容。一致性是指填写一致性、引证一致性、实物一致性，即同一个项目在所有生产的技术文件中的填写方法、引证方法均一致，产品所有技术文件与产品实物和产品生产实际是一致的。

③编制工艺文件，要根据产品批量的大小、技术指标的高低和复杂程度区别对待。对于一次生产的产品，可根据具体情况编写临时工艺文件或参照借用同类产品的工艺文件。并不需要每次都组织人员专门编写。对于未定型的产品，可以编写临时工艺文件或编写部分必要的工艺文件。

④编制工艺文件要考虑到车间的组织形式、工艺装备以及工人的技术水平等情况，必须保证编制的工艺文件切实可行。

⑤工艺文件以图为主，以表格为辅，力求做到易读、易认、易操作，必要时加注简要说明。

⑥凡属装调工应知应会的基本工艺规程内容，可以不再编入工艺文件。

(2)编制工艺文件的要求

①工艺文件要有统一的格式，统一的幅面，图幅大小应符合有关标准，并装订成册，配齐成套。

②工艺文件的字体要正规、书写要清晰、图形要正确。工艺图上尽量少用文字说明。

③工艺文件所用的产品名称、编号、图号、符号、材料和元器件代号等，应与设计文件一致，遵循国际标准。

④工序安装图可不必完全按实样绘制，对于遮盖部分可以用虚线绘出，但基本轮廓应相似，安装层次应表示清楚。

⑤线扎图尽量采用 1∶1 的图样，并准确地绘制，以便于直接按图纸制作排线板。

⑥接线图中的接线部位要清楚，连接线的接点要明确。内部接线可假想移出展开。

⑦编写工艺文件要执行审核、会签、批准手续。

2. 常用工艺文件的类型及填写

对于电子产品，常用工艺文件主要依据工艺技术和管理要求规定的工艺文件栏目的形式编排。为了便于使用和交流，工艺文件一般有 32 种 34 个，其中工艺技术用格式 16 种 18 个，为其他部门提供统计汇编资料用格式(表)10 个，管理工艺文件用格式 2 个，用于工序质量控制点的工艺文件用格式 4 个。一般地，成套电子工艺文件包含 9 种常用的工艺文件，现分别识读。

(1)封面

作为产品全套工艺文件装订成册的封面，其格式如图 3-31 所示。在“共　　册”中填写全套工艺文件的册数；在“第　　册”中填写本册在全套工艺文件中的序数；在“共　　页”中填写本册的页数；“型号”“名称”“图号”处均填写产品型号、名称、图号；“本册内容”处填写本册的主要工艺内容的名称，最后执行批准手续，并且填写批准日期。

工　艺　文　件

共　　册
第　　册
共　　页

型　号＿＿＿＿＿＿＿＿
名　称＿＿＿＿＿＿＿＿
图　号＿＿＿＿＿＿＿＿
本册内容＿＿＿＿＿＿＿＿

批准＿＿＿＿＿
年　　月　　日

图 3-31　工艺文件封面

(2)工艺文件目录

工艺文件目录供装订成册的工艺文件编写目录用，指出了本册中各页的基本内容，如包含了哪些表格、哪些图纸，便于查找，同时也反映出本产品的工艺文件是否齐全，见表 3-7。表中的填写要求：“产品名称或型号”“产品图号”与封面相同。“文件代号”栏填写文件的简号，不必填写文件的名称；其余各栏按标题填写，填写零部件、整件的图号、名称及其页数。

表 3-7　　　　工艺文件目录

	工艺文件目录			产品名称或型号		产品图号
	序号	文件代号	零部件、整件图号	零部件、整件名称	页数	备注
旧底图总号						

底图总号		更改标记	数量	文件号	签名	日期	拟制		第　页
							审核		
日期	签名								共　页

(3)配套明细表

该表是装配需用的零部件、整件及材料与辅助材料清单，供各有关部门在配套及领、发料时使用，也可作为装配工艺过程卡的附页，见表 3-8。“序号”“图号”“名称”及“数量”

栏，填写相应的零部件、整件设计文件明细表的内容："来自何处"栏，填写材料来源处；辅助材料顺序填写在末尾。

表 3-8　　配套明细表

	配套明细表			产品名称或型号		产品图号
	序号	图号	名称	数量	来自何处	备注
旧底图总号						

底图总号	更改标记	数量	文件号	签名	日期	拟制		第　页
						审核		
日期	签名							共　页

(4)工艺路线表

该表表明了电子产品的零部件、整件在准备过程、加工过程、生产过程和调试过程中的工艺路线，即指示了工厂企业安排生产的基本流程，供企业有关部门作为组织生产的依据，见表3-9。“装入关系”栏，以方向指示线显示产品零部件、整件的装配关系；“整件用量”栏，填写与产品明细表相对应的数量；“工艺路线及内容”栏，填写零部件、整件加工过程中各部门(车间)及其工序的名称或代号。

表 3-9　　　　工艺路线表

	工艺路线表			产品名称或型号		产品图号
	序号	图号	名称	装入关系	整件用量	工艺路线及内容
旧底图总号						

底图总号		更改标记	数量	文件号	签名	日期	拟制		第　页
日期	签名						审核		共　页

(5)工艺说明及简图

工艺说明及简图，可供画简图使用，如方框图、逻辑图、电路图、印制板图、零部件图、接线图、线扎图和装配图，也可以供画表格及文字说明使用，如调试说明、检验要求等各种工艺文件，见表 3-10。

表 3-10　　工艺说明及简图

<table>
<tr><td rowspan="5" colspan="2"></td><td colspan="5" rowspan="4">工艺说明
(××简图)</td><td colspan="2">名　称</td><td>编号及图号</td></tr>
<tr><td colspan="2"></td><td></td></tr>
<tr><td colspan="2">工序名称</td><td>工序工号</td></tr>
<tr><td colspan="2"></td><td></td></tr>
<tr><td colspan="8"></td></tr>
<tr><td colspan="2">底图总号</td><td>更改标记</td><td>数量</td><td>文件号</td><td>签名</td><td>日期</td><td rowspan="2">拟制</td><td rowspan="2"></td><td rowspan="3">第　页</td></tr>
<tr><td colspan="2" rowspan="2"></td><td></td><td></td><td></td><td></td><td></td></tr>
<tr><td></td><td></td><td></td><td></td><td></td><td rowspan="2">审核</td><td></td></tr>
<tr><td>日期</td><td>签名</td><td></td><td></td><td></td><td></td><td></td><td></td><td rowspan="3">共　页</td></tr>
<tr><td></td><td></td><td></td><td></td><td></td><td></td><td></td><td></td><td></td></tr>
<tr><td></td><td></td><td></td><td></td><td></td><td></td><td></td><td></td><td></td></tr>
</table>

(6)导线(扎线)加工表

见表 3-11，该表是导线或电缆及扎线的剪切、剥头、浸锡加工和装配焊接的依据。“编号”栏，填写导线和电缆的编号或线扎图中导线和电缆的编号；其余各栏按标题填写导线和电缆材料的名称、规格、颜色、数量；“长度”栏，填写导线的剥线尺寸及剥头的长度尺寸，通常 A 端为长端，B 端为短端；“去向、焊接处”栏，填写导线焊接的去向；“设备”“工时定额”栏可填写所使用的设备及工时定额；空白栏处供画简图用。

表 3-11　　导线(扎线)加工表

导线(线扎)加工表							产品名称或型号				产品图号		
编号	名称	规格	颜色	数量	长度/mm					去向、焊接处		设备	工时定额	备注
					全长	A端	B端	A剥头	B剥头	A端	B端			

旧底图总号									
底图总号		更改标记	数量	文件号	签名	日期	拟制		第　页
							审核		
日期	签名								共　页

(7)装配工艺过程卡

见表 3-12,该卡反映装配工艺的全过程,供机械装配和电气装配用。“装入件及辅助材料”栏的序号、名称、牌号、技术要求及数量应按工序填写相应设计文件的内容,辅助材料填在各道工序之后;“工序(工步)内容及要求”栏,填写装配工艺加工的内容和要求;空白栏处供画加工装配工序图用。

表 3-12　　装配工艺过程卡

装配工艺过程卡						装配件名称		装配件图号	
装入件及辅助材料			车间	序号	工种	工序（工步）内容及要求		设备及工装	工时定额
序号	名称、牌号、技术要求	数量							

旧底图总号									
底图总号		更改标记	数量	文件号	签名	日期	拟制		第　页
日期	签名						审核		共　页

(8)材料消耗定额表

该表列出生产产品所需的所有原材料（包括外购件、外协件，以及辅助材料）的定额，一般以套为单位，并留有一定的余量作为生产中的损耗。它是供应部门采购原料和财务部门核算成本的依据。

(9)工艺文件更改通知单

见表3-13,该通知单对工艺文件内容做永久性修改时用。填写时应填写更改原因、生效日期及处理意见。“更改标记”栏,按有关图样管理制度填写。最后要执行更改会签、审核、批准手续。

表3-13　　　　工艺文件更改通知单

更改单号	工艺文件更改通知单		产品名称	零部件名称	图　号	第　页
						共　页
生效日期	更改原因			处理意见		
更改标记	更　改　前		更改标记	更　改　后		

拟制		日期		审核		日期		批准		日期	

3. 工艺文件的成套与管理

(1)经生产定型或大批量生产产品的工艺文件底图必须归档,由企业技术档案部门统一管理。如需借用,必须有主管部门的签字,并出具借条,用完应及时归还。

(2)对归档的工艺文件的更改应填写工艺文件更改通知单,执行更改会签、审核和批准手续后交技术档案部门,由专人负责更改。技术档案部门应将工艺文件更改通知单和已更改的工艺文件蓝图及时通知有关部门,并更换下发的蓝图。工艺文件更改通知单应包括涉及更改的内容。

(3)临时性的更改也应办理临时更改通知单,并注明更改所适用的批次或期限。

(4)有关工序或工位的工艺文件应发到生产工人手中,操作人员在熟悉操作要点和要求后才能进行操作。

(5)应经常保持工艺文件的清洁,不要在图上乱写乱画,以防止出现错误。

(6)发现图纸和工艺文件中存在的问题,及时反映,不要自作主张随意改动。

任务3-10　识读成套工艺文件

做一做

以某厂生产的GBZ-Ⅱ立体声接收耳机为例,识读成套工艺文件。

工 艺 文 件

共3册
第2册
共9页

型　　号:GBZ-2-120A
名　　称:GBZ-Ⅱ立体声接收耳机
图　　号:电子 24-02
本册内容:元器件工艺、基板插件、焊接装配

批准__________
年　　月　　日

<table>
<tr><td rowspan="2"></td><td colspan="3" rowspan="2">工艺文件明细表</td><td colspan="2">产品名称或型号</td><td>产品图号</td></tr>
<tr><td colspan="2">GBZ-Ⅱ立体声接收耳机</td><td>电子 24-02</td></tr>
<tr><td></td><td>序号</td><td>文件代号</td><td>零部件、整件名称</td><td>文件名称</td><td>页数</td><td>备注</td></tr>
<tr><td></td><td>1</td><td>D1</td><td></td><td>工艺文件封面</td><td>1</td><td></td></tr>
<tr><td></td><td>2</td><td>D2</td><td></td><td>工艺文件明细表</td><td>1</td><td></td></tr>
<tr><td></td><td>3</td><td>D3</td><td></td><td>配套明细表</td><td>1</td><td></td></tr>
<tr><td></td><td>4</td><td>D4</td><td></td><td>工艺流程卡</td><td>1</td><td></td></tr>
<tr><td></td><td>5</td><td>D5</td><td></td><td>作业指导书</td><td>2</td><td></td></tr>
<tr><td></td><td>6</td><td>D6</td><td></td><td>装配工艺过程卡</td><td>2</td><td></td></tr>
<tr><td></td><td>7</td><td>D7</td><td></td><td>检验卡</td><td>1</td><td></td></tr>
<tr><td>使用性</td><td></td><td></td><td></td><td></td><td></td><td></td></tr>
<tr><td>旧底图总号</td><td></td><td></td><td></td><td></td><td></td><td></td></tr>
</table>

<table>
<tr><td>底图总号</td><td>更改标记</td><td>数量</td><td>文件号</td><td>签字</td><td>日期</td><td>签字</td><td></td><td>日期</td><td></td></tr>
<tr><td></td><td></td><td></td><td></td><td></td><td></td><td>制表</td><td></td><td></td><td></td></tr>
<tr><td></td><td></td><td></td><td></td><td></td><td></td><td>审核</td><td></td><td></td><td>共 1 页</td></tr>
<tr><td>日期</td><td></td><td></td><td></td><td></td><td></td><td>标准化</td><td></td><td></td><td></td></tr>
<tr><td></td><td></td><td></td><td></td><td></td><td></td><td>批准</td><td></td><td>第 1 册</td><td>第 1 页</td></tr>
</table>

配套明细表					产品名称或型号		产品图号	
					GBZ-Ⅱ立体声接收耳机		电子 24-02	
序号	名称	型号	位号	数量	送料部门	接收部门	备注	
1	电阻	0805-10K	R1～R5	5				
2	电阻	0805-4.7K	R6、R7	2				
3	电阻	0805-1K	R11	1				
4	电阻	0805-220K	R12	1				
5	电阻	0805-4R7	R13	1				
6	电容	0805-474	C1、C4	2				
7	电容	0805-100P	C2	1				
8	电容	1206-100P	C3	1				
9	电容	G-X-100μ	C8～C11	4				
10	电容	0805-102P	C5、C7	2				
11	集成芯片	IC-2010	U1	1				
12	集成芯片	IC-5807	U2	1				
13	耳机插座	EJ3507		1				
14	晶振	32、768	TX	1				
15	锅仔片			5				
16	斑马纸			1				
17	美纹纸			1				
18	排线	40mm * 5P		1				
19	天线			1				
20	电池片(组)			1				
21	显示屏			1				
22	钢带			2				
23	螺丝	PA2.3 * 5/6/10		9/1/4				
24	螺丝	PA2.3 * 10		4				
25	头扎			1				
26	耳垫			2				
27	QC 纸			1				
28	喇叭	40 内磁		2				
29	导线	9/1.2 * 15mm		1				
30	电路板	NT-QQ01A		1				
31	电路板	NT-QQ01B		1				
32	控制面板			1				
33	电池盖			1				
更改标记		数量	文件号	签字	日期	签字		日期
						制表		
						审核		
签字						标准化		
						批准		第 2 页

工艺流程卡	产品名称	产品图号	
	GBZ-Ⅱ立体声接收耳机	电子 24-02	
	底图总号	更改标记	数量
	日期		

A板供料 → 贴锅仔片 → 胶带固定锅仔片 → 分离 A,B 板 → 贴斑马纸 → A板与镜片、斑马纸连接 → 测试按键 → 在B板中插入元器件（音频输出口、电容器、晶振）（测试按键 → 维修 → 在B板中插入元器件）→ 焊接 → 剪引脚 → 焊接排线 → 固定 A,B 板 → 打螺丝 → 总测试（→ 维修）→ 电池壳上锡 → 安装头扎、喇叭 → 焊接电源线 → 听机、贴标 → 装耳垫 → 包装 → 入库

文件号	签字	日期	签字		日期	
			制表			
			审核			
		标准化				

××车间		作　业　指　导　书				文件编号	
						版本/次	
系列	GBZ-2-120	工程段次：	压镜片斑马纸	作业人数：1	标准时间：	制定日期	
适用机型品号：GBZ-2-120A、GBZ-2-120B				作业名称：	显示屏故障维修	工序号：	TA01

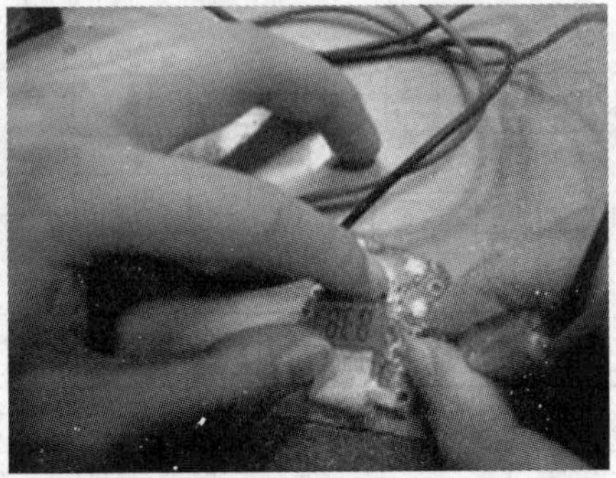

(a)

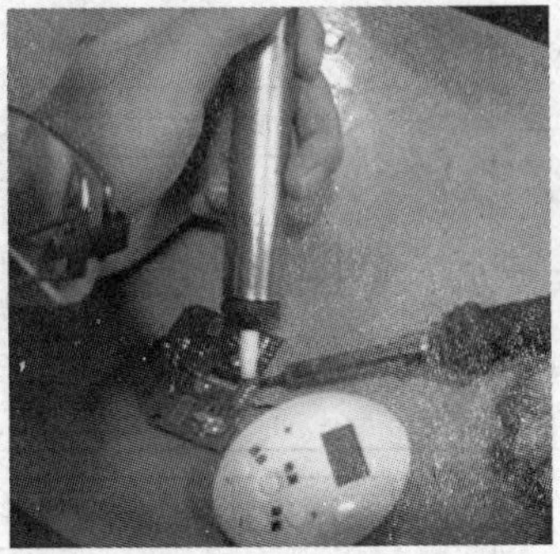

(b)

操作步骤：

1. 目检上一道工序是否完成。
2. 连接电源，按下电源键，看显示屏是否显示完全，如图(a)所示。
3. 依次检查按键是否在显示屏中显示相应的功能，若不能，则检查相应的元器件是否虚焊；若是，则补焊，如图(b)所示。
4. 检查无误后，进入下一道工序。

注意事项：

1. 焊接时，须把元器件焊正，不能出现虚焊。
2. 焊点与焊点之间不能出现短路。

序号	物品料号	名称	规格	用量
1				
2				
3				
4				
5				

制定		审核		会签		核准	

××车间		作业指导书				文件编号	
						版本/次	
系列	GBZ-2-120	工程段次：	贴斑马纸	作业人数:1	标准时间：	制定日期	
适用机型品号:GBZ-2-120A、GBZ-2-120B				作业名称：	压斑马纸	工序号：	TA02

(a)　(b)

(c)　(d)

作业步骤：

1. 将已连接好的斑马纸的显示屏跟 A 板一排焊盘的八个点对齐，如图(a)所示；
2. 将手动热压机可推动的下盘推进去，如图(b)所示；
3. 按下手动热压机的按压手柄，受热 3 秒后抬起按压手柄，如图(c)所示；
4. 将手动热压机的可推动下盘移出来，即完成本操作过程，如图(d)所示。

注意事项：

1. 斑马纸的黑色条文一定要跟 A 板的每个焊盘点一一对齐；
2. 手动热压机的按压手柄的按压时间不要过长或过短。

仪器工具	编号	ECN 变更记录
手动热压机		

序号	物品料号	名称	规格	用量
1			512	3
3				
4				
5				

制定		审核		会签		核准	

装配工艺过程卡		产品型号	GBZ-2-120A	零部件图号			
		产品名称	GBZ-Ⅱ立体声接收耳机	零部件名称	总装	共2页	第1页

工序号	工序名称	工序内容	装配部门	设备及工艺装备	辅助材料	工时定额/min
1	备料	准备:凭领料单向元器件库领取本工艺所需的元器件	装配			
2		检查各元器件外观质量,型号规格应符合要求				
	装配	1.1 在电路板上安装锅仔片,透明胶带固定锅仔片,分板		电烙铁		
		1.2 在 A 板装压镜片斑马纸				
		1.3 把贴好的 PCB 板放在检测台上检测				
3		2.1 把电阻器、电容器等分别插装在 PCB 板相应的位置				
4		2.2 在 B 板上焊接插装电容器、晶振、耳机插座				
5		2.3 使用恒温式电烙铁把元器件焊接在 PCB 板上		电烙铁		
6		3.4 整形:用尖嘴钳将元器件按需进行弯脚整形		尖嘴钳		
7		3.5 收音检测,装 B 板排线				
8		4.1 装 A 板排线,并用排线把 A、B 板连在一起检测				
9		4.2 在 A、B 板排线接触的焊点上打胶,装上外壳进行检测				
10		4.5 固定机板,上锡,装天线、喇叭				
11		5.1 装左喇叭,电池壳上焊接头扎				
12		6.1 焊接电源线,组装控制面板头扎,组装控制板,焊接右喇叭				

装配工艺过程卡		产品型号	GBZ-2-120A	零部件图号			
		产品名称	GBZ-Ⅱ立体声接收耳机	零部件名称	总装	共2页	第2页

工序号	工序名称	工　序　内　容	装配部门	设备及工艺装备	辅助材料	工时定额/min
13		检测听机、贴标、准备电池		一对电池		
14		把检测好的套上耳套，贴上标签包装				
15		在焊接各个元器件时应首先检测各个元器件的好坏				
16		在焊接元器件时应保持焊盘、PCB板的洁净		电烙铁		
17		在焊接时烙铁头不要正对着本人和他人				
18		在用剪线钳剪引脚时应注意引脚保留的长度要适中		剪线钳		
19		3.7充电池的安装：确定电池的正负极后，安装在印制板上				
20		把电池正确放入电池壳里				
22						
24	调试检验	装上电池，按下选频按键选择不同的频率				

										编制日期	审核日期	标准化日期	会签日期
标记	处数	更改文件号	签字	日期	标记	处数	更改文件号	签字	日期				

	检验卡			产品名称			产品图号	
				GBZ-Ⅱ立体声接收耳机			电子 24-02	
	检验单位	被检工序号	委托检验单位			送检单位		
			检验方法	检验器具		全检	抽检	备注
	序号	检测内容及技术要求		名称	规格精度			
	1	检测 A 板显示屏，显示 83.8	检测台	显示屏				
	2	检测 B 板收音功能，两边有声音		收音模块				
	3	检测波形，有标准正弦波	检测台					
	4	总检测，按键良好，有声音		按键				
使用性								
旧底图总号								

想一想

(1)根据零部件、整件的结构和工艺特征进行分类、分组，对同组零部件、整件制定的统一加工或装配工艺称为________工艺。由于典型工艺规程的对象在结构和工艺特性上只是相似，而不是相同，因此，对每个具体零件按典型工艺操作时，设备或工艺装置要做一些适当的调整。对于某些生产批量较大的零件，根据工序分散的需要，也可以工序为单位编制典型工序卡片。

(2)____________是劳动者使用设备和工具直接改变生产对象的形状、尺寸和性能使之成为具有一定使用价值的产品的过程。

(3)____________是工艺工作的主要内容之一。它包括企业内部属于微观的工艺管理和各级机电工业管理部门属于宏观的工艺管理。企业的工艺管理是在一定的生产方式和条件下，按一定的原则、程序和方法，科学地计划、组织和控制各项工艺工作的全过程，是保证整个生产过程中严格按工艺文件进行活动的管理科学。

(4)根据电子产品的特点，工艺文件通常可分为________文件和________文件两大类。

(5)在电子产品的生产过程中一般包含准备工序、________工序和调试检验工序，工艺文件应按照工序编制具体内容。

(6)流水线工序工艺文件的编制内容主要是针对电子产品的装配和________工序，这道工序大多在流水线上进行。

(7)工艺文件包括专业工艺规程、各具体工艺说明及________、产品检验说明方式、步骤、程序等，这类文件一般有专用格式，具体包括工艺文件封面、工艺文件目录、工艺文件更改通知单、工艺文件明细表等。

(8)识读工艺文件时，要注意哪些事项？

知识小结

⊙ 电子产品生产一般有两类文件，即设计文件与工艺文件。设计文件是设计部门在产品研发设计过程中形成的反映产品功能、性能、构造特点及测试试验要求等方面内容的产品技术文件。而工艺文件则是按照一定的条件选择产品最合理的工艺过程(即生产过程)，将实现这个工艺过程的程序、内容、方法、工具、设备、材料以及每一个环节应该遵守的技术规程，用文字和图表的形式表示出来的文件。

⊙ 设计文件可以按文件的样式分为三大类：文字性文件、表格性文件和电子工程图。

⊙ 工艺文件主要包括通用工艺规范、产品工艺流程、岗位作业指导书、工艺定额、生产设备工作程序和测试程序、生产用工装或测试工装的文件等。

✣ 电路图，也叫原理图、电原理图、电路原理图，是用电气制图的图形符号的方式画出产品各元器件之间、各部分之间的连接关系，用于说明产品的工作原理。它是电子产品设计文件中最基本的图纸。绘制电路图时，遵守电路布局的规范，图形符号、元器件代号、元器件放置、标注、电路图中的连线、虚线的表示、增加注释等都要遵守国家标准。在不会发生误解时，也可尽量简化。

✣ 方框图是用一个一个方框表示电子产品的各个部分，用连线表示它们之间的联系，进而说明其组成结构和工作原理，是电路图的简化示意图。绘制方框图时，要在方框内使用文字或图形注明该方框所代表电路的内容或功能，方框之间一般用带有箭头的线表示信号的流向。在方框图中，也可以用一些符号代表某些元器件等。

∵ 接线图是用来表示各零部件之间相互连接情况的工艺图。接线图是电子装配工艺中必不可少的工艺文件。常用的接线图有直连型接线图、简化型接线图，它的另一种形式是接线表。绘制接线图时要遵循国家相关标准。

⊙ 工艺文件应根据产品的组成、内容、生产批量和生产形式来确定。要遵守编制工艺文件的要求与原则。

⊙ 常用工艺文件主要依据工艺技术和管理要求规定的工艺文件栏目的形式编排。成套电子工艺文件，一般包含封面、工艺文件目录、配套明细表、工艺路线表、工艺说明及简图、导线(扎线)加工表、装配工艺过程卡、材料消耗定额表和工艺文件更改通知单等九种常用的工艺文件。

思考与练习

1. 工艺文件与设计文件都是指导生产的文件，两者有什么不同？

2. 电子产品的设计文件有哪些种类？各起什么作用？

3. 电子产品的工艺文件有哪些种类？各起什么作用？

4. 电子工程图有哪些，各起什么作用？

5. (1)请熟悉和记牢常用的图形符号，做到会识别、会使用。

(2)请自己到图书馆索阅电子类期刊，练习和巩固图形符号的识别能力。

(3)请熟记部分元器件的国内外代号。下面是一些代号，请写出其名称：

ANT，BX，SCR，AN

(4)总结并举例说明电子工程图中元器件的标注原则。请说明下面这些文字代表什么元器件，什么规格参数：

R：Ω10，6Ω8，75，360，3k3，47k，820k，4M7

CJ 型：5p6，56，560

CD 型：5μ6，56，560

CBB 型：1n，4n7，10n，22n，220n，470n

CD 型：1m，2m2/50

6. (1)绘制电路图中的连接线时，应遵循什么原则？

(2)电路图中的虚线有哪些辅助作用？

(3)电路图中允许做哪些省略画法？

(4)电路图的绘制有哪些注意事项？

(5)请说明方框图的作用及绘制方法。

(6)请熟悉各种电路图的灵活运用方法，并查阅书刊杂志，找出几个灵活运用的实例加以印证。

7. 分别举例说明方框图、实物装配图、印制板图、接线图的作用、画法和工艺要求。

8. 工艺文件的编制原则是什么？

9. 编制工艺文件有哪些要求？

10. 怎样进行工艺文件的管理？

11. 简述插接线工艺文件的编制原则。

12. 编制准备工序工艺文件时，元器件、零部件是否适合在流水线上安装？

13. 凡属装调工应知应会的基本工艺规程内容，应全部编入工艺文件吗？

14. 工艺文件的字体要规范，书写要清晰，图形要正确。工艺图上可尽量多用文字说明吗？

15. 在接线面背面的元器件或导线，绘制接线图时是否应用虚线表示，为什么？

16. 装配图上的元器件一般用图形符号表示，是否可用简化的外形轮廓表示？

17. 方框图是指示产品部件、整件内部接线情况的略图。它是按照产品中元器件的相对位置关系和接线点的实际位置绘制的吗？

18. 结合实例，如“敲击式语言门铃电路图”和“敲击式语言门铃印制电路板图”，编制下列工艺文件：

(1)配套明细表。

(2)导线(扎线)加工表。

(3)装配工艺过程卡。

项目4 DT-9205A万用表装配

DT-9205A万用表装配不仅是将相关的元器件、零件、部件根据电气性能连接起来，而且要根据元器件的电气性能合理布局，保证既美观，又可靠。因此DT-9205A万用表装配要遵循有关的基本工艺守则、安全操作规程，严格按设计的工艺文件、技术要求，将相关零件、部件焊接、装联或紧固在规定的位置上，并经调试、老化、检验、包装后，才可入库或出厂。

学习目标

◇ 能识读电子整机装配的工艺文件。

◇ 能编制简单电子整机装配的工艺文件。

◇ 能进行电子整机装配。

◇ 能检验电子整机的装配质量。

◇ 能初步排除电子整机的装配故障。

工作任务

◇ 编制电子整机装配的工艺文件。

◇ 装配电子整机。

◇ 检验电子整机的装配质量。

◇ 撰写电子整机装配的工艺报告(含工艺建议)。

4.1 DT-9205A 万用表的工艺文件准备

学习目标

◇ 叙述DT-9205A万用表的简单工作过程。

◇ 能识读设计文件与电子整机装配的工艺文件。

◇ 能理解电子整机设计文件。

◇ 能查找相关资料。

◇ 理解万用表的使用。

工作任务

◇ 准备相关的设计文件。
◇ 读懂相关文件。
◇ 正确使用万用表的基本功能。

随着电子技术的发展,电子设备正广泛地应用于人们生活的各个领域。按用途,电子设备可分为通信、广播、电视、导航、无线电定位、自动控制、遥控遥测和计算机技术等不同方面的设备。随着电子设备的使用范围越来越广,使用条件越来越复杂,质量要求越来越高,对电子产品结构的要求也越来越高。对整机结构的基本要求如下:结构紧凑,布局合理,能保证产品技术指标的实现;操作方便,便于维修;工艺性能良好,适合大批量生产或自动化生产;造型美观大方。而电子产品的生产与发展和电子装配工艺的发展密切相关,任何电子设备,从原材料进厂到成品出厂,要经过千百道生产工序。在生产过程中,大量的工作是由具有一定技能的工人,操作一定的设备,按照特定的工艺规程和方法完成的。因此,准备相关的工艺文件是必要的。

任务 4-1 准备方框图

做一做

方框图是由一系列正方形、长方形和其他适当的图形组成的,以表示某一设备部件间的相对位置和功能,方框内标注了各独立部分的性能、作用等,方框之间用线连接起来,箭头表示电路、程序、工艺流程等内在联系,便于人们对电路的全貌、主要组成部分、各级功能等有一个总体认识。

数字万用表的基本组成方框图如图 4-1 所示。它主要由两大部分组成:第一部分是输入与变换部分,主要作用是通过电流-电压转换器(I/U 转换器)、交流-直流转换器(AC/

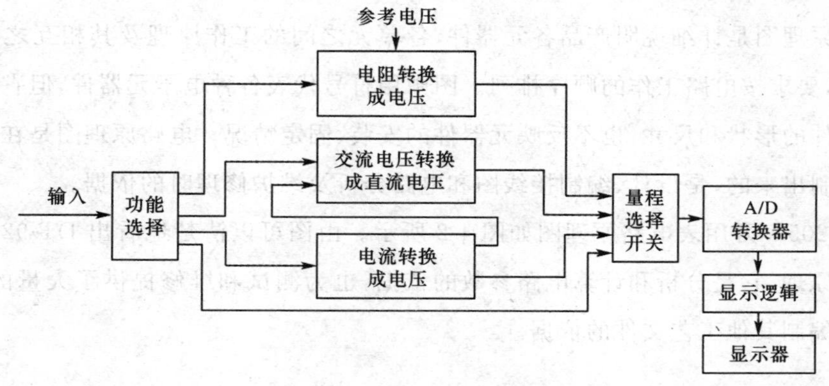

图 4-1 数字万用表的基本组成方框图

DC 转换器)、电阻-电压转换器(R/U 转换器)将各个被测量转换成直流电压量,再通过量程选择开关,经放大或衰减电路送到 A/D 转换器进行测量;第二部分是 A/D 转换电路与显示部分,其构成和作用与直流数字电压表电路相同。因此,数字万用表以直流数字电压表为基本表,配接与之呈线性关系的直流电压、电流,交流电压、电流,欧姆变换器,即能将各自对应的电参量高准确度地用数字显示出来。

读一读

数字万用表的优缺点

(1)数字万用表是瞬时取样式仪表。它采用 0.3 s 取一次样来显示测量结果,有时每次取样结果只是十分相近,并不完全相同,这对于读取结果就不如指针式万用表方便。

(2)数字万用表由于内部采用了运放电路,内阻可以做得很大,往往在 1 MΩ 以上(即可以得到更高的灵敏度)。这使得万用表对被测电路的影响可以更小,测量精度更高。

(3)数字万用表内部采用了振荡、放大、分频保护等电路,所以功能较多。比如可以测量温度、频率(在一个较小的范围内)、阻值,做信号发生器等。

(4)数字万用表由于内部多采用集成电路,所以过载能力较差(有的能自动换挡、自动保护等,但使用较复杂),损坏后一般也不易修复。

(5)数字万用表输出电压较低(通常不超过 1 V)。测量一些电压特性特殊的元器件(如可控硅、发光二极管等)时不方便。

任务 4-2　准备电路原理图

做一做

电路原理图是详细说明产品各元器件、各单元之间的工作原理及其相互之间连接关系的图纸,要求按电路工作的顺序排列。图中用符号代表各种电子元器件,但它不表示电路中元器件的形状和尺寸,也不反映元器件的安装、固定情况。电路原理图是在方框图的基础上绘制出来的,是设计、编制接线图和电路分析及维护修理时的依据。

DT-9205A 万用表电路原理图如图 4-2 所示。由图可以清楚地看出 DT-9205A 万用表的电路原理,它是分析和计算电路参数的依据,也为测试和维修提供了大量的信息,并可以作为编制其他工艺文件的依据。

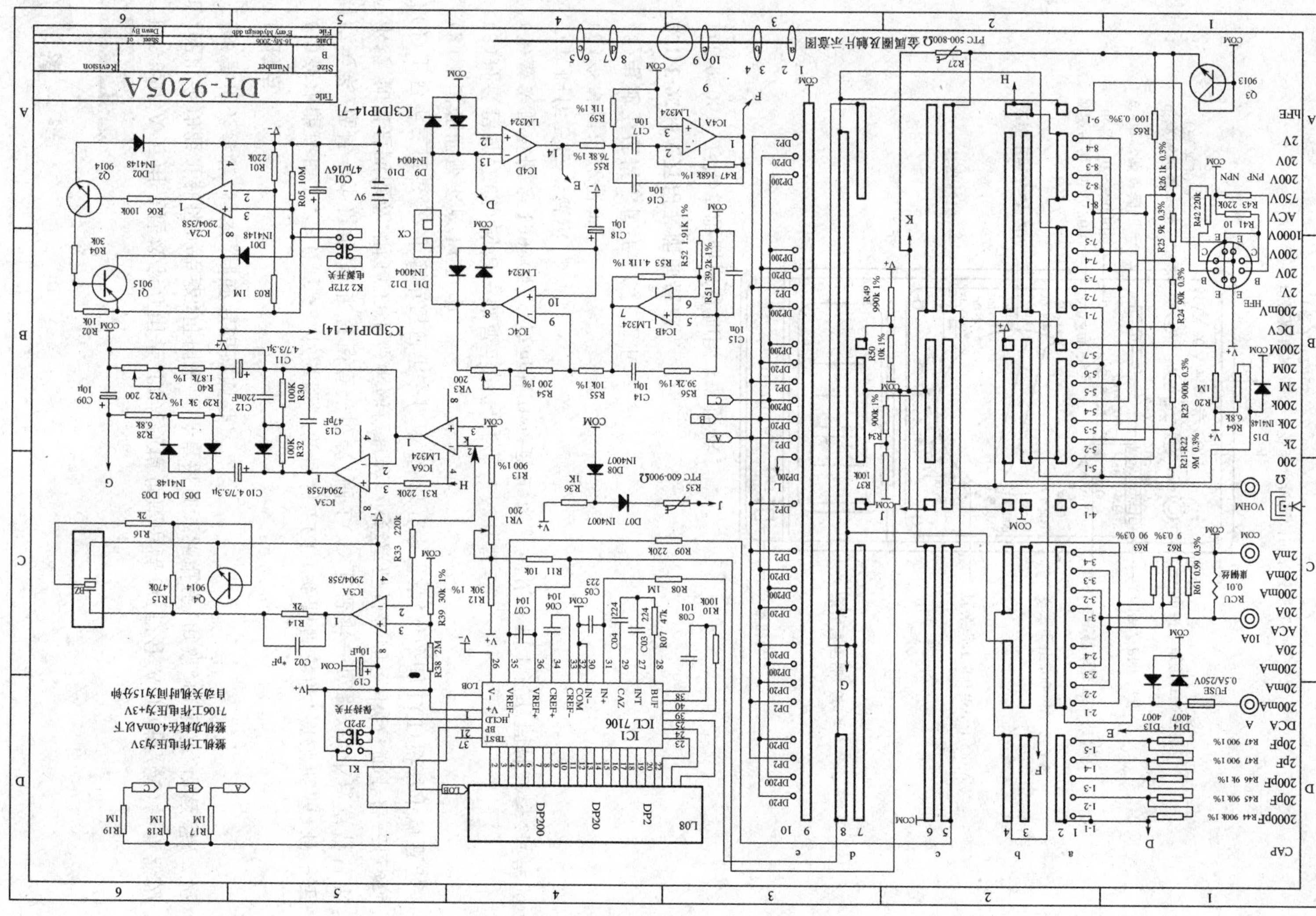

图4-2 DT-9205A万用表电路原理图

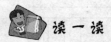

读一读

【拓展知识】

DT-9205A 万用表是数字万用表，以大规模集成电路、双积分 A/D(模/数)转换器为核心，配以全功能过载保护电路，可用来测量直流和交流电压、电流，电阻器、电容器、二极管、三极管相关参数，频率，判断电路通断等。

1. 特点

(1)在功能选择上，它具有 32 个量程。量程与 LCD(液晶显示屏，简称液晶)有一定的对应关系：选择一个量程，如果量程是一位数，则 LCD 上显示一位整数，小数点后显示三位小数；如果是两位数，则 LCD 上显示两位整数，小数点后显示两位小数；如果是三位数，则 LCD 上显示三位整数，小数点后显示一位小数；有几个量程，对应的 LCD 没有小数显示。

(2)测试数据显示在 LCD 中。

(3)过量程时，LCD 的第一位显示"1"，其他位没有显示。

(4)最大显示值为 1999(后三位可从 0 变到 9，第一位从 0 到 1 只有两种状态，这样的显示方式叫作三位半显示)。

(5)全量程过载保护。

(6)电池不足指示位于 LCD 左下方。

2. DT-9205A 万用表版面信息

DT-9205A 万用表版面信息如图 4-3 所示。

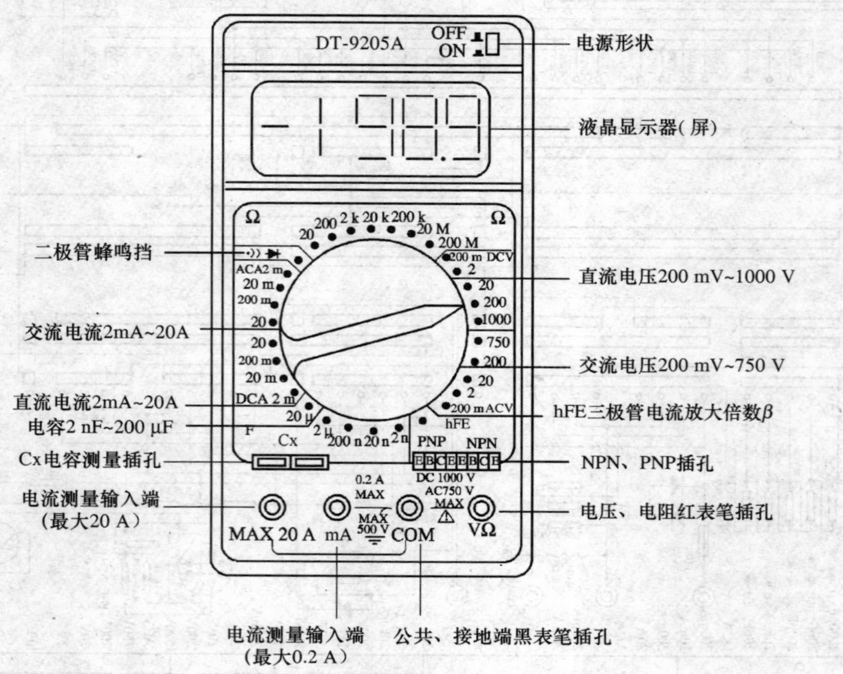

图 4-3　DT-9205A 万用表版面信息

(1)版面下方从左到右四个插孔分别是:20 A直流电流测量插孔(红表笔)、毫安挡插孔(红表笔),公共插孔(黑表笔),电压、电阻挡插孔(红表笔)。Cx插孔为电容器插孔。八个小孔是放大倍数插孔,这些孔要与上面的挡位开关对应,否则容易烧毁万用表或无法测量。

(2)黑表笔插在第三个孔(COM),不管红表笔插在哪个孔,黑表笔的位置都不变。当红表笔插在第一个孔(20 A)时,表明这是测电路电流的,而且不能超过20 A,也就是说最大量程是20 A。当红表笔插在第二个孔(mA)时,与刻度盘配合可以测量这个范围的电流,该量程范围较小。红表笔插在最右侧的孔时,配合刻度盘的选择,可以测电阻器、交流电、直流电、电容器、二极管等。插错表笔时,轻则没反应,重则烧坏万用表或表笔。

3. 技术指标

精确度:±(%读数+第四位上的数字)。注意:括号内的第二部分,为精确度的修正值,应放在该挡位的最后一位数字上。例如:一个电子元器件在R×200挡位的读数为100.0,该挡位精确度为±(5%+2),该挡位在LCD中有一位小数,则这个电子元器件的实际数据a满足不等式

$$100-(5\%\times100.0+0.2)\leqslant a\leqslant100+(5\%\times100.0+0.2)$$

即

$$94.8\leqslant a\leqslant105.2$$

(1)直流电压挡

直流电压挡的技术参数见表4-1。

表4-1　直流电压挡的技术参数

量程	分辨率	准确度
200 mV	100 μV	±(0.5%+2)
2 V	1 mV	
20 V	10 mV	
200 V	100 mV	
1000 V	1 V	±(0.8%+2)

注:①分辨率,表征感知微小电压变化的能力(大概为最大量程的1/2000),并反映在万用表的最后一位读数上。例如,在量限为200 mV的挡位,被测直流电源的电压读数为100 mV。当电压升高50 μV时,万用表读数仍为100.0;当电压升高150 μV时,万用表读数的末位会发生变化,变为100.1。所有量程的输入阻抗为10 MΩ。过载保护:对于200 mV量程挡,能够承受的最大直流电压为250 V;能够承受的最大交流电压有效值为250 Vrms。其他量程挡位,能够承受的最大直流电压为250 V;能够承受的最大交流电压有效值为700 Vrms,峰值为1000 V。

②正弦交流信号的有效值是其峰值的0.707倍,例如220 V的交流市电,其峰值为311 V左右。交流信号的有效值是用它的热效应规定的:峰值为311 V的交流信号通过负载产生的热效应等于220 V的直流信号通过同一负载产生的热效应。

(2)交流电压挡

交流电压挡的技术参数见表4-2。

表 4-2　　　　　　　　　　**交流电压挡的技术参数**

量程	分辨率	精确度
200 mV	100 μV	±(1.2%+3)
2 V	1 mV	±(0.8%+3)
20 V	10 mV	
200 V	100 mV	
700 V	1 V	±(1.2%+3)

注：

输入阻抗：同直流电压挡；

频率范围：40 Hz 到 400 Hz；

过载保护：同直流电压挡；

显示：交流信号的有效值；

精确度：如在 700 V 挡位，测某一交流电源，读数为 230 V，考虑到测量误差，实际电压值 a 应该满足不等式 230－(1.2%×230＋3)≤a≤230＋(1.2%×230＋3)。因为 700 V 挡位的精确度为±(1.2%＋3)，这一挡位没有小数显示，所以：

$$230-(1.2\%\times230+3)\leqslant a\leqslant230+(1.2\%\times230+3)$$

因为 1.2%×230＋3＝5.76，而万用表的分辨率不能感知不到 1 V 的电压，所以化简后为 225≤a≤235。

(3)直流电流挡

直流电流挡的技术参数见表 4-3。

表 4-3　　　　　　　　　　**直流电流挡的技术参数**

量程	分辨率	精确度
2 mA	1 μA	±(1.2%+2)
20 mA	10 μA	
200 mA	100 μA	±(1.4%+2)
20 A	10 mA	±(2.0%+2)

注：

过载保护：20 A 量程无保险丝，因此，测量时间不能超过 15 s；其他量程有最大规格为 0.2 A/250 V 的保险丝。

测量电压降：测量直流电流时，万用表近似于一个电阻器，因此，会在万用表上产生电压降。若被测电流的读数达到或接近满量程，则在万用表上产生的电压降为 200 mV。

精确度：如估计被测电流为 10 A，选择 20 A 量程挡，精确度为±(2.0%＋2)。因为这一挡位显示两位整数和两位小数，所以，实际电流值 a 的范围：

$$10-(2.0\%\times10+0.02)\leqslant a\leqslant10+(2.0\%\times10+0.02)$$

即

$$9.78\leqslant a\leqslant10.22$$

(4)交流电流挡

交流电流挡的技术参数见表 4-4。

表 4-4　　交流电流挡的技术参数

量程	分辨率	精确度
2 mA	1 μA	±(1.2%+3)
20 mA	10 μA	
200 mA	100 μA	±(1.8%+3)
20 A	10 mA	±(3.0%+7)

注：

过载保护：20 A 量程无保险丝，因此，测量时间不能超过 15 s；其他量程有最大规格为 0.2 A/250 V 的保险丝。

测量电压降：测量交流电流时，万用表近似于一个电阻器，因此，会在万用表上产生电压降。若被测电流的读数达到或接近满量程，则在万用表上产生的电压降为 200 mV。

频率范围：所测交流电流的频率范围为 40～400 Hz，市电为 50 Hz。

显示：交流信号的有效值。

精确度：若测一个交流电流源，读数为 100 mA，该挡位精确度为±(1.8%+3)，该挡位显示一位小数，则这个交流电流源的实际数据 a 满足不等式：

$$100-(1.8\%\times100+0.3)\leqslant a\leqslant100+(1.8\%\times100+0.3)$$

即

$$97.9\leqslant a\leqslant102.1$$

(5)电阻挡

电阻挡的技术参数见表 4-5。

表 4-5　　电阻挡的技术参数

量程	分辨率	精确度
200 Ω	0.1 Ω	±(1.0%+2)
2 kΩ	1 Ω	±(0.8%+2)
20 kΩ	10 Ω	
200 kΩ	100 Ω	
2 MΩ	1 kΩ	
20 MΩ	10 kΩ	±(1.2%+2)
200 MΩ	100 kΩ	±(5.0%+10)

注：

开路电压：测量电阻器时，一般情况下万用表提供的开路电压为 700 mV，200 MΩ 挡位提供的开路电压为 3 V。

精确度：若测一个电阻器，用 20 kΩ 量程挡测得它的阻值为 10 kΩ，则它的实际阻值 a 满足：

$$10-(0.8\%\times10+0.02)\leqslant a\leqslant10+(0.8\%\times10+0.02)$$

化简后为

$$9.9\leqslant a\leqslant10.1$$

(6)电容挡

电容挡的技术参数见表 4-6。

表 4-6　　　　电容挡的技术参数

量程	分辨率	精确度
2 nF	1 pF	±(4.0%+5)
20 nF	10 pF	
200 nF	100 pF	
2 μF	1 nF	
20 μF	10 nF	
200 μF	100 nF	
2000 μF	1 μF	

例如：测一个电容器，万用表读数为 100 μF，所用挡位精确度为±(4.0%+5)，该挡位显示一位小数，则这个电容器的实际容量 a 满足不等式：

$$100-(4.0\%\times100+0.5)\leqslant a\leqslant100+(4.0\%\times100+0.5)$$

即

$$94.5\leqslant a\leqslant104.5$$

4. 使用方法

(1)将 ON/OFF 开关置于 ON 位置，检查 9 V 电池。如果电池电压不足，相应的电池符号就会显示在液晶显示器上，这时需更换电池。若显示器没有显示，则应维修。

(2)测试表笔插孔旁边的数据符号，表示输入电压或电流不应超过该指示值，这是为了保护内部线路免受损伤。

(3)测试之前，功能选择开关应置于测试所需要的量程。

(4)直流电压测量

①将黑表笔插入 COM 插孔，红表笔插入 V/Ω 插孔。

②将功能选择开关置于直流电压挡 V－量程范围，并将表笔连接到待测电源(测开路电压)或负载上(测负载电压降)，就可测量了，红表笔所接端的极性将同时显示于显示器上。

注：①如果不知被测电压范围，将功能选择开关置于最大量程挡从大向小调整。

②如果显示器只显示"1"，表示过量程，功能选择开关应置于更高量程挡。

③"1000 V"的插孔，表示不要测量高于 1000 V 的电压，显示更大的电压值是可能的，但有损坏内部线路的危险。当测量高电压时，要格外注意，避免触电。

(5)交流电压测量

①将黑表笔插入 COM 插孔，红表笔插入 V/Ω 插孔。

②将功能选择开关置于交流电压挡 V～量程范围，并将表笔连接到待测电源或负载上。测量交流电压时，没有极性显示。

注："700Vrms"的插孔，表示不要输入高于 700 Vrms 的电压，显示更大的电压值是可能的，但有损坏内部线路的危险。

(6)直流电流测量

①将黑表笔插入 COM 插孔，当测量最大值为 200 mA 的电流时，红表笔插入 mA 插孔；当测量最大值为 20 A 的电流时，红表笔插入 20 A 插孔。

②将功能选择开关置于直流电流挡 A－量程范围，并将表笔串联接入待测电路，显示电流值的同时，将显示红表笔的极性。

注:①如果使用前不知道被测电流范围,将功能选择开关置于最大量程并从大向小调整。

②如果显示器只显示"1",表示过量程,功能选择开关应置于更高量程挡。

③"200 mA"的插孔,表示最大输入电流为 200 mA,过大的电流将烧坏保险丝,应更换量程挡;20 A 量程无保险丝保护,测量时间不能超过 15 s。

(7)交流电流测量

①将黑表笔插入 COM 插孔,当测量最大值为 200 mA 的电流时,红表笔插入 mA 插孔;当测量最大值为 20 A 的电流时,红表笔插入 20 A 插孔。

②将功能选择开关置于交流电流挡 A～量程范围,并将表笔串联接入待测电路中。

(8)阻值测量

①将黑表笔插入 COM 插孔,红表笔插入 V/Ω 插孔。

②将功能选择开关置于 Ω 量程挡范围,将表笔连接到待测电阻器上。

(9)二极管导通电压检测

在这一挡位,红表笔接万用表内部正电源,黑表笔接万用表内部负电源。红表笔与二极管的正极相连,黑表笔与二极管的负极相连,则被测二极管正向导通,万用表显示二极管的正向导通电压,单位是 mV。通常硅二极管正向导通电压为 500～800 mV,锗二极管正向导通电压为 200～300 mV。若显示"000",则说明二极管击穿短路;若显示"1",则说明二极管正向不导通。

(10)三极管 β 值测试

首先要确定待测三极管是 NPN 型还是 PNP 型,然后将其引脚正确地插入对应类型的测试插孔中,功能选择开关转到 β 挡,即可以直接从显示屏上读取 β 值,若显示"000",则说明三极管已损坏。

(11)短路检测

将功能选择开关转到"·))▶|"位置,两个表笔分别接触测试点,若电路短路,则蜂鸣器会响。

5. 注意事项

(1)注意正确选择量程及红表笔插孔。对未知量进行测量时,应首先把量程调到最大挡,然后从大向小调整,直到合适为止。若显示"1",表示过载,应加大量程。

(2)不测量时,应随手关断电源。

(3)改变量程时,表笔应与被测点断开。

(4)测量电流时,切忌过载。

(5)不允许用电阻挡和电流挡测量电压。

任务 4-3 准备配套材料明细表

做一做

列出 DT-9205A 万用表所需的插件材料、装配材料和包装材料的名称、型号规格、单位、数量和元器件代号的配套材料清单,见表 4-7、表 4-8 和表 4-9。

表 4-7　　　　DT-9205A 万用表插件材料清单

序号	材料名称	型号规格	单位	数量	元器件代号
A1	金属膜电阻 1%	100 Ω	只	1	R48
A2	金属膜电阻 1%	10 kΩ	只	2	R50 ,R55
A3	金属膜电阻 1%	11 kΩ	只	1	R59
A4	金属膜电阻 1%	168 kΩ	只	1	R57
A5	金属膜电阻 1%	1.87 kΩ	只	1	R40
A6	金属膜电阻 1%	1.91 kΩ	只	1	R52
A7	金属膜电阻 1%	200 Ω	只	1	R54
A8	金属膜电阻 1%	3 kΩ	只	1	R29
A9	金属膜电阻 1%	30 kΩ	只	1	R12
A10	金属膜电阻 1%	39.2 kΩ	只	2	R51,R56
A11	金属膜电阻 1%	4.11 kΩ	只	1	R53
A12	金属膜电阻 1%	76.8 kΩ	只	1	R58
A13	金属膜电阻 1%	900 Ω	只	2	R13,R47
A14	金属膜电阻 1%	9 kΩ	只	1	R46
A15	金属膜电阻 1%	90 kΩ	只	1	R45
A16	金属膜电阻 1%	900 kΩ	只	2	R34,R44
A17	金属膜电阻 1%	990 kΩ	只	1	R49
A18	碳膜电阻 5%	10 Ω	只	1	R41
A19	碳膜电阻 5%	1 kΩ	只	1	R36
A20	碳膜电阻 5%	2 kΩ	只	2	R14,R16
B1	碳膜电阻 5%	10 kΩ	只	2	R02,R11
B2	碳膜电阻 5%	100 kΩ	只	6	R06,R10,R30,R31,R32,R37
B3	碳膜电阻 1%	1 MΩ	只	3	R03,R08,R20
B4	碳膜电阻 5%	10 MΩ	只	1	R05
B5	碳膜电阻 5%	20 KΩ	只	1	R39
B6	碳膜电阻 5%	2 MΩ	只	1	R38
B7	碳膜电阻 5%	220 kΩ	只	5	R01,R09,R33,R42,R43
B8	碳膜电阻 5%	30 kΩ	只	1	R04
B9	碳膜电阻 5%	47 kΩ	只	1	R07
B10	碳膜电阻 5%	470 kΩ	只	4	R15,R17,R18,R19
B11	碳膜电阻 5%	6.8 kΩ	只	2	R64,R28
B12	金属膜电阻 3‰	100 Ω	只	1	R65
B13	金属膜电阻 3‰	1 kΩ	只	1	R26
B14	金属膜电阻 3‰	9 kΩ	只	1	R25
B15	金属膜电阻 3‰	90 kΩ	只	1	R24

续表

序号	材料名称	型号规格	单位	数量	元器件代号
B16	金属膜电阻 3‰	900 kΩ	只	1	R23
B17	金属膜电阻 3‰	9 Ω	只	1	R62
B18	金属膜电阻 3‰	90 Ω	只	1	R63
B19	金属膜电阻 3‰	0.99 Ω	只	1	R61
B20	金属膜电阻 3‰	1/2 W，4.5 MΩ	只	2	R21，R22
	印制板		片	1	
	集成电路	LM324	只	1	贴片
	集成电路	2904	只	2	贴片
	二极管	1N4148	只	6	D1，D2，D3，D4，D5，D6
	二极管	4007	只	8	D7，D8，D9，D10，D11，D12，D13，D14
	三极管	9013	只	1	Q3
	三极管	9014	只	2	Q2，Q4
	三极管	9015	只	1	Q1
	瓷介电容	100 pF	只	1	C08
	瓷介电容	47 pF	只	1	C13
	金属膜电容	10 nF	只	4	C14～C17
	金属膜电容	100 nF	只	2	C06，C07
	金属膜电容	22 nF	只	1	C05
	金属膜电容	220 nF	只	3	C03，C04，C12
	电位器	200 Ω	只	3	VR1～VR3
	电解电容	10 μF	只	3	C18，C19，C09
	电解电容	3.3 μF	只	2	C10，C11
	电解电容	47 μF	只	1	C01

表 4-8　DT-9205A 万用表装配材料清单

序号	材料名称	型号规格	单位	数量	元器件代号
	开关	8.5＊8.5，2T2P	只	2	
	热敏电阻	500～800 Ω	只	2	R27，R35
	输入插座	92 系列	只	4	
	保险丝	0.5 A	只	1	
	保险丝架	R 型	只	2	
	蜂鸣片(三端)	直径 27 mm	只	1	
	蜂鸣片外壳		只	1	
	hFE 插座	一字形	只	1	
	电容夹片		只	2	

续表

序号	材料名称	型号规格	单位	数量	元器件代号
	康铜丝	40 mm	只	1	
	电源线	6.5 mm	只	1	
	电池	9 V	只	1	
	自攻螺丝	2*5	只	2	
	自攻螺丝	2*6 小头	只	2	
	自攻螺丝	3*8	只	1	
	自攻螺丝	3*12	只	3	
	平头螺丝	2*8	只	6	
	导电胶条	5105*3.2*2	只	2	
	屏蔽弹簧	直径 3 mm	只	1	
	齿轮弹簧		只	2	
	折叠弹簧		只	2	
	触片	A59	只	5	
	螺母		粒	6	
	钢珠	直径 3 mm	粒	2	
	液晶显示屏	92 系列	片	1	
	液晶框纸	93 系列	张	1	
	屏蔽纸	94 系列	张	1	
	电缆纸	95 系列	张	1	

表 4-9　**DT-9205A 万用表包装材料清单**

序号	材料名称	型号规格	单位	数量	元器件代号
	功能板		套	1	
	测试表笔		副	1	
	说明书		本	1	
	彩盒		个	1	
	皮盒		个	1	
	热缩薄膜		张	1	
	号码贴纸		张	1	
	贴纸		张	1	

任务 4-4　准备零部件简图

做一做

对于各种零部件，为了保证在装配时能正确安装，一般都需绘制出简图。

如图 4-4、图 4-5 所示分别为 DT-9205A 万用表的元器件焊接印制电路板图和元器件安装印制电路板图。

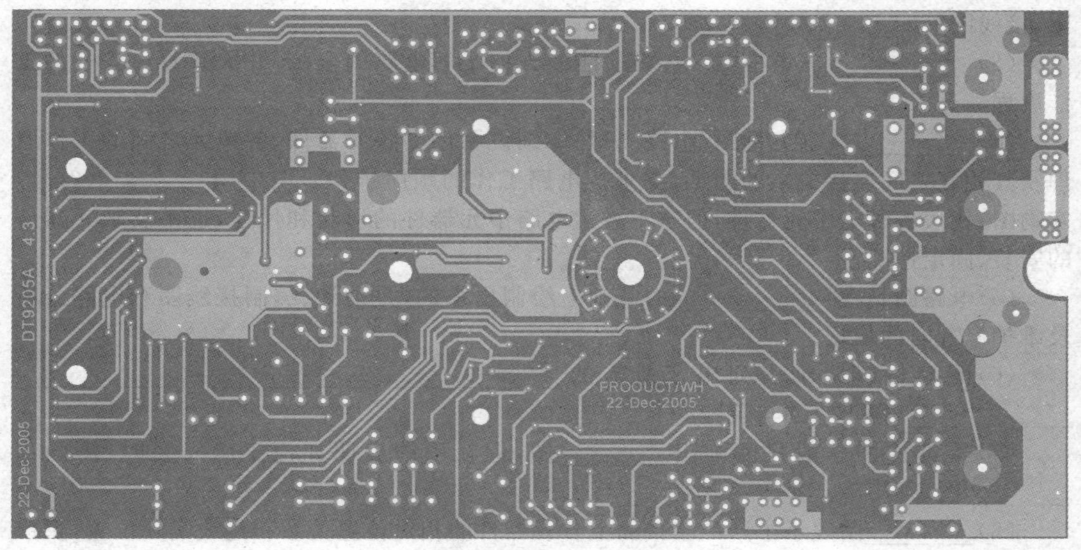

图 4-4　DT-9205A 万用表元器件焊接印制电路板图

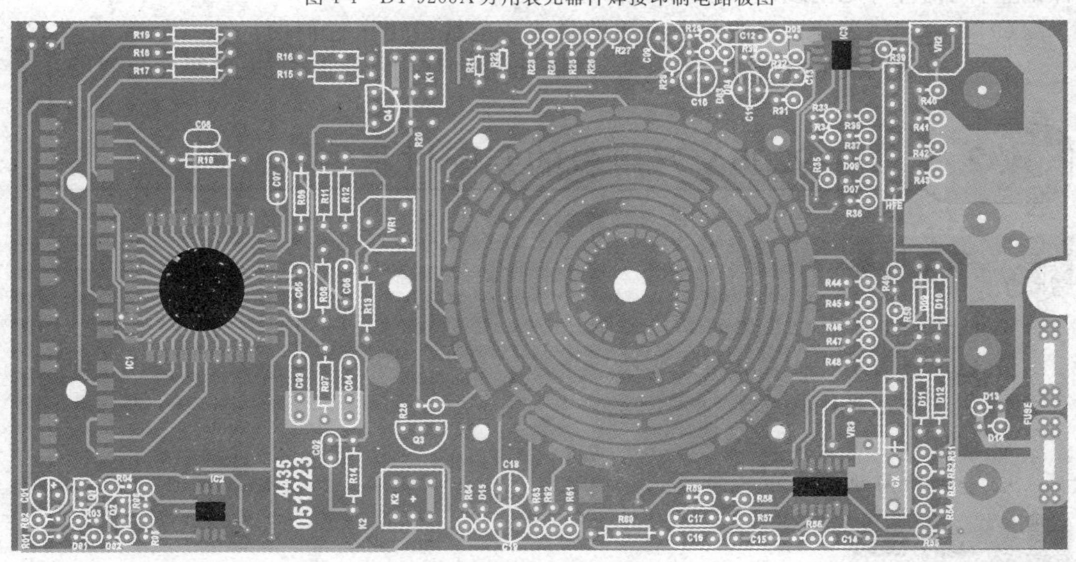

图 4-5　DT-9205A 万用表元器件安装印制电路板图

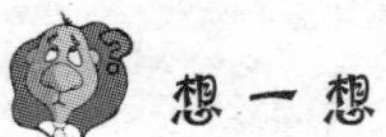

想一想

(1)电子装配工艺文件可分为________________。特别是____________文件，它是设计者对产品性能、技术要求等以图形语言表达的一种方式，是指导工人操作、组织生产、确保产品质量、提高效益、安全生产的文件，也是技术人员与工人交流的工程语言。

(2)技术工艺文件，包括的内容很广泛，涉及产品的所有资料，从绘制方法和表达内容上又可分为两大类：一类是以____________(投影关系/图形符号)为主绘制的图纸，用于说明产品加工和装配要求等，如零件图、印制电路板图等。另一类是以________(投影关系/图形符号)为主绘制的图纸，用于描述电路的设计内容，如系统图、方框图、电路图、接线图等。

(3)________(方框图/电路图)能使人们了解电路的全貌，并大致看出信号的工作流程。

(4)________(方框图/电路图)是详细说明产品各元器件、各单元之间的工作原理及其相互之间连接关系的图纸，要求按电路工作的顺序排列。图中用______(符号/实物图)代表各种电子元器件，但它不表示电路中元器件的形状和尺寸，也不反映元器件的安装、固定情况。

(5)电路图是在________的基础上绘制出来的，是设计、编制接线图和电路分析及维护修理时的依据。

(6)配套材料明细表列出了所需的________、________、________、________，便于采购与装配。

(7)零部件图一般只需画出______图，但在不能表明如何正确安装时，需画出______图。

(8)______图表示了产品装接面上各元器件的相对位置关系和接线实际位置，供产品的整件、部件等之间或内部接线时使用。

(9)______表针对接线图中所用的导线或电缆给出了它们的______、______、______、数量以及接线位置。在制造、调整、检查和使用产品时，与电路图一起使用。

4.2 DT-9205A 万用表的装配过程

学习目标

◇ 能识读电子整机装配的工艺文件。
◇ 能理解电子整机装配相关工艺。
◇ 能检验元器件的质量。
◇ 能进行电子整机装配。
◇ 能初步解决装配中的问题。

工作任务

◇ 对元器件进行处理。
◇ 装配 DT-9205A 万用表。
◇ 正确使用装配工具。
◇ 解决装配中的问题。

装配是整机装配过程中的主要生产工艺。它的好坏直接决定产品的质量和工作效率，是整机装配的重要环节。电子元器件是组成各种电路、仪器、设备必不可少的基础零件，不同的电子元器件有不同的参数、性能要求，在焊装前应进行测试，熟悉元器件的型号、参数、性能并判别质量的优劣，以便合理选用。经检测合格的元器件再进行焊装，焊装质量对于保证整机安全可靠的运行至关重要，对元器件焊装的基本要求如下：

(1)保证电性能的导通与绝缘。电气连接的通与断是指在振动、长期使用、冷热等自然条件变化中都能保证通者恒通，断者恒断。

(2)保证足够的机械强度，能经得起振动、运输及反复操作的考验。

(3)符合传热、电磁等方面的要求。

(4)符合操作习惯及美观要求。

任务 4-5　元器件的筛选

做一做

对买回的元器件，要认真地检验和筛选，剔除不合格的。

用万用表的电阻挡检查元器件，并记录在表 4-10 中。

表 4-10　　DT-9205A 万用表部分元器件的检测(一)

元器件名称	阻　值	结　果	元器件名称	阻　值	结　果
R1～R65			电位器 VR1～VR3		
二极管 D1～D14			开关		
发光二极管 VD4			电池		
三极管 Q1～Q4			保险丝		
蜂鸣片			导电胶条		

用专用设备(设计专用电路)检测其他元器件，并记录在表 4-11 中。

表 4-11　　DT-9205A 万用表部分元器件的检测(二)

元器件名称	结　果	元器件名称	结　果
电容器		液晶	
热敏电阻 R27、R35		hFE 插座	
集成电路 LM324		电容夹片	
集成电路 2904		折叠弹簧	

印制电路板的检验：由于考虑到贴片元件在组装时焊接困难，故配套件在出厂时贴片元件已经装在印制板上了。因此，需要仔细目测所有贴片元件引脚有无漏焊、虚焊、搭焊。若有，则需要补焊，注意补焊时间不宜太长，只要焊锡融化即可。

任务 4-6　印制电路板的焊接

做一做

印制板的焊接除需按照焊接的技术要求，还需满足根据不同的电子产品所设计的工艺文件的要求。

(1)安装元器件时应注意元器件与印制板上的印刷符号一一对应,不能错位。安装电容器时垂直电容器于印制板并插至最低,电容器的数值易于观察,无极性标志方向置于易观察方向。立式电阻器垂直于印制板并插至最低,误差色环向下,卧式电阻器距印制板0.5~1.5 mm,误差色环向右。立式二极管垂直于印制板并插至最低,卧式二极管距印制板3~4 mm,晶体二极管在插装时应注意极性,晶体管距印制板3~5 mm。集成电路、接插件底座紧贴印制板。

(2)分流电阻器(铜线),在元器件面将铜线 R9 插入印制板上的相应焊盘孔中,在焊接面外露 2 mm,两面焊接。

(3)choed 管座、hFE 管座的标志凸筋对准万用表外壳相应部分凹槽,将引脚从焊接面插入印制板,插座的上端与仪表面板持平时在元器件面焊接(注意不要烫坏外壳),然后将印制板从外壳中取出后再焊接其他各点。元器件焊接完成以后,将多余引线剪至最短。

(4)保险管卡,从元器件面插入保险管卡,止销朝外,两面焊接。两只保险丝座应注意断面方向,由挡板面一侧朝外,如图 4-6 所示。

(5)电池极扣引线,用万用表测量红线与正极扣、黑线与负扣极的相通,确认无误后,再将两导线从焊接面穿过电源线孔从元器件面插入相应的焊盘孔中,在焊接面焊接电源线。如果没有电源线孔,只能直接焊上,如图 4-6 所示。

(6)接地弹簧,将接地弹簧焊接在印制板元器件面的焊盘上,如图 4-6 所示。

图 4-6 保险管卡、电池极扣引线、接地弹簧的安装

(7)电位器、晶体管测试插座、电容夹片应垂直于印制板并插至最低,不得倾斜。四个输入插座较细的一段垂直于印制板,不得倾斜。按钮开关底部有凹口的一侧朝电路板有标志侧,开关若装反,则当开关按下时,电源不接通。

(8)安装蜂鸣器时,按标志图将其焊接在相应位置。

(9)要求接插件焊接美观、均匀、端正、整齐、高低有序。

双面印制板的焊盘孔，一般要进行孔金属化。在金属化孔处焊接加热时间应适当长一些。焊接时勿将焊锡散落在印制板开关滑道及与LCD各引脚相对应的极片上。要求所有焊点圆滑、光亮、均匀，无虚焊、假焊、搭焊、连焊和漏焊，剪脚后的留头为1 mm左右适宜。焊接后的效果如图4-7所示。

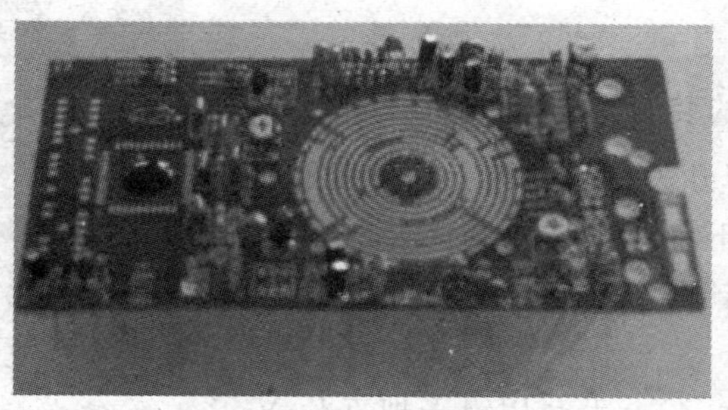

图4-7 焊接后的效果

任务4-7 DT-9205A万用表的总装

做一做

1. 液晶显示器的安装

液晶显示器的安装如图4-8所示。

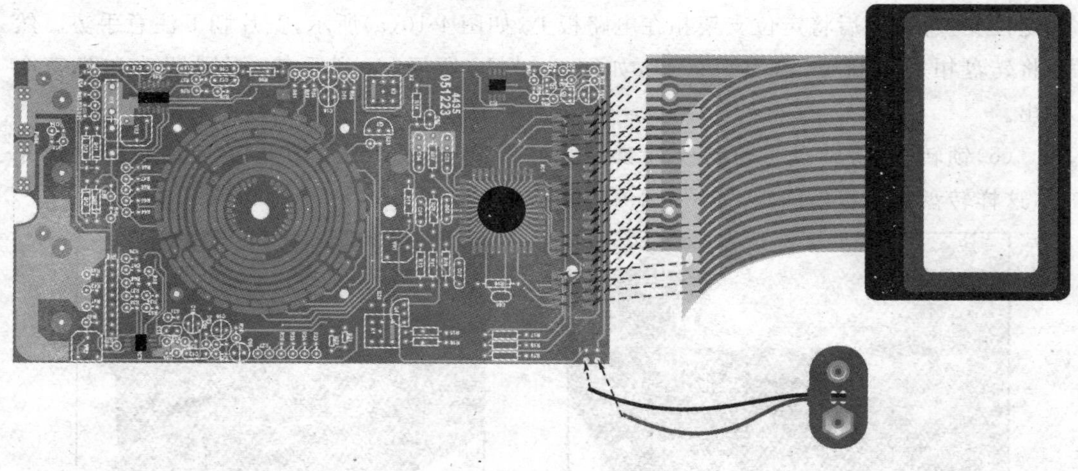

图4-8 液晶显示器的安装

(1)框架放正，支柱朝上，液晶白色面朝上，标志凸起朝右放在框架内。

(2)仔细观察，去掉两斑马条上的微尘颗粒、毛绒细丝后将胶条放入框架内与液晶相接触。

(3)先把2个M2螺母套入厚片孔中，放到一旁，印制板元器件面朝上。再将薄片放置在印制板上，从印制板下方反向穿入 2＊8 的螺丝然后在沟槽中放入导电胶条，导电胶条的导电部分（黑色）和印制板上的金属接触，液晶框架固定孔与液晶框架固定支柱一一对应，按下印制板，将液晶框架固定并将液晶压在印制板上，然后锁紧螺丝即可，如图 4-9 所示。

图 4-9　液晶显示器的安装

2. 功能选择开关的装配

(1)检查功能选择开关在印制板上的位置及带点胶条连接的位置是否干净，可用橡皮擦除处理。

(2)安装转盘圈螺母：直接把 4 个 M2 螺母套入装盘圈的相应位置。

(3)安装转盘触片，戴上手套用镊子把五片 V 形簧片装入刀盘定位槽内，注意安装顺序和位置，其位置为 1、3、12、14、16。装 V 形簧片时，要十分小心，不要使之变形，也不要损伤镀铜层，避免触点氧化。否则会造成接触不良，给整机调试带来困难。

(4)安装转盘(将转盘套入转盘圈中)：先将弹簧和钢珠安装到转盘圈凸起的小方块处，将已装好触片的转盘斜插入转盘圈中，在凸起的部分盖上压片。压片的作用是防止弹簧与印制板摩擦造成接触不良，防止弹簧弹出，装好转盘后转盘上的倒扣位于转盘圈上。

(5)装定位支架。将四颗 2 mm 螺母压入支架螺母孔内，将装好 V 形簧片的刀盘压入定位支架内，然后将定位支架扣在电路板上，如图 4-10(a)所示，簧片朝下注意手势。然后将转盘扣入印制板，需拿好转盘，如图 4-10(b)所示，注意手势，否则钢珠和弹簧会弹出。

(6)锁转盘：将转盘与印制板对准后用 4 个 2＊8 平头螺丝锁上，在锁时最好对角先锁，这样转盘比较容易固定，如图 4-10(c)所示。

(a)

(b)

图 4-10　DT-9205A 转盘安装

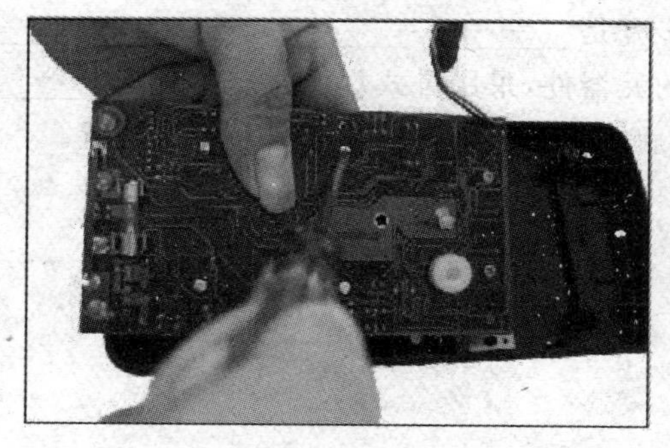

(c)

图 4-10　DT-9205A 转盘安装(续)

3. 液晶入前盖

将液晶总成装入前盖,锁上折叠弹片,摇动液晶,就可以选择观察液晶的角度了。

4. 安装旋钮

安装旋钮,先把 9 V 电池装上,打开开关,如果显示器上显示"1",就是处于电阻挡,那么将旋钮箭头竖标向上拨动;如果显示器显示"0",就是处于电容挡,那么将旋钮箭头竖标向下拨动。

5. 锁印制板

用 1 个 3*8 自攻螺丝锁住印制板,盖上后盖再用 3 个 3*12 自攻螺丝即可。安装螺丝时,注意不要拧得太紧,以免损坏塑料机壳。

想一想

(1)元器件的检测主要是采用________(外观/测量)质检法。主要检查元器件的型号、规则、供货单位和产品质量等是否符合技术文件要求。

(2)常用元器件的老化方法有________(通电/通磁)、________(高温/低温)、自然老化等。

(3)对民用产品的检测一般采用________________(抽样检测/100%的严格筛选),但对要求极高的军品、航空产品的检测则采用________________(抽样检测/100%的严格筛选)。

(4)元器件引脚的成形有利于提高产品的________________和生产效率,使印制板上安装的元器件整齐美观。在自动化焊接时可以避免元器件脱落、__________、减少元器件的热损坏、防变形,提高整机的__________性。

(5)绝缘导线的加工可分为________、________、________、________、________、印标记等六道工序。

(6)绝缘导线剥头的方法一般有__________法和__________法。

(7)元器件的引脚或绝缘导线的焊接处预焊(挂锡),其目的是________________。预焊的方法有两种,一种是在焊料槽中进行浸焊,另一种是用电烙铁手工预焊。

(8)屏蔽线的加工步骤是________、________、________、________和预焊。

(9)对于功率较大的元器件,采用卧式焊接时应使其________(紧贴/离开)印制板。

(10)整机装配完成后,商标、装饰件应贴在________位置。

读一读

【拓展知识】

1.装配工具

(1)螺丝刀

螺丝刀又称改锥或起子,主要用来紧固或拆卸螺丝。它包括一字形、十字形、内三角形、内六角形、外六角形等。常用的有一字形、十字形两类,并有自动、电动、风动等形式。

螺丝刀的型号通常用手柄以外的长度来表示,常用的有(单位为 mm):100、150、200、300 和 400,工程中有时也称尺寸。常用的十字形螺丝刀主要有四种槽口,型号分为 1 号、2 号、3 号、4 号型槽号,分别适用于直径为 2～4.5 mm、3～5 mm、5.5～8 mm、10～12 mm 的螺钉。

(2)无感应螺丝刀

无感应螺丝刀,一般用尼龙棒等材料制成,或用塑料压制而在顶部嵌有一块不锈钢片,如图4-11所示。它属于专用工具,一般用来调整高中频谐振回路、电感线圈、微调电容器、磁帽、磁芯等,防止人体感应信号干扰电路工作,造成感应误差。一般使用规则是,频率高时,选用由尼龙棒等材料制成的无感应螺丝刀;频率低时,选用由不锈钢材料制成的无感应螺丝刀。

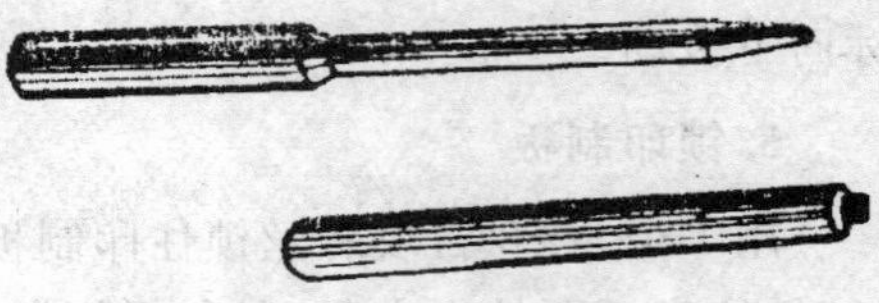

图 4-11 无感应螺丝刀

(3)钳子

钳子一般有钢丝钳、尖嘴钳和斜口钳三种。钳子的握柄分铁柄和绝缘柄两种,绝缘柄的钢丝钳可在有电情况下使用,工作电压一般在 500 V 以下。有的钳子的工作电压可达 5000 V。钳子的型号一般以全长表示,例如(单位为 mm):150、175 和 200 等。

(4)剥线钳

剥线钳的外形如图 4-12 所示。

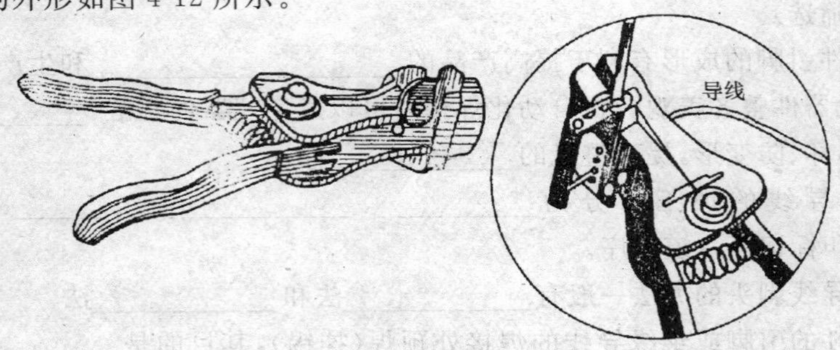

图 4-12 剥线钳

需要剥除电线端部绝缘层，如橡胶层、塑料层时，常选用剥线钳这一专用工具。其优点是剥线效率高，剥线长度准确，不损伤芯线。

值得注意的是：剥线钳口处各种不同直径的小孔，可剥不同线径的导线，使用时注意分清，以达到既能剥掉绝缘层又不损坏芯线的目的。一般剥线钳的手柄是绝缘的，因此可以带电操作，工作电压不允许超过 500 V。

(5)镊子

常用的镊子有钟表镊子和医用镊子两种。

镊子主要用来夹取小螺钉、小元器件、小块松香等细小物品；也可以用来夹持小块泡沫塑料或小团棉纱，蘸上汽油或酒精清洗焊接点上的污物等。

镊子的好坏判断：镊子要有弹性，即用很小的力就可使其合拢，手指松开后镊子能立刻恢复原状；镊子的尖端还要正好吻合，才好夹持小物品。

使用时，夹持较大的装配件时选用医用镊子；夹持细小物件时选用钟表镊子。

2. 装配设备

在大批量的电子装配中，经常要使用自动化设备，既可以提高工作效率，又可以保证产品的一致性。

(1)剪线机

剪线机主要用来剪切导线。它能自动核对并随时调整剪切长度，有的还可以按需要剥线头，即剥去引线的塑料绝缘层。

(2)剥头机

剥头机的作用是剥去导线端头的绝缘层，以便焊接或其他连接。

(3)搪锡机

搪锡机用于对元器件的引线、导线端头、焊片及接点等在焊接前预先挂锡。它有普通搪锡机和超声波搪锡机两种。

(4)插件机

插件机是指各类能在整机印制板上正确插装元器件的专用设备，使用它可以提高印制板的插装速度和插装质量，工作时通常由微处理器根据预先编好的程序，通过机械手和与其联动的机构，将规定的电子元器件插入印制板上的预制孔中并固定。

自动插件机一般每分钟能完成 100～200 件次的装插，最高可达 530 件次。自动插件机上还装有自动监测系统，以防误插或漏插等缺陷。

(5)超声波清洗机

超声波清洗机一般由超声波发生器、换能器、清洗槽三部分组成。主要用于清洗不便和难以清洗的零部件，如贴片印制板。其清洗原理是：当超声波的压力大于空气压力时，压力的迅速变化在液体中产生了许多充满气体或蒸汽的空穴，空穴最终破裂产生强大的冲击波，当这种冲击波大于污垢对基体金属的附着力时，就去除了污垢，达到了清洗的目的。

操作过程：在清洗槽内加入乙醇，将待洗零件浸入其中，启动超声波清洗机，一般 10～15 min就能清洗完毕。

4.3 DT-9205A万用表的调试

学习目标

◇ 能叙述DT-9205A万用表的调试方法。
◇ 能识读电子整机装配的调试工艺文件。
◇ 能理解数字万用表的标准。
◇ 能理解万用表的质量。
◇ 能解决调试中的简单问题。
◇ 能初步排除电子整机的装配故障。

工作任务

◇ 正确调试DT-9205A万用表。
◇ 解决调试中遇到的简单问题。
◇ 排除简单的故障。
◇ 检验万用表的质量。

读一读

整机装配过程中，检验是一项极为重要的工作，贯穿于产品生产的全过程。一般可分为装配前的元器件检验、生产中的装配检验和最后的整机检验。

任务4-8 DT-9205A万用表的调试步骤

做一做

不要插表笔，插入电池，按下电源开关，此时液晶显示屏应有数字或符号显示，如果任意一挡显示不正常，或有笔画缺少显示等情况，就说明导电橡胶接触不良，重装或用95%酒精溶液清洗。若显示正常，旋转功能选择开关至各个挡位，检测各挡初始显示是否正确，“—”号会出现或不停地闪动。

1. A/D转换器的调试

由于三位半数字万用表使用转换集成电路7106(或7107)组成基本量程为200 mV的表头。当显示正常时，通电后用四位半数字万用表(作为标准表)的200 mV挡测量集成电路7106的35脚和36脚之间的电压，调节VR1，使读数在99.95 mV到100.05 mV。也可用所装的DT-9205A万用表测量一个10 V的标准电压，调整VR1，使液晶显示屏的读数与已知标准电压一致。

2. 直流电压(DCV)挡的调试

准备一台可变直流电源，将电源设置在DCV挡中间值，若将所装的DT-9205A万用表功能选择开关置于2 V量程挡，则将电源的输出电压设置在1 V。所装的DT-9205A万用表开机后，将功能选择开关旋至DCV挡位，在输入插孔V/Ω及COM之间输入可变直流电源的输出电压，观察液晶显示屏所显示的数值，比较所装的DT-9205A万用表和已知标准表的读数。由于R61精度较高，一般差别较小，若差别较大，可调整R60解决。

3. 交流电压(ACV)挡的调试

在直流电压挡调整好时，已表示此表的基准电路已调整在200 mV的灵敏度上，对调整其他挡打下基础。

开机后将功能选择开关置于2 V交流电压量程挡，输入插孔V/Ω及COM之间送入1 V标准电压(此电压一般采用10 V以内的电压)，调整VR2，使液晶显示屏显示1.00(±0.01)。检查其余各交流挡位并与已知标准比较读数。当功能选择开关置于200 V及以上交流挡位，检测高电压时，要非常小心，以防触电。

4. 电容挡的调试

在电压挡包括直流电压(流)、交流电压(流)调整好的基础上再调整电容挡，否则电容器的测量值是不准确的。

开机后将功能选择开关置于200 nF电容挡位，将被测容量为0.1 μF的电容器(最好用金属纸介电容器，因它的电容/温度系数较小，在电容器电桥上可测出精确值)插入Cx位置，调整VR3，使液晶显示屏显示读数，然后检查其余各量程并与已知标准表比较读数。经过前面三组调试，电容器的测量已可保证在测量误差以内。

5. 直流电流(DCV)挡的调试

开机后，将功能选择开关置于2 mA电流挡位。当RA为10 kΩ时，电流应该为1 mA，跟已知标准表比较读数。对于大电流(20 A)的测量，需用大电流来校准，可利用对分流线(即粗锰铜丝)的加锡、剪切方法调试。

6. 电阻挡的调试

按每个电阻挡的1/2值测量电阻器，即在200 Ω电阻挡位测量100 kΩ电阻器，在2 kΩ挡位测量1 kΩ电阻器，以此类推，将读出的数值与标准表进行比较。

7. 二极管挡的调试

开机后，将功能选择开关置于二极管挡位，测量一个硅二极管的正向电压值，读数应为700 mV左右，反向测量时，液晶显示屏将出现溢出字符。

8. 晶体管hFE挡的调试

将功能选择开关置于hFE挡位，将小功率晶体管插入相应的NPN或PNP插座内，与已知标准表比较读数。

如果调试失败，重新检查A/D转换器并调试，或检查分压电阻器的阻值及焊接情况。

任务 4-9　DT-9205A 万用表的整机检验

做一做

DT-9205A 万用表的整机检验包括外观检验和性能检验。

(1)外观检验　外观检验的主要内容有:产品是否整洁,面板、机壳表面的涂敷层及装饰件、标志、铭牌等是否齐全,有无损伤;产品的各种连拨装置是否完好、是否符合规定的要求;产品的各种结构件是否与图纸相符,有无变形、开焊、断裂、锈斑现象;量程覆盖是否符合要求;转动机构是否灵活;控制开关是否操作正确、到位等。

(2)性能检验　经过整机调试后,检验整机工作的各项指标。

检验完成后,填写表 4-12 所示的 DT-9205A 万用表整机检验单。

表 4-12　　DT-9205A 万用表整机检验单

检验项目	检验结果	技术指标	检验建议	检验时间	检验人签名
外观检验	机壳表面				
	装饰件				
	标志				
	…				
性能检验	电源电压				
	灵敏度				
	显示亮度				
	…				
审核人		审核日期			

读一读

【拓展知识】

整机检验必须由厂属专门机构进行,其检验内容包括外观检验和性能检验。

整机检验及例行试验都应按国家颁发的有关技术标准来进行。性能检验用于确定产品是否达到国家或行业的技术标准。

性能检验包括一般条件下的整机电性能检验和极限条件下的各项指标检验。前者检查电子产品的各项指标是否符合设计要求;后者称为例行试验,例行试验用于考核产品的质量是否稳定可靠。操作时对产品常采用抽样检验,但对批量生产的新产品或有重大改进的老产品都必须进行例行试验。

例行试验一般只对主要指标进行测试,如安全性能测试、通用性能测试、使用性能测试等。

它的主要内容是对整机进行老化测试和环境试验,这样可以尽早发现电子产品中一些潜伏的故障，特别是可以发现一些共性故障，从而对其同类产品能够及早通过修改电路和工艺进行补救，有利于提高电子产品的耐用性和可靠性。一般的老化测试是对小部分电子产品进行长时间通电运行，并测量其平均无故障工作时间(MTBF)，分析总结这些电器的故障特点，找出它们的共性问题加以解决。

环境试验一般根据电子产品的工作环境而确定具体的试验内容，并按照国家规定的方法进行试验。环境试验一般只对小部分产品进行，常见的环境试验内容和方法如下：

(1)对供电电源适应能力试验　如使用交流220 V供电的电子产品，一般要求输入交流电压为220±22 V和频率为50±14 Hz，电子产品仍能正常工作的试验。

(2)温度试验　温度试验用于检查温度环境对电子产品的影响，确定产品在高温和低温条件下工作和储存的适应性，它包括高温和低温负荷试验、高温和低温储存试验。高温和低温负荷试验是将样品在不包装、不通电和正常工作位置状态下，把电子产品放入温度试验箱内，进行额定使用的上、下限工作温度的试验。

(3)振动和冲击试验　把电子产品紧固在专门的振动台和冲击台上进行单一频率(50 Hz)振动试验、可变频率(5～2000 Hz)振动试验和冲击试验，一般在一定频率范围内循环或进行非重复机械冲击，检验其主要技术指标是否仍符合要求。

(4)运输试验　运输试验是检查电子产品对包装、储存、运输等条件的适应能力。试验过程就是把电子产品捆在载重汽车上移动几十公里。

当然，对于不同的电子产品，进行哪些检验，应根据产品的用途与使用条件决定。具体的相关国家标准，种类多而齐全，感兴趣者可上网查询。

知识小结

⊙ 准备好DT-9205A数字万用表装配所需相关设计文件与工艺文件，并对工作过程有大致了解。

⊙ DT-9205A数字万用表能完成测量电阻器阻值、直流电压、交流电压、电容器容值，判断二极管、三极管极性和好坏，测量温度、频率，判断电路通断等项目，其精度较高。

⊙ 对待装配的元器件，要认真检验和筛选，剔除不合格的元器件。

⊙ 印制板的焊接需遵守焊接的技术要求，安装元器件、部件时应规范。

⊙ 万用表的调试主要有：A/D转换器、直流电压挡、交流电压挡、电容挡、直流电流挡、电阻挡、二极管挡和晶体管hFE挡的调试等。

⊙ 万用表的检验包括外观检验和性能检验。

思考与练习

1. 装配前应做哪些准备？

2. 画出DT-9205A数字万用表方框图。

3. 电路原理图有什么作用？

4. 印制电路板图在电子装配中起什么作用？

5. 装配数字万用表时要注意什么？

6. 装配分为哪几个阶段？

7. 装配前对零部件做哪些检验？

8. 如何安装转盘？

9. 装配液晶显示器时要注意哪些事项？

10. 如何进行 A/D 调试？

11. VR1、VR2、VR3 在调试中起什么作用？

12. 生产过程中检验什么？

13. 为什么要做整机检验？

项目5 TYL-1型太阳能充电器装配

表面贴装技术(Surface Mounting Technology,SMT)是伴随着无引脚或短引脚的片式元器件的出现,而发展起来并得到广泛应用的安装技术,是现代发展最快的制造技术,也是实现电子设备微型化和集成化的关键,是一门包括电子元器件、装配设备、焊接技术和辅助材料等内容的系统性综合技术。它改变了传统的印制电路板(PCB)通孔基板插装元器件方式(Through-hole Mounting Technology,THT),是在此基础之上发展起来的第四代焊装技术;它代表现代最有发展前途的组装方向,也是今后实现电子产品轻、小、多功能、高可靠性、低成本、高质量的主要途径。

学习目标

◇ 能理解 TYL-1 型太阳能充电器的基本工作原理、信号流程。
◇ 查找资料,理解某些特殊元器件的性能与用法。
◇ 能识读 TYL-1 型太阳能充电器的设计文件。
◇ 能编制 TYL-1 型太阳能充电器装配的工艺文件。
◇ 能进行 TYL-1 型太阳能充电器的焊接、装配。
◇ 能检验 TYL-1 型太阳能充电器的焊接、装配质量。
◇ 会 TYL-1 型太阳能充电器进行电气性能调试。

工作任务

◇ 准备 TYL-1 型太阳能充电器的设计文件。
◇ 编制 TYL-1 型太阳能充电器装配的工艺文件。
◇ 手工贴片焊接 TYL-1 型太阳能充电器。
◇ 装配、调试 TYL-1 型太阳能充电器。
◇ 撰写 TYL-1 型太阳能充电器的工艺报告(含工艺建议)。

5.1 TYL-1型太阳能充电器的工艺文件准备

学习目标

◇ 叙述 TYL-1 型太阳能充电器的简单工作过程。

◇ 能识读设计文件与整机装配的工艺文件。

◇ 能理解电子整机设计工艺文件。

◇ 能查找相关资料，认识特殊元器件。

工作任务

◇ 准备相关的设计文件。

◇ 读懂相关文件。

◇ 测试特殊元器件。

读一读

要装配好电子产品，准备好工艺文件是必不可少的。工艺文件主要有产品技术工艺文件和组织生产所需的工艺文件。前者是对产品性能、技术要求等以图形语言表达的一种方式，是指导工人操作、组织生产、确保产品质量、提高效益、安全生产的文件，也是技术人员与工人交流的工程语言。它包括的内容很广泛，涉及产品的所有资料，特别是一些常用工艺文件中的简图(如各种装配图)和表格，它说明产品加工和装配要求，如零件图、印制电路板图等和以图形符号为主绘制的图纸，用于描述电路的设计内容，如系统图、方框图、电路图、接线图等。

任务 5-1　准备方框图

做一做

TYL-1 型太阳能充电器方框图如图 5-1 所示。

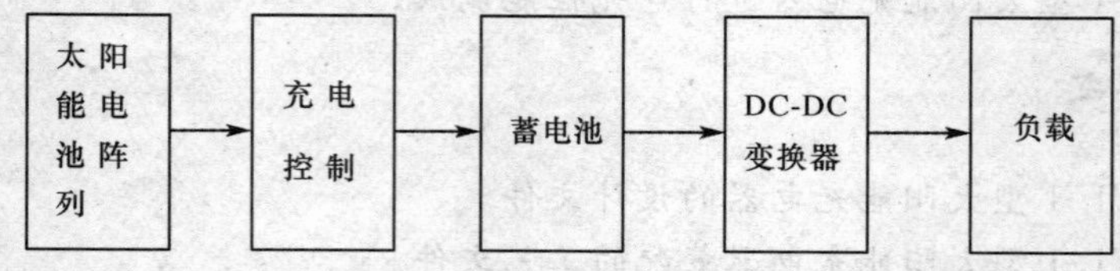

图 5-1　TYL-1 型太阳能充电器方框图

由图 5-1 可知，整个系统包含充电和供电两个主要环节。本系统可以用电源适配器或太阳能电池对内部蓄电池进行充电，控制电路可显示内部蓄电池的电量以及电源适配器的充电状态，电能存储于内部锂离子电池中，DC-DC 变换器将锂离子电池电压转换为负载所需的电压，通过输出口给负载充电或供电。

1. 准备电路原理图

TYL-1 型太阳能充电器的电路原理图如图 5-2 所示。

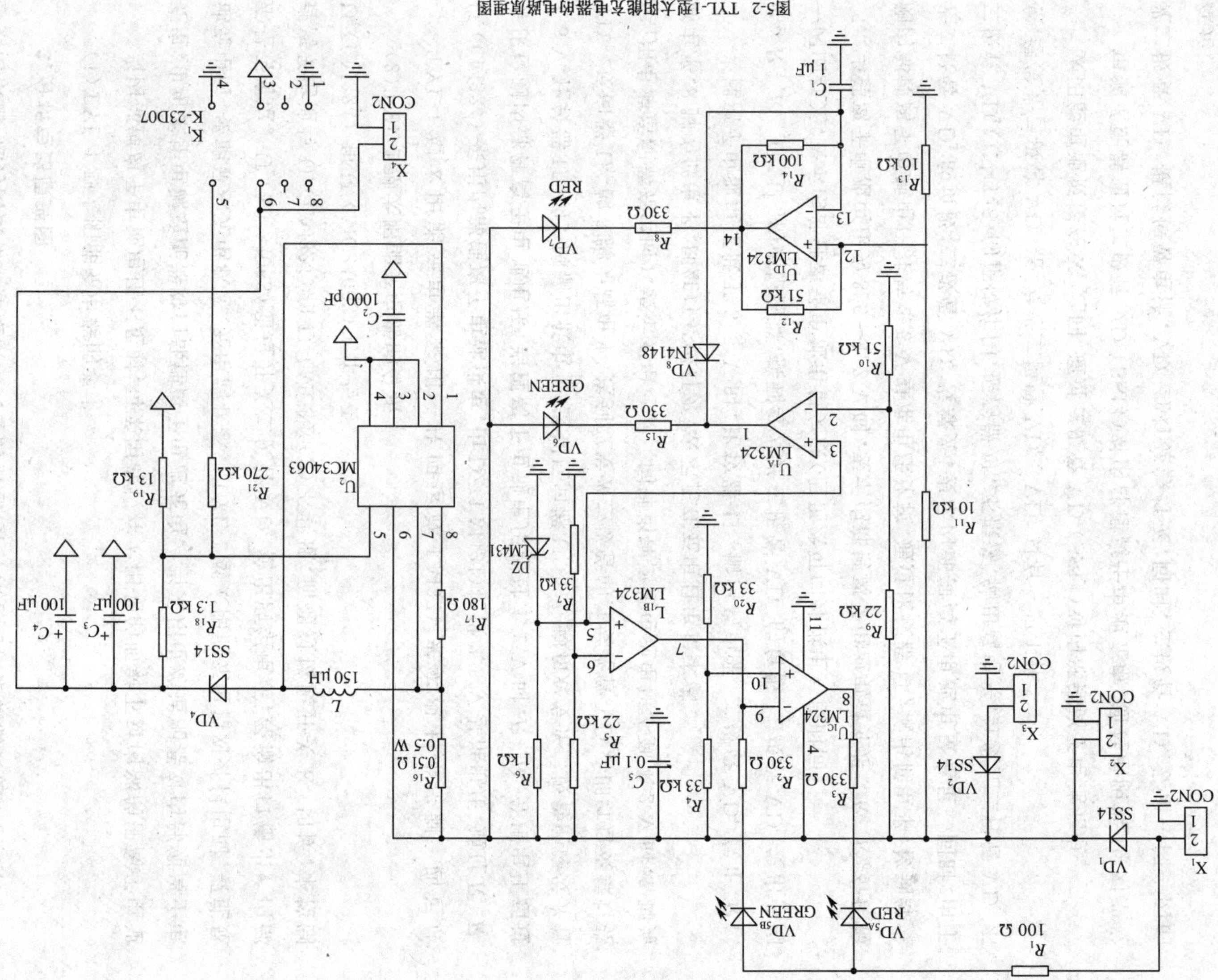

图5-2 TYL-1型太阳能充电器的电路原理图

由图 5-2 可以清楚地看出 TYL-1 型太阳能充电器的电路原理，它是分析和计算电路参数的依据，也为测试和维修提供了大量的信息，并可以它为依据编制其他工艺文件。

2. 分析电路原理图

(1)TYL-1 型太阳能充电器的要求

当内部锂离子电池电压不足时，可采用硅板在太阳光的照射下对内部的锂离子电池充电，也可采用电源适配器对内部锂离子电池充电。当采用电源适配器对内部锂离子电池充电时，要能显示充电状态、充电满状态。TYL-1 型太阳能充电器对外供电时，要能显示是否有电。U_2(MC34063)通过开关二极管 VD_4 输出两组电压，经输出口输出。内部锂离子电池与 U_1(LM324)和 U_2(MC34063)不共地，而通过拨段开关 K_1 切换，来控制 U_1(LM324) 和 U_2(MC34063)工作与否。

(2)TYL-1 型太阳能充电器的分析

TYL-1 型太阳能充电器采用一片四运放 LM324 来实现上述控制。四运放 U_1(LM324) 采用内部锂离子电池供电，由 DZ(LM431)提供 2.5 V 基准电压，通过 R_5、R_7 分压检测内部锂离子电池电压，当锂离子电池电压超过 4.2 V 时，R_5、R_6 分压电压超过 2.5 V，比较器 U_{1B}的 7 脚输出低电平，送到反向器 U_{1C}的 9 脚和双发光二极管的绿发光管 VD_{5B}，反向器 U_{1C}的 8 脚为高电平，送到双发光二极管的红发光管 VD_{5A}，即红灯灭绿灯亮(当用电源适配器充电时)，表示充电已满。同理当锂离子电池电压不到 4.2 V 时，7 脚为高电平，8 脚为低电平，即红灯亮绿灯灭，表示正在充电且电量未满。

当锂离子电池电压低于 3.5 V 时，比较器 U_{1A} 输出高电平，二极管 VD_3 截止，R_{11}、R_{12}、R_{13}、R_{14}、C_1、U_{1D} 构成振荡器，接到红发光二极管 VD_7 的负极，二极管 VD_7 发出一闪一闪的红光，表示内部锂离子电池电量欠缺(但仍然可向外供电一段时间)。

当锂离子电池电压为 3.5～4.2 V 时，表示内部锂离子电池电量充足。R_9、R_{10} 分压检测内部锂离子电池电压并与 2.5 V 基准电压比较，通过比较器 U_{1A} 输出低电平，接到绿发光二极管 VD_6 的负极，二极管 VD_6 发绿光，表示内部锂离子电池电量充足。同时，由于二极管 VD_3(1N4148)的箝位作用，振荡器 U_{1D}不振荡，输出高电平，红发光二极管 VD_7 不亮，绿发光二极管 VD_6 亮，发光二极管 VD_6、VD_7 只有一只工作。

太阳能电池板接在 X_3 之间，通过二极管 VD_2(SS14)对内部锂离子电池充电。

电源适配器通过二极管 VD_1(SS14)对内部锂离子电池充电，通过电阻器 R_1 对双发光二极管 VD_5 提供偏置电流，VD_5 红灯亮绿灯灭，同时，二极管 VD_7 发出一闪一闪的红光。

MC34063 组成的升压电路原理参见图 5-2，当芯片内开关管(VT_1)导通时，电源经取样电阻器 R_{16}、电感器 L、MC34063 的 1 脚和 2 脚接地，此时电感器 L 开始存储能量，而由

C_3、C_4 对负载提供能量。当 MC34063 的输出功率管 VT_1（1 脚为集电极、2 脚为发射极）接地断开时，电源和电感器同时给负载和电容器 C_3、C_4 提供能量。电感器在释放能量期间，由于其两端的电动势极性与电源极性相同，相当于两个电源串联，因而负载上得到的电压高于电源电压。开关管导通与关断的频率称为芯片的工作频率（即 3 脚的外接电容器 C_2 振荡频率）。只要此频率相对负载的时间常数足够高，负载上便可获得连续的直流电压。

电感器 L 为 150 μH 的贴片电感，开关二极管 VD_4 采用 SS14，电容器 C_3、C_4 采用 100 μF 钽电解电容器，通过拨段开关 K_1 切换，MC34063 通过开关二极管 VD_4 输出两组电压，经输出口输出。内部两节锂离子电池和 U_1(LM324)与 U_2(MC34063)不共地，而通过拨段开关 K_1 切换，来控制 U_2(MC34063)是否工作。

3. 准备配套材料明细表

表 5-1 是列出了 TYL-1 型太阳能充电器所需的材料名称、规格、数量和元器件代号的配套材料明细表。

表 5-1　　TYL-1 型太阳能充电器配套材料明细表

序号	规格		数量	元器件代号
1	电阻器	0805-100 Ω	1 只	R_1
2		0805-180 Ω	1 只	R_{17}
3		0805-330 Ω	4 只	R_2、R_3、R_8、R_{15}
4		0805-1 kΩ	1 只	R_6
5		0805-5.1 kΩ	1 只	R_{12}
6		0805-10 kΩ	2 只	R_{11}、R_{13}
7		0805-13 kΩ	1 只	R_{19}
8		0805-22 kΩ	2 只	R_5、R_9
9		0805-33 kΩ	2 只	R_4、R_7
10		0805-43 kΩ	1 只	R_{18}
11		0805-51 kΩ	1 只	R_{10}
12		0805-100 kΩ	1 只	R_{14}
13		0805-270 kΩ	1 只	R_{21}
14		RJ-0.5W-0.51Ω±1%	1 只	R_{16}
15	电容器	0805-1000 pF	1 只	C_2
16		0805-0.1 μF	1 只	C_5
17		1206-1 μF	1 只	C_1
18		100 μF	2 只	C_3、C_4
19	电感器 QDY-7850-100 μH		1 只	L

续表

序号	规格		数量	元器件代号
20	二极管	1N4148(1206)	1只	VD_3
21		SS14	2	VD_1、VD_2
22		LM431(SOT-23)	1只	VD_4
23		1206 发光二极管(绿)	1只	VD_6
24		1206 发光二极管(红)	1只	VD_7
25		1210 发光二极管(红、绿)	1只	VD_5
26	集成电路 LM324(SO-14)		1只	U_1
27	MC34063(SO-8)		1只	U_2
28	接插件 TJC3-2-直		4只	$X_1 \sim X_4$
29	SK-23D07G5		1只	K_1
30	2色 ASTVR0.14 聚氯乙烯绝缘软线		500 mm	
31	充电座		1只	
32	太阳能电池座			
33	锂离子电池			
34	印制电路板 NXY-DCDY-2		1只	电源板
35	6 V、200 mA、1.2 W 太阳能板		1只	
36	卡板		1只	
37	机箱		1只	

4. 准备装配图

对于各种零部件，为了保证在装配时能正确安装，一般都需绘制出简图。

(1)印制电路板图

如图 5-3、图 5-4 所示为 TYL-1 型太阳能充电器的印制电路板图。

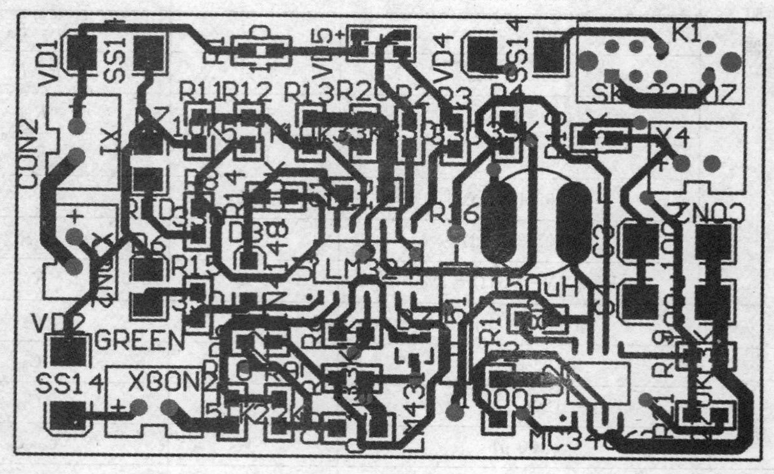

图 5-3 TYL-1 型太阳能充电器的印制电路板图(顶层)

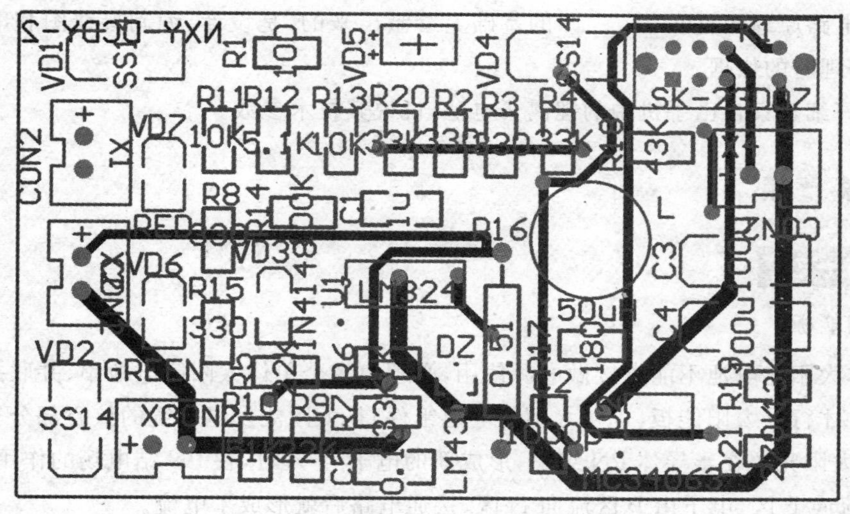

图 5-4 TYL-1 型太阳能充电器的印制电路板图(底层)

(2)装配图

如图 5-5 所示为 TYL-1 型太阳能充电器的装配图。

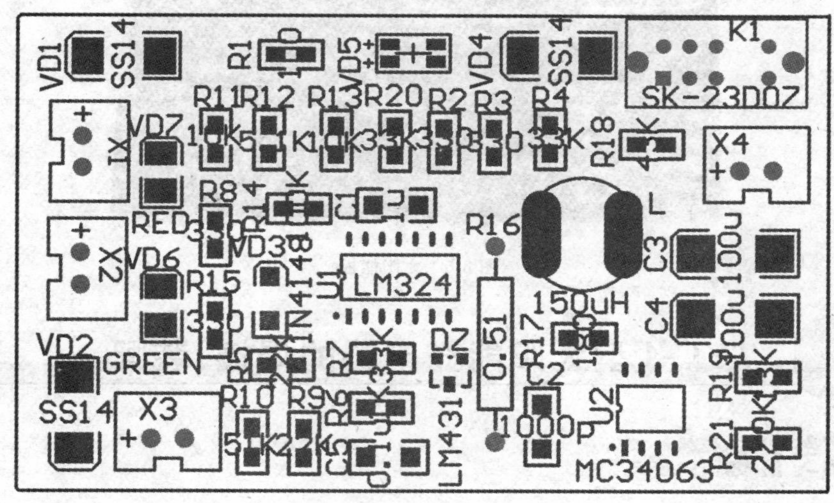

图 5-5 TYL-1 型太阳能充电器的装配图

5. 准备整机装配图

TYL-1 型太阳能充电器只是一个单元电路,故无单独的机箱,也就无整机装配图。

想一想

(1)查资料,了解常用太阳能充电器的型号以及输出电压。

(2)查资料,了解太阳能板的结构及工作原理。

(3)对于双面印制电路板图来说,顶层、底层皆有印刷导线,________层给出了元器件符号和文字,表示________位置。

(4)电路原理图是在________的基础上绘制出来的,是设计、编制接线图和电路分析及维护修理时的依据。

(5)仔细观察自己手机中的锂离子电池,说说其技术参数。

读一读

【拓展知识】

太阳能板

单体太阳能电池不能直接做电源使用,必须由多个单体太阳能电池串、并联并严密封装成组件才行。太阳能板(也叫太阳能电池组件)是太阳能发电系统的核心部分。其工作原理是:太阳光照在半导体PN结上,形成新的电子-空穴对,在PN结电场的作用下,空穴由N区流向P区,电子由P区流向N区,接通电路后就形成了电流。

太阳能板如图5-6所示。太阳能板可分为单晶硅太阳能板、多晶硅太阳能板、非晶硅太阳能板和多元化合物太阳能板,但多元化合物太阳能板尚未大规模生产。

图5-6　太阳能板

5.2　TYL-1型太阳能充电器的焊接、装配

学习目标

◇ 能识读电子整机装配的工艺文件。

◇ 能理解电子整机装配相关工艺。

◇ 能检验元器件的质量。

◇ 能进行电子整机装配。

◇ 能初步解决装配中的问题。

工作任务

◇ 对元器件进行处理。

◇ 装配TYL-1型太阳能充电器。

◇ 完成贴片焊接。

◇ 解决装配中的问题。

任务 5-2 元器件的检验

做一做

对买回的元器件，要认真地检验和筛选，剔除不合格的。通常采用的筛选方法是目测、抽检，对 SMT 集成电路进行检测时，重点检查包装是否完好，元器件上的字迹是否清晰，最后需通电方可检查出 SMT 集成电路的好坏。

用万用表的电阻挡检验元器件，并记录在表 5-2 中。

表 5-2 TYL-1 型太阳能充电器部分元器件的检验

元器件名称	阻 值	结 果	元器件名称	阻 值	结 果
电阻器 $R_1 \sim R_{21}$			电容器 $C_1 \sim C_5$		
二极管 $VD_1 \sim VD_4$			接插件 K_1		
发光二极管 $VD_5 \sim VD_7$			集成电路 LM324	——	
电感器 L			集成电路 MC34063	——	

元器件在包装、存放、运输过程中可能会出现各种变质和损坏的情况，因此在装配前要按产品的技术文件进行外观检验。

①表面检验　元器件表面有无损伤、氧化、变形，几何尺寸是否符合要求，型号规格是否与装配图相符。

②抽查检验　检查元器件的性能，是否达到工艺文件的要求。

③老化检验　在检验合格的产品中，对元器件的寿命做老化检验，如晶体管、集成电路等需做温度和功率老化试验。

经上述检验后，填写表 5-3 所示的 TYL-1 型太阳能充电器元器件检测报告。

表 5-3 TYL-1 型太阳能充电器元器件检测报告

检验项目	元器件名称与标号	检验结果	检验建议	检验时间	检验人签名
表面检验					
抽查检验					
老化检验					
审核人：			审核日期：		

任务 5-3 印制电路板的焊接

读一读

(1)电阻器、电容器和二极管的焊接

①将印制电路板上对应的阻容元件找出来，上稍许焊锡。

②用针状物点胶到印制电路板元器件贴装的位置上。

③用镊子借助放大镜仔细将片式元器件放到设定的位置上。

注意:由于片式元器件尺寸小,特别是窄间距 QFP 引线很细,夹持时用力要适当,以防造成元器件损伤。

④用真空吸笔来拾取或贴装元器件,真空吸笔有助于元器件的转向,使用非常方便。

⑤通过加热或紫外线照射进行固化黏合。

⑥焊接:采用电烙铁或恒温式电烙铁,焊接的技术要求比普通印制板要高,尤其是焊接时间、温度、焊锡量的掌握要适当。

在手工贴装元器件时,还应注意下面几点:

①在将元器件贴放到助焊膏而不是黏合剂上时,贴放的准确度更为关键,因为如果贴放不准确,可能使助焊膏玷污焊盘,从而引起搭接问题。

②不要使用可能损坏元器件的镊子或其他工具来拾取元器件。

③夹持元器件时,应夹持元器件的外壳,而不要夹住它们的引脚或端接头。

④夹元器件的镊子不要粘上黏合剂或助焊膏,在元器件贴放期间,镊子可能与黏合剂或助焊膏接触,故要注意用酒精或氟利昂清洗镊子。

⑤烙铁头要光洁、平整,不能有缺损,尖端要细,焊料要选择直径为 0.5～0.8 mm 的活性焊锡丝。

一般情况下,也可以采用如图 5-7 所示的步骤。

①在焊接电阻器、电容器一类元器件的时候,一般在印制板的其中一个焊盘上加一点焊锡。

②用烙铁头熔化焊盘上的焊锡,同时另一只手用镊子把被焊元器件推到焊盘上,用焊锡固定住。

③最后把元器件的两端都仔细地焊接好。

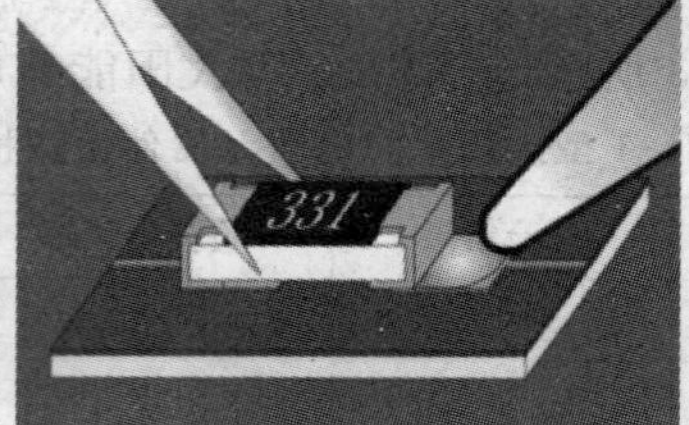

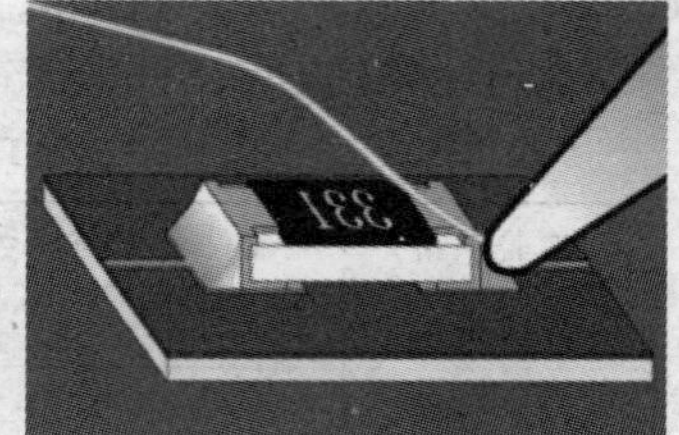

图 5-7　手工贴装元器件的步骤

(2)贴装 SO、SOL、QFP 型集成电路

贴装 SO、SOL、QFP 型集成电路时,要保证把芯片定位准确、焊接速度快。

与焊接 SMT 分立元器件不同,在焊接 SMT 集成电路时,用带有焊锡的烙铁头沿着芯片的周边以较快的速度划过芯片的带有助焊剂的各引脚,就可焊接好它。如果焊接时间偏长,助焊剂过度挥发,就可能产生电极间连焊短路现象,这时可以用吸锡带把多余的焊料吸走,再涂一点助焊剂,然后用电烙铁把这点修补好。

①清洁和固定 PCB(印刷电路板)

在焊接前应对要焊的 PCB 进行检查,确保其干净。对其上面的表面油性的手印以及氧化物之类的物质要进行清除，从而不影响上锡。手工焊接PCB时，如果条件允许，可以用焊台之类的将PCB固定好从而方便焊接，一般情况下用手固定即可，值得注意的是需避免手指接触PCB上的焊盘以免影响上锡。

②固定贴片元件

贴片元件的固定是非常重要的。对SO、SOL、QFP型集成电路来说，单脚固定是难以将芯片固定好的，这时就需要多脚固定，一般可以采用对脚固定的方法，如图5-9所示。需要注意的是，引脚多且密集的贴片芯片，精准地使引脚对齐焊盘尤其重要，应仔细检查核对，因为焊接的好坏都是由这个前提决定的。

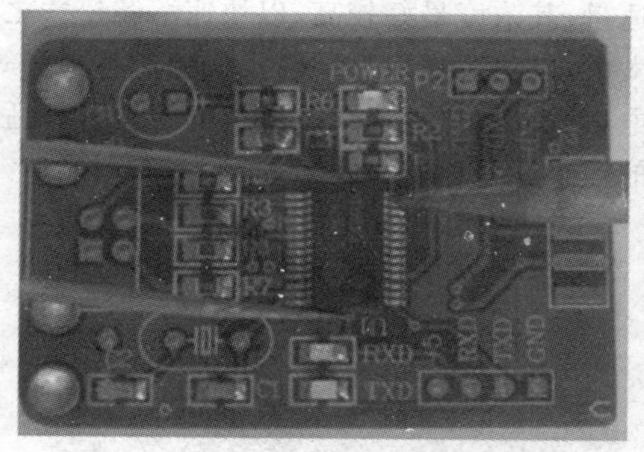

图5-8　固定贴片元件

③拖焊焊接

元器件固定好之后，应对剩下的引脚进行拖焊焊接，即将一侧的引脚上足锡然后利用电烙铁将焊锡熔化，然后往该侧剩余的引脚上抹去，如图5-9所示。因为集成电路的引脚很细，其热容量也很小，所以当烙铁头在引脚上划过时，在助焊剂的作用下，焊料能很好地浸润焊盘。

④清除多余焊锡

拖焊焊接容易造成引脚短路现象。一般而言，可以用吸锡带将多余的焊锡吸掉。吸锡带的使用方法很简单，向吸锡带加入适量助焊剂(如松香)然后使其紧贴焊盘，将干净的烙铁头放在吸锡带上，待吸锡带被加热到将吸附在焊盘上的焊锡熔化后，慢慢地从焊盘的一端向另一端轻压拖拉，焊锡即被吸入带中。应当注意的是，吸锡结束后，应将烙铁头与吸上了锡的吸锡带同时撤离焊盘，此时如果吸锡带粘在焊盘上，千万不要用力拉吸锡带，而是再向吸锡带上加助焊剂或重新用烙铁头加热后再轻拉吸锡带使其顺利脱离焊盘，同时要防止烫坏周围元器件，如图5-10所示。另外，也可用电铬铁将短路的引脚一一焊开，但要注意时间不能太长，否则会损坏焊盘。

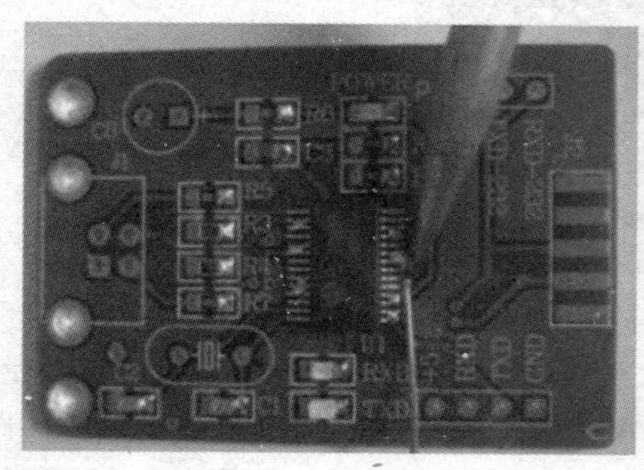

图5-9　拖焊焊接

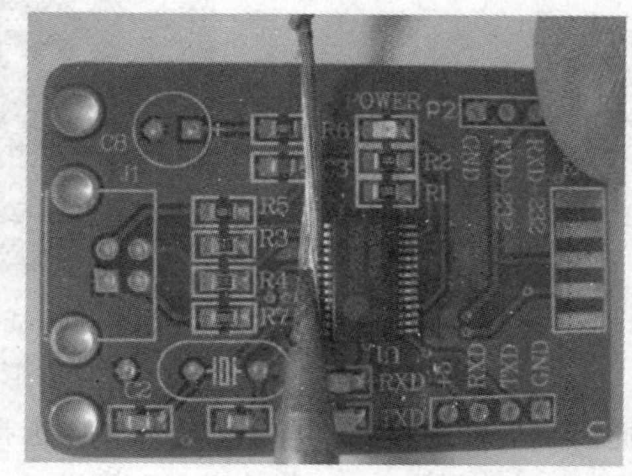

图5-10　清除多余焊锡

⑤清洗焊接的点

完成焊接和清除多余的焊锡之后，芯片基本上就算焊接好了。但是由于使用松香助焊剂和吸锡带吸锡的缘故，板上芯片引脚的周围残留了一些松香。虽然并不影响芯片工作和正常使用，但不美观，而且有可能造成检查时不方便。因此有必要对这些残余物进行清理。常用的清理方法：可以用洗板水或酒精溶液清洗，清洗工具可以用棉签，也可以用镊子夹着卫生纸之类的材料进行，如图 5-11 所示。清洗擦除时应该注意的是酒精溶液要适量，其浓度最好较高，以快速溶解松香之类的残留物。其次，擦除的力道要控制好，不能太大，以免擦伤阻焊层以及伤到芯片引脚等。清洗后的效果如图 5-12 所示。此时可以用电烙铁或者热风枪对擦洗过的位置进行适当加热以让残余清洗液快速挥发。至此，芯片的焊接就结束了。

图 5-11　焊点清洗

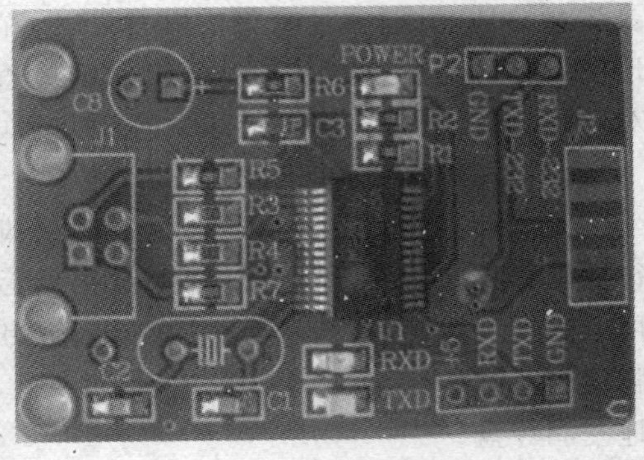

图 5-12　清洗后的效果

读一读

【拓展知识】

随着芯片集成度的迅速提高，BGA 封装是 20 世纪 90 年代后期发展起来的重要封装形式，芯片的四周无引脚，芯片底部排列着许多小锡球，如图 5-13 所示。

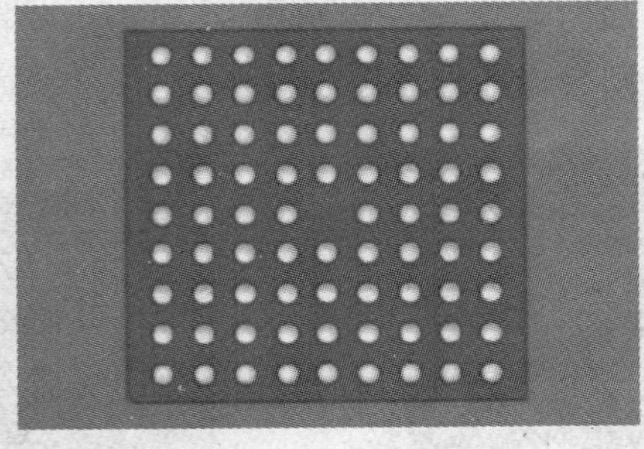

图 5-13　贴片式集成电路的 BGA 封装形式

与 QFP 封装形式相比，BGA 封装形式是大规模集成电路提高输入、输出端子数量，提高装配密度，改善电气性能的最佳选择。BGA 封装形式的最大优点是电极引脚间距大，典型间距为 0.04 英寸、0.05 英寸、0.06 英寸，约合 1.02 毫米、1.27 毫米、1.52 毫米，这使芯片的贴装操作降低了对精度的要求，减少了焊接缺陷。BGA 封装形式能够显著减小芯片封装的表面积。

1. BGA 的贴装

(1)植锡操作

①准备工作　在 BGA 表面加上适量的助焊膏,用刀头烙铁将 IC 上的残留焊锡去除(注意最好不要使用吸锡带去吸,因为对于那些软封装的 IC,如果用吸锡带去吸的话,会造成 IC 的引脚缩进褐色的软皮里面,造成上锡困难),如图 5-14 所示,然后用天那水洗净。

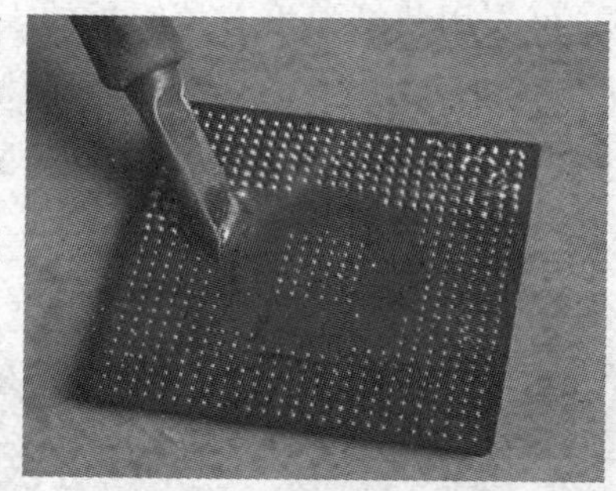

图 5-14　清洁 BGA 表面

②IC 的固定　市面上有许多植锡的套件工具,它们都配有一种用铝合金制成的用来固定 IC 的底座。这种座其实并不好用:一是操作很麻烦,要使用夹具固定,如果固定不牢吹焊时植锡板一动就功亏一篑;二是把 IC 放在底座上吹时,需要连大块的铝合金底座都吹热了,IC 上的锡浆才能熔化成球。其实固定的方法很简单,只要将 IC 对准植锡板的孔(注意如果使用的是那种一边大孔一边小孔的植锡板的话,大孔一边应该朝 IC),反面用标签纸贴牢即可,不用担心植锡板移动。对于操作熟练的维修人员,可以连贴纸都不用,IC 对准后植锡板的孔后用手或镊子按牢不动,如图 5-15 所示。

③上锡浆　如果锡浆太稀,吹焊时就容易沸腾导致成球困难,因此锡浆越干越好,只要不是干得发硬成块即可。如果太稀,可用餐巾纸吸干。通常的做法是挑一些锡浆放在锡浆瓶的内盖上,让它自然晾干一点。

用平口刀挑适量锡浆到植锡板上,用力往下刮,边刮边压,使锡浆均匀地填充于植锡板的小孔中,如图 5-16 所示。要特别“关照”一下 IC 四角的小孔。上锡浆时关键在于要压紧植锡板,如果不压紧植锡板,易造成植锡板与 IC 之间存在空隙,空隙中的锡浆将会影响锡球的生成。

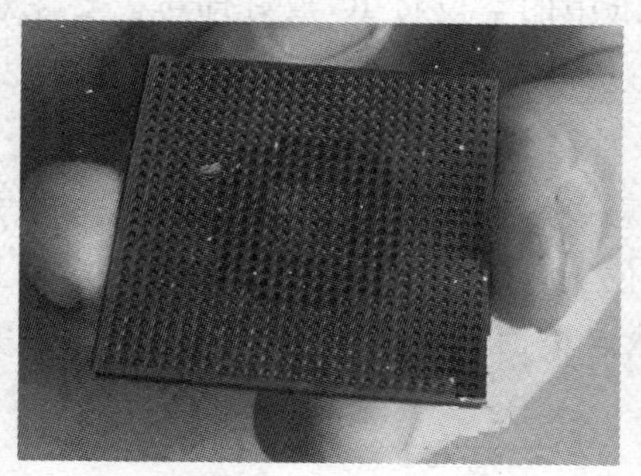

图 5-15　BGA 与植锡板固定

图 5-16　BGA 植锡球

④吹焊成球　将热风枪的风嘴去掉,将风量调至最大,将温度调至 330 ℃左右。摇晃风嘴对着植锡板缓缓均匀加热,使锡浆慢慢熔化。当看见植锡板的个别小孔中已有锡球生成时,说明温度已经适当,这时应当抬高热风枪的风嘴,避免温度继续上升。过高的温

度会使锡浆剧烈沸腾，造成植锡失败；严重的还会使 IC 过热损坏。

⑤大小调整　如果吹焊成球后，发现有些锡球大小不均匀，甚至有个别引脚没植上锡，可先用裁纸刀沿着植锡板的表面将过大锡球的露出部分削平，再用刮刀将锡球过小和缺脚的小孔中上满锡浆，然后用热风枪再吹一次。如果锡球大小还不均匀的话，可重复上述操作直至理想状态，如图 5-17 所示。

(2)清洁焊盘

用刀头铬铁清洁 BGA 焊盘，如图 5-18 所示。

图 5-17　清洁 BGA 表面

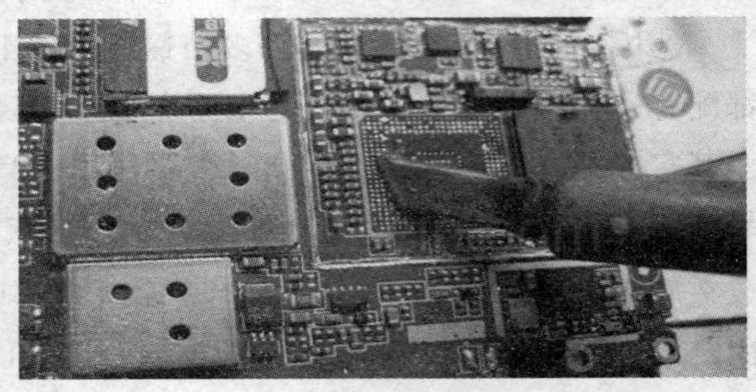

图 5-18　清洁 BGA 焊盘

(3)IC 的定位与安装

先将 BGA 有引脚的那一面涂上适量助焊膏，用热风枪轻轻吹一吹，使助焊膏均匀分布于 BGA 的表面，为焊接做准备。若印制板上印有 BGA 的定位框，就很容易定位。印制板上没有定位框时，可用以下方法定位：

①画线定位法　在 BGA 的周围画好线，记住方向，做好标记。这种方法的优点是准确方便，缺点是用笔画的线容易被清洗掉，用针头画线如果力度掌握不好，容易伤及印制板。

②贴纸定位法　在 BGA 的四边用标签纸在印制板上贴好，纸的边缘与 BGA 的边缘对齐，用镊子压实粘牢。焊接时，只要对着几张标签纸中的空位将 IC 放好即可。要注意选用质量较好、黏性较强的标签纸来贴，这样在吹焊过程中不易脱落。也可使用橡皮泥、石膏粉等材料粘到印制板上做记号，还可自制金属夹具对 BGA 进行定位。

③目测法　安装 BGA 时，先将 IC 竖起来，这时就可以同时看见 IC 和印制板上的引脚，先横向比较一下焊接位置，再纵向比较一下焊接位置。记住 IC 的边缘在纵横方向上与印制板上的哪条线路重合或与哪个元器件平行，然后根据目测的结果按照参照物来安装 IC。

(4)BGA 的焊接

BGA 定好位后，就可以焊接了。和植锡球时一样，把热风枪的风嘴去掉，调节至合适的风量（2～3 挡）和温度（350 ℃左右），让风吹 IC 的一角，缓慢加热，将其固定，如图5-19 所示。当看到 IC 往下一沉且四周有助焊膏溢出时，说明锡球已和印制板上的焊点融合在一起。这时可以轻轻晃动热风枪使加热均匀充分，如图 5-20 所示。由于表面张力的作用，BGA 与印制板的焊点之间会自动对准定位，注意在加热过程中切勿用力按压 BGA，以防焊锡外溢，造成脱脚和短路。

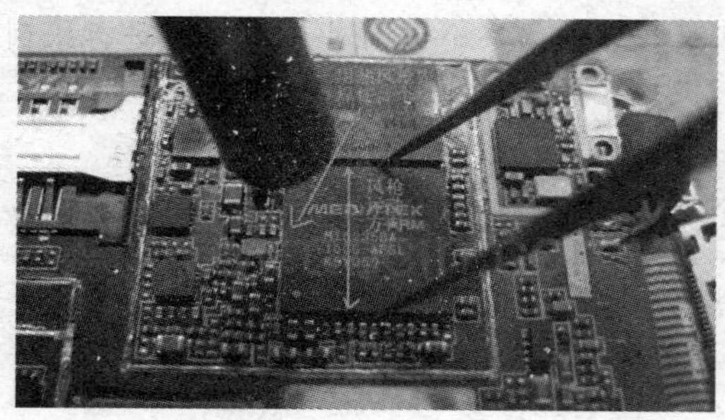

图 5-19　BGA 的加热和固定

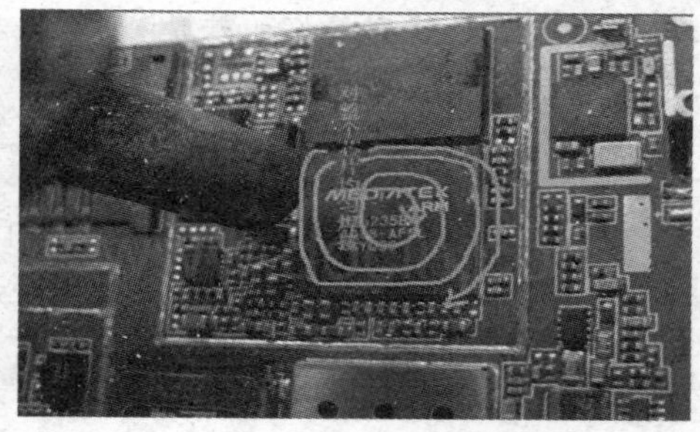

图 5-20　BGA 的均匀加热

2. BGA 的拆焊

拆卸 BGA 可以看作焊接 BGA 的逆向过程。所不同的是，先用热风枪加热 BGA 上的锡球，锡球分为无铅和有铅两种，有铅的锡球熔点在 183 ℃～220 ℃，无铅的锡球熔点在 235 ℃～245 ℃，肉眼可见焊锡颗粒开始熔化时，要用真空吸笔将 BGA 吸走，之所以不用其他工具，比如镊子，是因为要避免因为用力过大损坏焊盘。将取下 BGA 的 PCB 趁热进行除锡操作(将焊盘上的锡除去)，除锡采用吸锡带，操作过程中不要用力过大，以免损坏焊盘，保证 PCB 上的焊盘平整。

3. 重焊 BAG 的处理

要把 BGA 上多余的锡渣除去，要求是使 BGA 表面光滑，无任何毛刺(锡形成的)。

第 1 步——涂抹助焊膏(剂)

把 BGA 放在导电垫上，在 BGA 表面涂抹少量的助焊膏(剂)。

第 2 步——除去锡球

用吸锡带和电烙铁从 BGA 上移除锡球。在助焊膏上放置吸锡带，把电烙铁放在吸锡带上，让电烙铁加热吸锡带并且熔化锡球。

注意：不要将烙铁头压在 BGA 表面上。过多的压力会让表面产生裂缝或刮掉焊盘。为了达到最好的效果，最好用吸锡带一次就通过 BGA 表面。少量的助焊膏留在焊盘上会使植球更容易。

第 3 步——清洗

立即用酒精溶液(或洗板水)清理 BGA 表面，在这个时候及时清理能使残留的助焊膏更容易除去。利用摩擦运动除去 BGA 表面的助焊膏，保持移动清洗。清洗的时候总是从边缘开始，不要忘了角落。清洗每一个 BGA 时都要用干净的溶剂。

第 4 步——检查

建议在显微镜下进行检查。观察干净的焊盘、损坏的焊盘及没有移除的锡球。

注意：由于助焊剂具有腐蚀性，如果没有立即进行植球要进行额外清洗。

第 5 步——过量清洗

用去离子水和毛刷在 BGA 表面用力擦洗。

注意:为了达到最好的清洗效果,用毛刷从封装表面的一个方向朝一个角落进行来回洗,循环擦洗。

第 6 步——冲洗

用去离子水和毛刷在 BGA 表面进行冲洗。这有助于残留的助焊膏从 BGA 表面移除。使 BGA 在空气中风干,再用显微镜反复检查 BGA 表面。

想一想

(1)表面安装元器件有哪些显著特点?

(2)查资料,写出下列 SMC 元器件的长和宽(mm):1206,0805,0603,0402。

(3)说明 SMC 元器件 3216C、3216R 的含义。

(4)查资料,片式元器件有哪些封装形式?

(5)芯片宽度为 0.25 英寸(6.35 毫米),电极引脚数目在 20 脚以上的叫作__________封装。

(6)简述贴装 SO、SOL、QFP 型集成电路的步骤。

(7)从网上视频观看 BGA 的焊接过程。

做一做

印制板的焊接除需遵守焊接的技术要求,还需根据不同的电子产品所设计的工艺文件要求进行。TYL-1 型太阳能充电器印制板的焊接需遵守工艺文件所给出的工艺要求。

电阻器 $R_1 \sim R_{16}$、C_1、C_2、C_5 与二极管 $VD_1 \sim VD_7$ 采用水平安装,方向尽可能一致。焊接时可以先在一个焊点上上锡,然后放上元器件的一端,用镊子夹住元器件,焊上一端之后,再看看是否放正了;如果已放正,就再焊上另外一端。如果引脚很细可以先对引脚上锡,然后用镊子夹好元器件,在桌边轻磕,去除多余焊锡,电烙铁不用上锡,直接焊接。

在焊接集成电路之前先在 PCB 焊盘上涂助焊剂,用电烙铁处理一遍,以免焊盘镀锡不良或被氧化,造成不好焊,芯片则一般不需处理。用镊子小心地将 QFP 芯片放到 PCB 上,注意不要损坏引脚,使其与焊盘对齐,要保证芯片的放置方向正确。把电烙铁的温度调到三百多摄氏度,将烙铁头沾上少量焊锡,用工具向下按住已对准位置的芯片,在两个对角位置的引脚上加少量的焊锡,仍然向下按住芯片,焊接两个对角位置上的引脚,使芯片固定而不能移动。在焊完对角后重新检查芯片的位置是否对准。如有必要可进行调整或拆除并重新在 PCB 上对准位置。开始焊接所有的引脚时,应在烙铁头上加上焊锡,将所有的引脚涂上焊锡使引脚保持湿润。用烙铁头接触芯片每个引脚的末端,直到看见焊锡流入引脚。在焊接时要保持烙铁头与被焊引脚平行,防止因焊锡过量发生搭接。

焊接结束后,应对焊点进行检查,要求:

(1)焊点成内弧形。

(2)焊点整体要饱满、光滑、无针孔、无松香渍。

(3)如果有引线、引脚,它们的露出长度要在1～1.2 mm。

(4)零件引脚外部可见锡的流散性好。

(5)焊锡将整个上锡位置及零件引脚包围。

不符合标准的焊点,被认为是不合格的焊点,需要进行二次处理,主要表现在:

(1)虚焊:看似焊牢其实没有焊牢,主要原因是焊盘和引脚脏,助焊剂不足或加热时间不够。

(2)短路:有脚零件在脚与脚之间被多余的焊锡连接而短路,亦包括残余锡渣使脚与脚短路。

(3)偏位:由于元器件在焊前定位不准,或在焊接时造成失误导致引脚不在规定的焊盘区域内。

(4)少锡:锡点太薄,不能将零件铜皮充分覆盖,影响连接固定作用。

(5)多锡:零件脚完全被锡覆盖,即形成外弧形,使零件外形及焊盘位不能被看到,不能确定零件及焊盘是否上锡良好。

(6)锡球、锡渣:PCB表面附着多余的焊锡球、锡渣,会导致细小引脚短路。

插拔式接插件的焊接:

拨动开关、接插件底座与印制板紧贴,要求焊接美观、均匀、端正、整齐、高低有序,焊接要牢固可靠,有一定的插拔强度。焊接插拔式接插件的接头时,接头上有焊接孔的需将导线插入焊接孔中焊接,多股导线焊接时要捻头,焊锡要适中,焊接处要加套管。

任务5-4 TYL-1型太阳能充电器的装配

做一做

1. 印制板的装配

印制板安装要平稳,螺丝紧固要适中。

印制板离机壳要有10 mm左右的距离,不可紧贴机壳,以免变形、开裂,影响电气性能。

2. 生产过程中的检验

检验合格的元器件在整机装配的各道工序中,可能因操作人员的技能水平、质量意识及装配工艺、工装条件等因素的影响,使装配后的部件、整机不符合质量要求。因此必须对生产过程中的各道工序进行检验,并建立起操作人员自检、生产班组互检和专业人员抽检的三级检验制度。

(1)操作人员自检　操作人员每完成一道工序的一步,都必须对自己所做的工序认真检查,如果发现质量问题,应及时向技术人员反应,向主管部门汇报,及时查找原因,找出解决的方法。

(2)相互检查(生产班组互检)　生产班组作为一道或几道工序的集体,要经常组织成员对每位职工所完成的每一道工序进行检查，相互监督，发现问题及时报告。

(3)专业人员抽查(教师抽检)　专业人员(检验人员)的职责就是检验，要对每一道工序进行严格的监控，经常进行抽检，对某些重点工序，或出现过质量问题的工序，要采用普检方式。

检验后，填写表5-4所示的TYL-1型太阳能充电器生产过程工序检验单，以便技术人员进行分析与统计，改进技术、调整工艺。

表5-4　TYL-1型太阳能充电器生产过程工序检验单

检验工序	检验结果	检验建议	检验时间	检验人签名
阻容元件				
二极管				
集成电路				
接插件				
…				
审核人			审核日期	

3. 总装

(1)充电座、太阳能电池座的安装：要求安装到位，松紧合适。

(2)太阳能电池板的安装：将太阳能电池板卡入太阳能电池板槽中，卡板卡到位。

(3)锂离子电池的安装：将锂离子电池装入电池夹中，注意电极安装方向。

(4)机壳的安装：由于TYL-1型太阳能充电器采用的是通用型机箱，装配相对简单，只需将面板直接插到机箱的导轨就行了。

(5)装配完毕，安装机箱的螺丝，注意不要拧得太紧，以免损坏塑料机壳。

想一想

(1)贴片元件的检测主要是采用________(外观/测量)质检法。

(2)焊接贴片电阻时，应如何进行？

(3)焊接贴片元件时，如何处理焊盘？

(4)安装锂离子电池时，主要考虑电极的________。

任务5-5　TYL-1型太阳能充电器的检验

做一做

1. 单元检验

(1)技术指标

①可用适配器对内部锂离子电池充电。

②可采用硅板在太阳光的照射下对内部锂离子电池充电。

③当采用电源适配器对内部锂离子电池充电时，要能显示充电状态（红灯亮）、充电满状态（绿灯亮）。

④当 TYL-1 型太阳能充电器对外供电时，要能显示是否有电（电足绿灯亮，欠电红灯闪烁）。

⑤两组电源电压输出：5.5 V(250 mA)/6.2 V(200 mA)。

(2)测量关键点电压

①用太阳能电池对内部锂离子电池（X2 口）充电时，当 VD_5 红灯亮绿灯灭（表示锂离子电池已充满）和绿灯亮红灯灭（表示锂离子电池未充满）时，用万用表测量 TYL-1 型太阳能充电器的集成电路 LM324、MC34063 各引脚工作电压，并分别填入表 5-5、表 5-6 中。

表 5-5　　LM324 各引脚工作电压一

引脚	电压		引脚	电压	
	VD_5 红灯亮绿灯灭	VD_5 绿灯亮红灯灭		VD_5 红灯亮绿灯灭	VD_5 绿灯亮红灯灭
1			5		
2			6		
3			7		
4			8		

表 5-6　　MC34063 各引脚工作电压一

引脚	电压		引脚	电压	
	VD_5 红灯亮绿灯灭	VD_5 绿灯亮红灯灭		VD_5 红灯亮绿灯灭	VD_5 绿灯亮红灯灭
1			5		
2			6		
3			7		
4			8		

②拔动开关 K_1，用太阳能电池对外部锂离子电池（X4 口）充电时，用万用表测量 TYL-1 型太阳能充电器的集成电路 LM324、MC34063 各引脚工作电压，并分别填入表 5-7、表 5-8 中。同时，测量输出端口 X4 的电压是________V，输出电流是________mA。

表 5-7　　LM324 各引脚工作电压二

引脚	电压		引脚	电压	
	VD_5 红灯亮绿灯灭	VD_5 绿灯亮红灯灭		VD_5 红灯亮绿灯灭	VD_5 绿灯亮红灯灭
1			5		
2			6		
3			7		
4			8		

表 5-8　　MC34063 各引脚工作电压二

引脚	电压		引脚	电压	
	VD_5 红灯亮绿灯灭	VD_5 绿灯亮红灯灭		VD_5 红灯亮绿灯灭	VD_5 绿灯亮红灯灭
1			5		
2			6		
3			7		
4			8		

(3)输出端口(X1)电压、电流测试

● 测试设备

直流稳压电源(如 HG6333)　1 台

20 MHz 示波器(如 HG2020)　1 台

数字万用表(如 BT9013)　1 只

低频毫伏表(如 DF1930)　1 台

200 Ω/1.5 A 滑线电阻器　1 只

● 测试注意事项

◇ 电路连接过程中禁止带电操作。

◇ 根据具体的测试项目,选择合适的挡位和量程。

◇ 示波器显示光点的辉度不宜过亮,以免损坏屏幕。

◇ 示波器应使用光点聚焦,不要使用扫描线聚焦。

◇ 为获得最佳频率补偿,在使用专用探极之前要校正。

◇ 为避免损坏示波器,使用灵敏度选择开关,应选择较低的灵敏度挡,再依次增加,调节出大小适中的波形。

● 测试步骤

TYL-1 型太阳能充电器输出端口功率测试如图 5-21 所示。

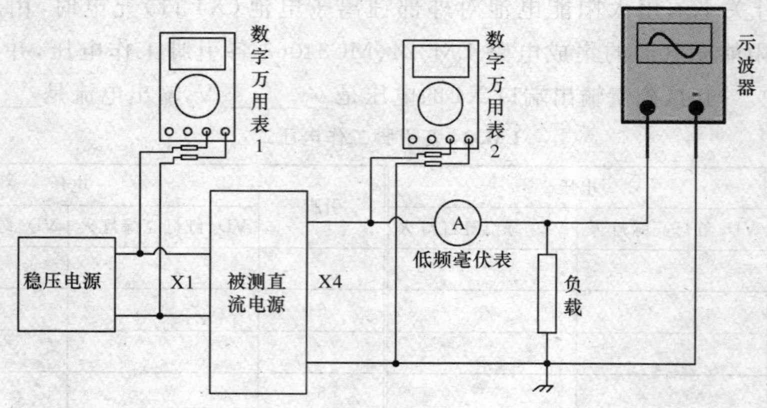

图 5-21　TYL-1 型太阳能充电器输出端口功率测试示意图

☆ 输出电流的测试(5.5 V/250 mA)(K_1 的 6、7 接通):

分别调节稳压电源电压输出为 4.2 V、3.8 V、3.3 V(数字万用表 1 直流电压 10 V 挡监测),输出端接上负载电阻(滑线电阻器),调节滑线电阻器,使输出端口输出电压为 5.5 V(数字万用表 2 直流电压 10 V 挡监测),观察输出端口的低频毫伏表数值,记入表 5-9 中。

表 5-9　　输出端口电流测试一

输入值 U_i/V	输出值	
	电压 U_o/V	电流/mA
4.2	5.5	
3.8	5.5	
3.3	5.5	

若输出电流小,则更换电阻 R_{16},直到满足要求为止。

☆ 输出电压的测试(5.5 V/250 mA)(K_1 的 6、7 接通):

分别调节稳压电源电压输出为 4.2 V、3.8 V、3.3 V(数字万用表 1 直流电压 10 V 挡监测),输出端接上负载电阻(滑线电阻器),调节滑线电阻器,使输出端口的低频毫伏表数值为 250 mA,观察输出端口输出电压值(数字万用表 2 直流电压 10 V 挡监测),记入表 5-10 中。

表 5-10　　输出端口电压测试一

输入值 U_i/V	输出值	
	电流/mA	电压 U_o/V
4.2	250	
3.8	250	
3.3	250	

若输出电压小,则更换电阻 R_{18} 和 R_{19},直到满足要求为止。

☆ 输出电流的测试(6.2 V/200 mA)(K_1 的 5、6 接通):

分别调节稳压电源电压输出为 4.2 V、3.8 V、3.3 V(数字万用表 1 直流电压 10 V 挡监测),输出端接上负载电阻(滑线电阻器),调节滑线电阻器,使输出端口输出电压为 6.2 V(数字万用表 2 直流电压 10 V 挡监测),观察输出端口的低频毫伏表数值,记入表 5-11 中。

表 5-11　　输出端口电流测试二

输入值 U_i/V	输出值	
	电压 U_o/V	电流/mA
4.2	6.2	
3.8	6.2	
3.3	6.2	

若输出电流小,则更换电阻 R_{16},直到满足要求为止。

☆ 输出电压的测试(5.5 V/250 mA)(K_1 的 6、7 接通):

分别调节稳压电源电压输出为 4.2 V、3.8 V、3.3 V(数字万用表 1 直流电压 10 V 挡监测),输出端接上负载电阻(滑线电阻器),调节滑线电阻器,使输出端口的低频毫伏表数值为 200 mA，观察输出端口输出电压值（数字万用表 2 直流电压 10 V 挡监测），记入表 5-12 中。

表 5-12　　输出端口电压测试二

输入值 U_i/V	输出值	
	电流/mA	电压 U_o/V
4.2	200	
3.8	200	
3.3	200	

若输出电压小，则更换电阻 R_{19} 和 R_{21}，直到满足要求为止。

注意：在一组输出电流调节（5.5 V/250 mA）测试，R_{16} 调准后，另一组一般来说也能满足要求。如果差别较大，可考虑更换 MC34063。

2. 整机检验

整机检验包括进行外观检验和性能检验。

（1）外观检验　外观检验的主要内容有：产品是否整洁，面板、机壳表面的涂敷层及装饰件、标志、铭牌等是否齐全，有无损伤；产品的各种连拨装置是否完好、是否符合规定的要求；产品的各种结构件是否与图纸相符，有无变形、开焊、断裂、锈斑；插件松紧是否合适；控制开关是否操作正确、到位等。

（2）性能检验　经过整机调试后，检验整机工作的各项指标。

检验完成后，填写表 5-13"TYL-1 型太阳能充电器单元电路检验单"。

表 5-13　　TYL-1 型太阳能充电器单元电路检验单

检验项目	技术指标	检验结果	检验建议	检验时间	检验人签名
外观检验	焊点可靠、光洁、无缺陷				
	元器件安装正确（包括极性）				
	插座、开关正常				
	…				
性能检验	电源电压：5.5 V (250 mA)/6.2 V (200 mA)				
	充电指示：显示是否处于充电状态				
	缺电指示：显示是否处于缺电状态				
	…				
审核人			审核日期		

想一想

(1)调试过程中若发现 5.5 V 达不到要求,是调整 R_{18} 还是 R_{17} 的参数?若发现 6.2 V 达不到要求,是调整 R_{21} 还是 R_{17} 的参数?输出电流达不到要求,是调整 R_{16} 还是 L 的参数?

(2)测试过程中,能否调节输入电压?

(3)若输出电流太小,应调大还是调小 R_{16} 的阻值,为什么?

(4)查资料,如何校准示波器?

(5)查资料,学会使用低频毫伏表。

读一读

【拓展知识】

1. 集成电路介绍

MC34063 是一种单片双极型线性集成电路,专用于直流-直流变换器的控制部分,其内部电路原理框图如图 5-21 所示。片内包含温度补偿带隙基准源、占空比周期控制振荡器(驱动器)和大电流输出开关,能输出 1.5 A 的开关电流。它能使用最少的外接元器件构成开关式升压变换器、降压式变换器和电源反向器。

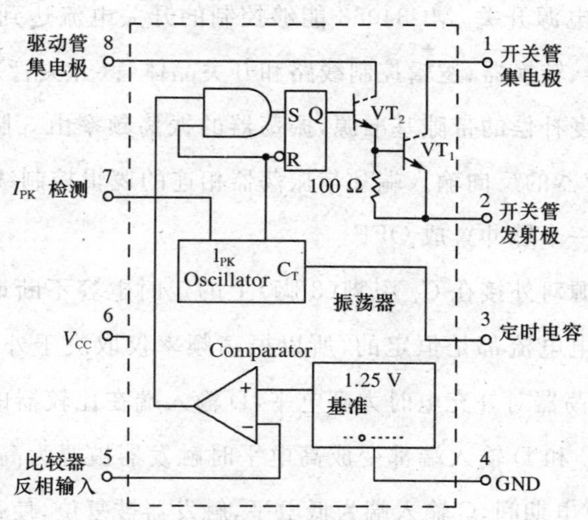

图 5-21 MC34063 内部电路原理框图

MC34063 具有以下特点:

(1)能在 3~40 V 的输入电压下工作。

(2)带有短路电流限制功能。

(3)低静态工作电流。

(4)输出开关电流可达 1.5 A(无外接三极管)。

(5)输出电压可调。

(6)工作振荡频率从 100 Hz 至 100 kHz。

(7)可构成升压、降压或反向电源变换器。

MC34063 的引脚功能：

1 脚：开关管 VT_1 集电极引出端；

2 脚：开关管 VT_1 发射极引出端；

3 脚：定时电容 C_T 接线端；调节 C_t 可使工作频率在 100～100 kHz 范围内变化；

4 脚：电源地；

5 脚：电压比较器反相输入端，同时也是输出电压取样端；使用时应外接两个精度不低于 1%的精密电阻器；

6 脚：电源端；

7 脚：负载峰值电流(I_{PK})取样端；6、7 脚之间电压超过 300 mV 时，芯片将启动内部过流保护功能；

8 脚：驱动管 VT_2 集电极引出端。

由于内置大电流电源开关，MC34063 能够控制的开关电流达到 1.5 A，内部线路包含参考电压源、振荡器、转换器、逻辑控制线路和开关晶体管(开关管)。

参考电压源是温度补偿的带隙基准源，振荡器的振荡频率由 3 脚的外接定时电容决定，开关晶体管由比较器的反向输入端和与振荡器相连的逻辑控制线路置成 ON，并由与振荡器输出同步的下一个脉冲置成 OFF。

振荡器通过恒流源对外接在 C_T 引脚(3 脚)上的定时电容不断地充电和放电以产生振荡波形。充电和放电电流都是恒定的，所以振荡频率仅取决于外接定时电容的容量。与门的 C 输入端在振荡器对外充电时为高电平，D 输入端在比较器的输入电平低于阈值电平时为高电平，当 C 和 D 输入端都变成高电平时触发器被置为高电平，输出开关管导通，反之当振荡器在放电期间，C 输入端为低电平，触发器被复位，使得输出开关管处于关闭状态。

电流限制 SI 检测端(5 脚)通过检测连接在 V＋和 5 脚之间电阻器上的电压降来实现功能。当检测到电阻器上的电压降接近 300 mV 时，电流限制电路开始工作，这时通过

C_T 引脚(3 脚)对定时电容进行快速充电以减少充电时间和输出开关管的导通时间，结果是使输出开关管的关闭时间延长。

2. HG2020 型通用示波器的使用

示波器基本操作：

(1)电源与扫描

①确认所用市电电压在 220 V±10%。确保所用保险丝为指定的型号。

②断开电源开关，使电源开关(POWER)弹出，即处于"关"位置。将电源线接入。

③设定各个控制键在下列相应位置：

亮度(INTENSITY)：中间；

聚焦(FOCUS)：中间；

垂直移位(POSITION)：中间；

垂直显示方式：CH1(CH2)；

垂直灵敏度(V/DIV)：5 mV/div；

触发扫描方式(TRIG MODE)：自动(AUTO)；

触发源(SOURCE)：内(INT)；

触发电平(TREG LEVEL)：中间；

Time/Div(扫描速度)：0.5 μs/div；

水平模式：X1。

④接通电源开关，大约 15 s 后，屏幕上出现一条水平亮线，即扫描线(时基线)，如图 5-22 所示。

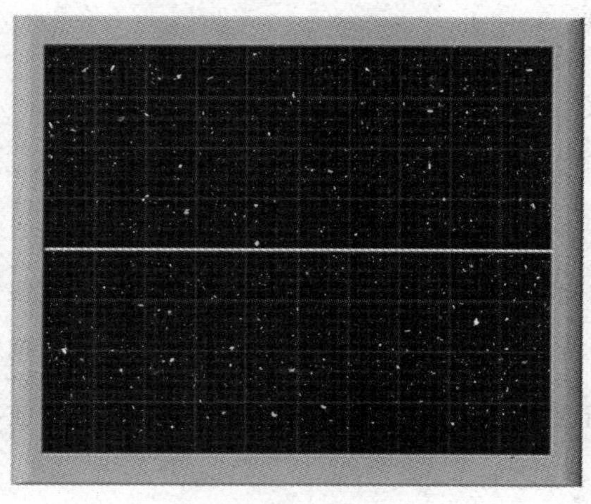

图 5-22　扫描线显示

注意：当"显示方式"选择 ALT 或 CHOP 时，屏幕显示两条扫描线。

(2)聚焦

①调节"垂直位移"旋钮，使光迹移至荧光屏观测区域的中央。

②调节"辉度(INTENSITY)"旋钮将光迹的亮度调至所需要的程度。

③调节"聚焦(FOCUS)"旋钮，使光迹清晰。

(3)探极

①探极操作

为减少仪器对被测电路的影响，一般使用衰减比为 10∶1 的探极。衰减比为 1∶1 的探极用于观察小信号，探极上的接地和被测电路地应采用最短连接方式，在频率较低、测量要求不高的情况下，可使面板上的接地端跟被测电路地连接，以方便测试。

②探极调整

由于示波器输入特性的差异，在使用衰减比为 10∶1 的探极测试前，必须对探极进行检查和补偿调节，在校准时如发现方波前后出现不平坦现象，应调节探头补偿电容。

(4)校正

①将下列控制开关或旋钮置于相应的位置：

垂直方式：CH1；

输入耦合方式(CH1)：DC；

V/DIV(CH1)：10 mV ；

微调(CH1)：(CAL)校准；

Time/Div：0.5 ms/div；

触发耦合方式：AC；

触发源：CH1。

②用探头将"校正信号"送到 CH1 输入端。

③将探头的"衰减比"旋钮置于"×10"挡位置，调节"电平"旋钮使仪器触发。

将触发电平调离"自动"位置，并逆时针方向转动直至方波波形稳定，再微调"聚焦"和"辅助聚焦"旋钮使波形更清晰，并将波形移至屏幕中间。此时方波在 Y 轴占 5 div ，X 轴占 2 div，否则需校准。

知识小结

⊙ 准备好 TYL-1 型太阳能充电器装配所需相关设计文件与工艺文件，并对工作过程有大致了解。

⊙ 多层板的检查需要根据印制板覆铜线图进行。

⊙ 贴片元件与通孔插装器件的标识不同。

⊙ 贴片元件焊接时，可以先固定一个引脚，然后再焊其他引脚。

⊙ 贴片元件焊接时，一般要对焊盘进行清洁处理，防止虚焊。

⊙ 印制电路板的焊接遵守焊接的技术要求，安装元器件、部件时应规范。

⊙ 测试 TYL-1 型太阳能充电器时，若技术参数误差较大，可以更换 R_{16}、R_{18}、R_{19} 和 R_{21} 等电阻器。

⊙ 使用示波器时，要注意校准，并且操作要规范。

思考与练习

1. 装配前应做哪些准备？

2. 画出 TYL-1 型太阳能充电器方框图。

3. 在网上找一个简单电路图，编制元器件明细表。

4. 在网上找一个简单的电子产品，画出其接线图。

5. 在网上找一个简单的印制板图，画出其电路图。

6. 简述阻容元件的贴片过程。

7. 使用示波器时，应注意哪些事项？

8. 查资料，了解低频毫伏表的技术参数。

9. 简述 TYL-1 型太阳能充电器的调试过程。

10. 测试 TYL-1 型太阳能充电器时要注意什么？

11. 查资料，了解太阳能板的结构。

12. 测量直流信号时，示波器的 Y 偏转因数开关置于 0.5 V/div，被测信号经衰减 10 倍的探头接入，屏幕上扫描光迹向上偏移 5 格，若被测电压极性为正，求被测电压是多少？

13. Y 偏转因数为 200 mV/div 的 100 MHz 示波器，观察 100 MHz 正弦波，其峰-峰值为 $\sqrt{2}$ V，问荧光屏上显示的波形高度应为几格？当 U_y＝500 mV(有效值)时波形总高度又应为几格？

14. 已知示波器的灵敏度微调处于"校正"位置，灵敏度开关置于 5 V/cm，倍率开关为"×5"。信号峰峰值为 5 V，试求屏幕上峰与峰之间的距离。如果再加上一个 10：1 的示波器探头，结果又是多少？

无线电装接工国家职业标准　附录A

1　职业概况

1.1　职业名称

无线电装接工。

1.2　职业定义

使用工具，将零件、部件、元器件和导线等装配，焊接成完整的部件或整机产品的人员。

1.3　职业等级

本职业共设五个等级，分别为：初级（国家职业资格五级）、中级（国家职业资格四级）、高级（国家职业资格三级）、技师（国家职业资格二级）、高级技师（国家职业资格一级）。

1.4　职业环境

室内外，常温。

1.5　职业能力特征

具有较强的计算机能力和空间感、形体知觉。手臂、手指灵活，动作协调。色觉、嗅觉、听觉正常。

1.6 基本文化程度

初中毕业(或同等学力)。

1.7 培训要求

1.7.1 培训期限

全日制职业学校教育,根据其培养目标和教学计划确定晋级培训期限为:初级不少于480标准学时;中级不少于360标准学时;高级不少于280标准学时;技师不少于240标准学时、高级技师不少于200标准学时。

1.7.2 培训教师

培训初、中、高级的教师应具有本职业技师职业资格证书或相关专业中级以上专业技术任职资格;培训技师的教师应具有本职业高级技师职业资格证书或相关专业高级专业技术职务任职资格;培训高级技师的教师应具有本职业高级技师职业资格证书三年以上或相关专业高级专业技术职务任职资格。

1.7.3 培训场地设备

理论培训场地应具有可容纳20名以上学员的标准教室,并配备合适的示教设备。实际操作培训场所应具有标准、安全工作台及各种检验仪器、仪表等。

1.8 鉴定要求

1.8.1 适用对象

从事或准备从事本职业的人员。

1.8.2 申报条件

——初级(具备以下条件之一者)

(1)经本职业初级正规培训达规定标准学时数,并取得结业证书。

(2)在本职业连续从事或见习工作2年以上。

(3)本职业学徒期满。

——中级(具备以下条件之一者)

(1)取得本职业初级职业资格证书后,连续从事本职业工作3年以上,经本职业中级正规培训达到规定标准学时数,并取得结业证书。

(2)取得本职业初级职业资格证书后,连续从事本职业工作 5 年以上。

(3)连续从事本职业工作 7 年以上。

(4)取得经劳动保障行政部门审核认定,以中级技能为培养目标的中等以上职业学校本职业(专业)毕业证书。

——高级(具备以下条件之一者)

(1)取得本职业中级职业资格证书后,连续从事职业工作 4 年以上,经本职业高级正规培训达到规定标准学时数,并取得结业证书。

(2)取得本职业中级职业资格证书后,连续从事本职业工作 7 年以上。

(3)取得高级技工学校或经劳动保障行政部门审核认定的,以高级技能为培养目标的高等职业学校本职业(专业)毕业证书。

(4)取得本职业中级职业资格证书的大专以上本专业或相关专业毕业生,连续从事本职业工作 2 年以上。

——技师(具备以下条件之一者)

(1)取得本职业高级职业资格证书后,连续从事本职业工作 5 年以上,经本职业技师正规培训达规定标准学时数,并取得结业证书。

(2)取得本职业高级职业资格证书后,连续从事本职业工作 8 年以上。

(3)取得本职业高级职业资格证书的高级技工学校本职业(专业)毕业生,连续从事本职业工作满 2 年。

——高级技师(具备以下条件之一者)

(1)取得本职业技师职业资格证书后,连续从事本职业工作 3 年以上,经本职业高级技师正规培训达规定标准学时数,并取得结业证书。

(2)取得本职业技师职业资格证书后,连续从事本职业工作 5 年以上。

1.8.3 鉴定方式

分为理论知识考试和技能操作考核。理论知识考试采用闭卷笔试方式,考试时间为 90 分钟,技能操作考核采用现场实际操作方式。理论知识考试和技能操作考核均实行百分制,成绩皆达 60 分以上者为合格。技师、高级技师还须进行综合评审。

1.8.4 考评人员与考生配比

理论知识考试考评人员与考生配比为 1∶20,每个标准教室不少于 2 名考评人员;技能操作考核考评员与考生配比为 1∶5,且不少于 3 名考评员。综合评审委员不少于5人。

1.8.5 鉴定时间

理论知识考试时间不少于 90 分钟。技能操作考核:初级不少于 180 分钟;中级、高级、技师及高级技师不少于 240 分钟。综合评审时间不少于 30 分钟。

1.8.6 鉴定场所设备

理论知识考试在标准教室进行。技能操作考核在配备有必要的工具和仪器、仪表设备及设施，通风条件良好，光线充足，可安全用电的工作场所进行。

2 基本要求

2.1 职业道德

2.1.1 职业道德基本知识

2.1.2 职业守则

(1)遵守国家法律、法规和有关规定。

(2)爱岗敬业、具有高度责任心。

(3)严格执行工作程序、工作规范、工艺文件、设备维护和安全操作规程，保质保量和确保设备、人身安全。

(4)爱护设备及各种仪器、仪表、工具和设备。

(5)努力学习，钻研业务，不断提高理论水平和操作能力。

(6)谦虚谨慎，团结协作，主动配合。

(7)听从领导，服从分配。

2.2 基础知识

2.2.1 基本理论知识

(1)机械、电气识图知识。

(2)常用电工、电子元器件基础知识。

(3)常用电路基础知识。

(4)计算机应用基本知识。

(5)电气、电子测量基础知识。

(6)电子设备基础知识。

(7)电气操作安全规程知识。

(8)安全用电知识。

2.2.2 相关法律、法规知识

(1)《中华人民共和国质量法》的相关知识。

(2)《中华人民共和国标准化法》的相关知识。

(3)《中华人民共和国环境保护法》的相关知识。

(4)《中华人民共和国计量法》的相关知识。

(5)《中华人民共和国劳动法》的相关知识。

3 工作要求

本标准对初级、中级、高级、技师和高级技师的技能要求依次递进，高级别涵盖低级别的要求。

3.1 初级

职业功能	工作内容	技能要求	相关知识
一、工艺准备	(一)识读技术文件	1. 能识读印刷电路板装配图 2. 能识读工艺文件配套明细表 3. 能识读工艺文件装配工艺卡	1. 电子产品生产流程工艺文件 2. 电气设备常用文字符号
	(二)准备工具	能选用电子产品常用五金工具和焊接工具	1. 电子产品装接常用五金工具 2. 焊接工具的使用方法
	(三)准备电子材料与元器件	1. 能备齐常用电子材料 2. 能制作短连线 3. 能备齐合格的电子元器件 4. 能加工电子元件的引线	1. 装接准备工艺常识 2. 短连线制作工艺 3. 电子元器件直观检测与筛选知识 4. 电子元器件引线成形与浸锡知识
二、装接与焊接	(一)安装简单功能单元	1. 能手工插接印制电路板电子元器件 2. 能插接短连线	1. 印制电路板电子元器件手工插装工艺 2. 无源元器件图形，晶体管、集成电路和电子管图形符号
	(二)连线与焊接	1. 能使用焊接工具手工焊接印制电路板 2. 能对电子元器件引线浸锡	电子产品焊接知识
三、检验与检修	(一)检验简单功能单元	1. 能检查印制电路板元件插接工艺质量 2. 能检查印制电路板元件焊接工艺质量	1. 简单功能装配工艺质量检测方法 2. 焊点要求，外观检查方法
	(二)检修简单功能单元	1. 能修正焊接、插接缺陷 2. 能拆焊	1. 常见焊点缺陷及质量分析知识 2. 电子元器件拆焊工艺 3. 拆焊方法

3.2 中级

职业功能	工作内容	技能要求	相关知识
一、工艺准备	(一)识读技术文件	1. 能识读方框图 2. 能识读接线图 3. 能识读线扎图 4. 能识读工艺说明 5. 能识读安装图	1. 电子元器件的图形符号 2. 整机的工艺文件 3. 简单机械制图知识
	(二)准备工具	1. 能选用焊接工具 2. 能对浸锡设备进行维护保养	1. 电子产品装接焊接工具 2. 焊接设备的工作原理
	(三)准备电子材料与元器件	1. 能对导线预处理 2. 能制作线扎 3. 能测量常用电子元器件	1. 线扎加工方法 2. 导线和连接器件图形符号 3. 常用仪表测量知识
二、装接与焊接	(一)安装简单功能单元 *	1. 能装配功能单元 2. 能进行简单机械加工与装配 3. 能进行钳工常用设备和工具的保养	1. 功能单元装配工艺知识 2. 钳工基本知识 3. 功能单元安装方法
	(二)连线与焊接	1. 能焊接功能单元 2. 能压接、绕接、铆接、黏接 3. 能操作自动化插接设备和焊接设备	1. 绕接技术 2. 黏接知识 3. 浸焊设备操作工艺要求
三、检验与检修	(一)检验功能单元	1. 能检测功能单元 2. 能检验功能单元的安装、焊接、连线	1. 功能单元的工作原理 2. 功能单元安装连线工艺知识
	(二)检修功能单元	1. 能检修功能单元的安装中焊点、扎线、布线、装配质量问题 2. 能修正功能单元布线、扎线	1. 电子工艺基础知识 2. 功能单元产品技术要求

3.3 高级

职业功能	工作内容	技能要求	相关知识
一、工艺准备	(一)识读技术文件	1.能识读整机的安装图 2.能识读整机的装接原理图、连线图、导线表	1.整机设计文件有关知识 2.整机工艺文件
	(二)准备工具	能选用特殊工具与安装	整机装配特殊工具知识
	(三)准备电子材料与元器件	1.能测量特殊电子元器件 2.能检测电子零部件	1.特殊电子元器件工作原理 2.电子零、部件的检测方法
二、装接与焊接	(一)安装整机*	1.能完成整机机械装配 2.能安装特殊电子元器件 3.能检查整机的功能单元	1.整机安装工艺知识 2.表面安装与微组装工艺
	(二)连线与焊接	1.能完成整机电气连接 2.能画整机线扎图 3.能加工特种电缆 4.能操作自动化贴片机 5.能简单维修自动化装接设备	1.绝缘电线、电缆型号和用途 2.整机电气连接工艺 3.自动化焊接设备知识
三、检验与检修	(一)检验整机	1.能检验整机装接工艺质量 2.能检测功能单元质量	1.整机装接工艺 2.整机工作原理
	(二)检修整机	1.能检修特种电缆 2.能检修整机出现的工艺质量问题	整机维修方法

3.4 技师

职业功能	工作内容	技能要求	相关知识
一、工艺准备	(一)编制技术文件	1. 能对样机进行工艺分析 2. 能在试生产阶段提出工艺改进建议	1. 复杂整机设计文件有关知识 2. 复杂整机工艺文件 3. 复杂整机装接工艺
	(二)准备电子材料与元器件	1. 能备齐复杂整机装配用各种电子材料 2. 能备齐复杂整机装配所需各种电子元器件 3. 能使用仪表检测特殊电子元器件	1. 整机装配准备工艺知识 2. 新型电子元器件工作原理 3. 仪器、仪表检测方法
二、装接与焊接	(一)安装复杂整机 *	1. 能检测复杂整机的功能部件 2. 能安装复杂整机 3. 能完成试制样机的安装	1. 复杂整机装配工艺 2. 机械安装工艺
	(二)连线与焊接	1. 能完成复杂整机的电气连线 2. 能完成试制整机的电气连线 3. 能焊接新型电子元器件 4. 能使用电子产品专用检测台	1. 复杂整机工作原理 2. 电子产品安装与焊接新工艺 3. 专用检测设备检测原理
三、检验与检修	(一)检验复杂整机	能检验复杂整机装接过程中出现的工艺质量问题	复杂整机产品检验技术
	(二)检修复杂整机	能处理复杂整机装接过程中出现的工艺质量问题	1. 复杂整机产品检验技术 2. 复杂整机产品工作原理
四、培训与管理	(一)培训	1. 能编写电子产品装接工艺技术培训计划 2. 能在整个电子产品生产过程中知道初、中、高级人员的工艺操作	1. 本专业教学培训大纲 2. 职业技术指导方法
	(二)质量管理	1. 能发现生产过程中出现的工艺质量问题 2. 能制定各工序工艺质量控制措施	1. 生产现场工艺管理技术 2. ISO9000 质量体系

3.5 高级技师

职业功能	工作内容	技能要求	相关知识
一、工艺准备	(一)编制技术文件	能在产品设计制造全程参与工艺文件的编制	电子工业产品工艺编制的方法与程序
	(二)准备电子材料与元器件	1. 能备齐大型设备系统或复杂整机样机的装配用各种电子材料 2. 能备齐大型设备系统或复杂整机样机的装配用各种电子元器件 3. 能为特殊装接工艺设备准备辅助材料	特殊装接工艺设备使用基础
二、装接与焊接	(一)安装大型设备系统或复杂整机样机	1. 能检测大型设备系统或复杂整机样机的功能模块设备 2. 能安装大型设备系统或复杂整机样机	大型设备系统或复杂整机样机安装工艺技术
	(二)连线与焊接	1. 能装接大型设备系统或复杂整机样机的电气连线 2. 能组织协调大型设备系统或复杂整机样机的车间装接和流水线生产 3. 能使用特殊工艺装配工艺设备 4. 能常规保养装配工艺设备	1. 大型设备系统或复杂整机样机工作原理 2. 电子束焊接原理 3. 等离子弧焊原理 4. 激光焊接原理
三、检验与检修	(一)检验大型设备系统或复杂整机样机	1. 能检验大型设备系统或复杂整机样机安装的工艺质量问题 2. 能检测新型特殊电子元器件 3. 能根据工艺要求搭建检测环境	1. 大型设备系统或复杂整机样机安装工艺质量标准 2. 新型电子元器件工作原理 3. 电子产品检测技术
	(二)检修大型设备系统或复杂整机样机	能处理大型设备系统或复杂整机样机安装过程中出现的工艺问题	大型设备系统或复杂整机样机安装工艺技术
四、培训与管理	(一)培训	1. 能编写电子产品装接工艺技术培训讲义 2. 能在电子产品制造全程指导本职业初、中、高级人员、技师的实际工艺操作	职业培训教学方法
	(二)质量管理	1. 能分析电子产品生产过程中出现的工艺质量问题 2. 能在电子产品生产过程中实施工艺质量控制管理	电子产品技术标准
	(三)生产管理	1. 能协调生产调度部门优化电子产品生产工艺流程 2. 能管理电子设备安装工艺活动	生产管理基本知识

4 比重表

4.1 理论知识

项目			初级(%)	中级(%)	高级(%)	技师(%)	高级技师(%)
基本要求		职业道德	5	5	5	5	
		基础知识	20	20	20		
相关知识	工艺准备	读技术文件	5	5	5		
		编制工艺文件				10	5
		准备工具	5	5	5		
		准备电子材料与元器件	10	10	10	10	10
	装接与焊接	安装简单功能单元	10				
		连线与焊接	30				
		安装功能单元		10			
		连线与焊接		30			
		安装整机			10		
		连线与焊接			30		
		安装复杂整机				10	
		连线与焊接				30	
		安装大型设备系统或复杂整机样机					10
		连线与焊接					30
	检验与检修	检验简单功能单元	5				
		检验功能单元		5			
		检验整机			5		
		检验复杂整机				5	
		检验大型设备系统或复杂整机样机					5
		检修简单功能单元	10				
		检修功能单元		10			
		检修整机			10		
		检修复杂整机				10	
		检修大型设备系统或复杂整机样机					10
	培训与管理	培训				10	10
		质量管理				10	10
		生产管理					10
合计			100	100	100	100	100

4.2 技能操作

		项目	初级(%)	中级(%)	高级(%)	技师(%)	高级技师(%)
技能知识	工艺准备	识读技术文件	5	5	5		
		编制工艺文件				5	5
		准备工具	10	10	10		
		准备电子材料与元器件	10	10	10	10	10
	装接与焊接	安装简单功能单元	20				
		连线与焊接	40				
		安装功能单元		20			
		连线与焊接		40			
		安装整机			20		
		连线与焊接			40		
		安装复杂整机				10	
		连线与焊接				40	
		安装大型设备系统或复杂整机样机					10
		连线与焊接					40
	检验与检修	检验简单功能单元	5				
		检验功能单元		5			
		检验整机			5		
		检验复杂整机				5	
		检验大型设备系统或复杂整机样机					5
	培训与管理	检修简单功能单元	10				
		检修功能单元		10			
		检修整机			10		
		检修复杂整机				10	
		检修大型设备系统或复杂整机样机					10
		培训				10	10
		质量管理				10	5
		生产管理					5
合计			100	100	100	100	100

*本《标准》中使用了功能单元、整机、复杂整机和大型电子设备系统等概念，其含义如下：

功能单元——本《标准》指的是由材料、零件、元器件和/或部件等经装配连接组成的具有独立结构和一定功能的产品。图样管理中将其称为部件、整件。本《标准》强调功能，因此称其为功能单元。一般可认为，它是构成整机的基本单元。

功能单元的划分，通常取决于结构和电气要求，因此，同一类型的设备划分很可能都不一样，或大或小，或简单或复杂，不一而是。经常遇到的功能单元大致有：电源和电源模块，调制电路，放大电路，滤波电路，锁相环电路，AFC 电路，AGC 电路，变频器，线性、非线性校正电路，视、音频处理电路，解调器，数字信号处理电路，单板机等。

整机——功能单元（整件）做产品出厂时又称整机。一般将其定位于含功能单元较少，电路相对简单，功能较为单一的产品。或者，功能虽然相当复杂，但尺寸较小、电平较低的产品。

复杂整机——由若干功能单元（整件）相互连接而共同构成能完成某种完整功能的整套产品。这些产品的连接，一般可在使用地点完成。

大型设备系统——由若干整机和/或功能单元组成的大型系统。

附录B 无线电装接工理论考试样题

一、选择题

(A)1. 色环电阻标识是红紫橙银时表示元器件的标称阻值及允许偏差为(　　)。

A. 27 kΩ±10%　　B. 273 kΩ±5%

C. 273 Ω±5%　　D. 27.3 Ω±10%

(C)2. 市电 220 V 电压是指(　　)。

A. 平均值　　B. 最大值　　C. 有效值　　D. 瞬时值

(A)3. 2CW10 表示(　　)。

A. N 型硅材料稳压二极管　　B. P 型硅材料稳压二极管

C. N 型锗材料稳压二极管　　D. P 型锗材料稳压二极管

(D)4. 为了保护无空挡的万用表，当使用完毕后应将万用表转换开关旋到(　　)。

A. 最高电流挡　　B. 最高电阻挡

C. 最低直流电压挡　　D. 最高交流电压挡

(C)5. 通常手工焊接时间为(　　)。

A. 越长越好　　B. 越短越好　　C. 2～3 秒　　D. 2～3 分钟

(A)6. 3DG4C 表示(　　)。

A. NPN 型硅材料高频小功率三极管　　B. PNP 型硅材料高频小功率三极管

C. NPN 型锗材料高频大功率三极管　　D. PNP 型锗材料低频小功率三极管

(A)7. 发光二极管的正常工作状态是(　　)。

A. 两端加正向电压，其正向电流为 5～15 mA

B. 两端加反向电压，其反向电流为 10～20 mA

C. 两端加正向电压，其压降为 0.6～0.7 V

D. 两端加反向电压，其压降为 0.6～0.7 V

(A)8. 某电容器外壳上的标识为 103M，表示(　　)。

A. 0.01 μF±20%　　B. 0.1 μF±10%

C. 100 pF±5%　　D. 1000 pF±10%

(A)9. 在印制电路板焊接中，光铜线跨接另一端时，如有线路(底部)或容易碰撞其他器件，应加套(　　)。

A. 聚四氟乙烯套管　　B. 热缩套管

C. 聚氯乙烯套管　　D. 电气套管

(C)10. 从对人体危害的角度，我国规定的直流安全电压为(　　)。

A. 48 V　　B. 24 V　　C. 36 V　　D. 72 V

(B)11. 表面安装器件的简称是(　　)。

A. SMT　　B. SMD　　C. SMC　　D. SMB

(C)12. 导线线缆焊接时，要保证足够的机械强度，芯线不得过长，焊接后芯线露铜不大于(　　)。

A. 1.2 mm　　B. 1.3 mm　　C. 1.5 mm　　D. 1.6 mm

(C)13. 电缆端头焊接时，芯线与插针间露线不应大于(　　)，插头固定夹必须有良好的固定作用，但不得夹伤电缆绝缘层。

A. 0.5 mm　　B. 0.8 mm　　C. 1 mm　　D. 1.5 mm

(B)14. 装配前认真消化图纸资料，准备好需用的装配(　　)，整理好工作台。检查装配用的所有材料，机械和电气零部件、外购件是否符合图纸要求。

A. 材料　　B. 工具　　C. 元器件　　D. 零部件

(C)15. 普通万用表交流电压测量挡的指示值是指(　　)。

A. 矩形波的最大值　　B. 三角波的平均值

C. 正弦波的有效值　　D. 正弦波的最大值

(D)16. 稳压二极管的工作是利用其伏安特性的(　　)。

A. 正向特性　　B. 正向击穿特性

C. 反向特性　　D. 反向击穿特性

(D)17. 在装配、调整、拆卸过程中，紧、松螺钉应对称，(　　)分步进行，防止装配件变形或破裂。

A. 同时　　B. 分步骤　　C. 顺时针　　D. 交叉

(B)18. 一般在焊集成电路时，选用电烙铁的功率为(　　)。

A. 20～50 kW　　B. 20～50 W

C. 100～150 W　　D. 100～150 kW

(C)19. 用万用表测量二极管的极性时，万用表的量程应选择(　　)。

A. R×10k 挡　　B. R×10 挡

C. R×100 挡或 R×1k 挡　　D. R×1 挡

(C)20. 集成电路的封装形式及外形有多种，DIP 表示(　　)封装形式。

A. 单列直插式　　B. 贴片式　　C. 双列直插式　　D. 功率式

(B)21. 欲精确测量中等电阻的阻值，应选用(　　)。

A. 万用表　　B. 单臂电桥　　C. 双臂电桥　　D. 兆欧表

(B)22. 晶闸管具有(　　)性。

A. 单向导电　　B. 可控单向导电性

C. 电流放大　　D. 负阻效应

(D)23. 焊接电缆的作用是(　　)。

A. 绝缘　　B. 降低发热量　　C. 传导电流　　D. 保证接触良好

(B)24. 部件的装配图可作为拆卸零件后(   )的依据。

A. 画零件图　　B. 重新装配成部件

C. 画总装图　　D. 安装零件

(B)25. 生产第一线的质量管理叫(   )。

A. 生产现场管理　　B. 生产现场质量管理

C. 生产现场设备管理　　D. 生产计划管理

(A)26. 无线电装配中，用浸焊方法焊接电路板时，浸焊深度一般为印制板厚度的(   )。

A. 50%～70%　　B. 刚刚接触到印制导线

C. 全部浸入　　D. 100%

(A)27. 超声波浸焊中，是利用超声波(   )。

A. 增加焊锡的渗透性　　B. 加热焊料

C. 振动印制板　　D. 使焊料在锡锅内产生波动。

(A)28. 波峰焊焊接中，较好的波峰是达到印制板厚度的(   )为宜。

A. 1/2～2/3　　B. 2 倍　　C. 1 倍　　D. 1/2 以内

(B)29. 色环电阻中红环在第 2 位表示数值是(   )。

A. 1　　B. 2　　C. 5　　D. 7

(C)30. 在电路图中如果电容标注为 0.022，表示电容的容量是(   )。

A. 22 μF　　B. 22 pF　　C. 0.022 μF　　D. 0.022 pF

(D)31. 三极管的型号是 2SC1815，表示三极管是(   )。

A. 大功率管　　B. 高频管　　C. PNP 管　　D. NPN 管

(D)32. 三极管的型号是 9014，可以代换的三极管是(   )。

A. 9018　　B. 9015　　C. 2SD2335　　D. 9013

(D)33. 装配工艺文件不包括(   )。

A. 接线图　　B. 器件安装图　　C. 总装图　　D. 企业管理规定

(A)34. 无锡焊接时(   )的连接。

A. 不需要助焊剂，而有焊料　　B. 有助焊剂，没有焊料

C. 不需要助焊剂和焊料　　D. 有助焊剂和焊料

(A)35. 插装流水线上，每一个工位所插元器件数目一般以(   )为宜。

A. 10～15 个　　B. 10～15 种类

C. 40～50 个　　D. 小于 10 个

(A)36. 在设备中为防止静电和电场的干扰，防止寄生电容耦合，通常采用(   )。

A. 电屏蔽　　B. 磁屏蔽　　C. 电磁屏蔽　　D. 无线屏蔽

(C)37. 为防止高频电磁场，或高频无线电波的干扰，也为防止电磁场耦合和电磁场辐射，通常采用(   )。

A. 电屏蔽　　B. 磁屏蔽　　C. 电磁屏蔽　　D. 无线电屏蔽

(B)38. 理想集成运算放大器应具备的条件中，下述正确的是(   )。

A. 输出电阻为无穷大　　B. 共模抑制比为无穷大

C. 输入电阻为零　　D. 开环差模电压增益为零

(C)39. 电源变压器、短路线、电阻器、晶体三极管等元器件的装插顺序是(　　)。

A. 电源变压器→电阻器→晶体三极管→短路线

B. 电阻器→晶体三极管→电源变压器→短路线

C. 短路线→电阻器→晶体三极管→电源变压器

D. 晶体三极管→电阻器→电源变压器→短路线

(A)40. 导线捻头时捻线角度为(　　)。

A. 30°～45°　　B. 45°～60°　　C. 60°～80°　　D. 80°～90°

(D)41. 下列零件中(　　)是用于防止松动的。

A. 螺母　　B. 垫片　　C. 螺钉　　D. 弹簧垫圈

(B)42. 移开电烙铁时应按(　　)方向。

A. 30°　　B. 45°　　C. 70°　　D. 180°

(B)43. 焊接时烙铁头的温度一般在(　　)。

A. 600 ℃左右　　B. 350 ℃左右　　C. 800 ℃左右　　D. 200 ℃左右

(A)44. 虚焊是由焊锡与被焊金属焊接时(　　)造成的。

A. 没形成合金　　B. 形成合金

C. 焊料过多　　D. 时间过长

(B)45. 元器件引线加工成圆环形,加长引线是为了(　　)。

A. 提高机械强度　　B. 减少热冲击

C. 防震　　D. 便于安装

(D)46. 手工组装印制电路板只适用于(　　)。

A. 大批量生产　　B. 中等规模生产

C. 一般规模生产　　D. 小批量生产

(A)47. 使用吸锡电烙铁主要是为了(　　)。

A. 拆卸元器件　　B. 焊接　　C. 焊点修理　　D. 特殊焊接

(B)48. (　　)是专用导线加工设备。

A. 打号机　　B. 自动切剥机　　C. 波峰焊接机　　D. 吸锡器

(D)49. 绘制电路图时,所有元器件应采用(　　)来表示。

A. 文字符号　　B. 元器件参数　　C. 实物图　　D. 图形符号

(D)50. 五步法焊接时第四步是(　　)。

A. 移开电烙铁　　B. 熔化焊料　　C. 加热被焊件　　D. 移开焊锡丝

(D)51. 元器件引出线折弯处要求成(　　)。

A. 直角　　B. 锐角　　C. 钝角　　D. 圆弧形

(C)52. 大功率晶体管不能和(　　)靠得太近。

A. 大功率电阻器　　B. 高压电容器

C. 热敏元器件　　D. 导线

(C)53. 波峰焊接后的印制板(　　)。

A. 直接进行整机装配　　B. 无须检查

C. 补焊检查　　D. 进行调试

（A）54. 立式插装的优点是（　　）。

A. 占用印制板面积小　　B. 便于散热

C. 便于维修　　D. 便于检查

（C）55. 印刷板元器件插装应遵循（　　）的原则。

A. 先大后小、先轻后重、先高后低　　B. 先小后大、先重后轻、先高后低

C. 先小后大、先轻后重、先低后高　　D. 先大后小、先重后轻、先高后低

（D）56. 下列元器件中（　　）要远离大功率电阻。

A. 瓷介电容器　　B. 高压包　　C. 大功率三极管　　D. 热敏电阻器

（C）57. 散热片一般要远离（　　）。

A. 晶体管　　B. 电容器　　C. 热敏原件　　D. 电源变压器

（C）58. 片式元器件贴片完成后要进行（　　）。

A. 焊接　　B. 干燥固化　　C. 检验　　D. 插装其他元器件

（B）59. 正方形比圆形屏蔽罩对振荡电路参数的影响（　　）。

A. 要大　　B. 要小　　C. 不变　　D. 可大可小

（A）60. 晶体管放大器的印制电路板，应尽量采用（　　）地线。

A. 大面积　　B. 小面积　　C. 粗导线　　D. 细导线

（D）61. 高频系统中的紧固支撑，零件最好使用（　　）。

A. 金属件　　B. 塑料　　C. 导电性强的材料　　D. 高频陶瓷

（B）62. 钩焊点的拆焊，烙铁头（　　）。

A. 放在焊点边上边　　B. 放在焊点边下边

C. 放在焊点边左侧　　D. 放在焊点边右侧

（C）63. 烧接的缺点是（　　）。

A. 接触电阻比锡焊大　　B. 有虚假焊

C. 抗震能力比锡焊差　　D. 要求导线是单芯线，接点是特殊形状

（B）64. 出现连焊会对整机造成以下哪种后果？（　　）

A. 尖端放电　　B. 损坏元器件

C. 电流忽大忽小　　D. 电压忽高忽低

（A）65. 螺装时弹簧垫圈应放在（　　）。

A. 垫圈上面　　B. 垫圈下面　　C. 两螺母之间　　D. 螺母上面

（B）66. 绘制电路图时电路的布置应使（　　）。

A. 入端在上，出端在下　　B. 入端在左，出端在右

C. 入端在右，出端在左　　D. 入端在下，出端在上

（D）67. 传输信号的连接线需用（　　）。

A. 单股导线　　B. 多股导线　　C. 漆包线　　D. 屏蔽线

（C）68. 加工导线的顺序是（　　）。

A. 剥头→剪裁→捻头→浸锡　　B. 剪裁→捻头→剥头→浸锡

C. 剪裁→剥头→捻头→浸锡　　D. 捻头→剥头→剪裁→浸锡

（B）69. 下列元器件中（　　）不适宜采用波峰自动焊。

A. 电阻器　　B. 开关　　C. 电容器　　D. 三极管

(A)70. MOS 集成电路安装时，操作者应(　　)进行操作。

A. 带防静电手环　B. 与地绝缘　C. 带绝缘手套　D. 不带任何手套

(B)71. 当 RLC 串联电路谐振时，应满足(　　)。

A. $X_L=X_C=0$　B. $X_L=X_C$　C. $R=X_L+X_C$　D. $R+X_L+X_C=0$

(D)72. 利用半导体的(　　)特性可实现整流。

A. 伏安　B. 稳压　C. 储能　D. 单向导电

(B)73. 要对 0～9 十个数字编码，至少需要(　　)二进制代码。

A. 3 位　B. 4 位　C. 5 位　D. 6 位

(D)74. 一正弦交流电的有效值为 10 A，频率为 50 Hz，初相位为 $-30°$，它的解析式为(　　)。

A. $i=10\sin(314t+30°)$A　B. $i=10\sin(314t-30°)$A

C. $i=10\sqrt{2}\sin(314t+30°)$A　D. $i=10\sqrt{2}\sin(314t-30°)$A

(D)75. 阻值为 4 Ω 的电阻器和容抗为 3 Ω 的电容器串联，总复数阻抗为(　　)。

A. $Z=3+j4$　B. $Z=3-j4$　C. $Z=4+j3$　D. $Z=4-j3$

(A)76. 放大电路的静态工作点，是指输入信号(　　)三极管的工作点。

A. 为零时　B. 为正时　C. 为负时　D. 很小时

(B)77. TTL“与非”门电路是以(　　)为基本元器件构成的。

A. 电容器　B. 双极性三极管　C. 二极管　D. 晶闸管

(B)78. 或门逻辑关系的表达式是(　　)。

A. $F=AB$　B. $F=A+B$　C. $F=\overline{AB}$　D. $F=\overline{A+B}$

(C)79. 模拟量向数字量转换时首先要(　　)。

A. 量化　B. 编码　C. 取样　D. 保持

(C)80. 能完成暂存数据的时序逻辑电路是(　　)。

A. 门电路　B. 译码器　C. 寄存器　D. 比较器

(C)81. 下列(　　)不可能是计算机病毒造成的后果。

A. 系统运行不正常　B. 破坏文件和数据

C. 更改 CD-ROM 光盘中的内容　D. 损坏某些硬件

(C)82. 下列(　　)存储器不能长期保存信息。

A. 光盘　B. 硬盘　C. RAM　D. ROM

(A)83. 下列快捷键(　　)是执行粘贴功能的。

A. CTRL＋V　B. CTRL＋C　C. CTRL＋X　D. CTRL＋P

(D)84. 能实现“全 0 出 1，有 1 出 0”功能的门电路是(　　)。

A. 与门　B. 或门　C. 与非门　D. 或非门

(A)85. 当决定某一事件的所有条件都满足时，事件才发生，这种关系是(　　)。

A. 与逻辑　B. 或逻辑　C. 非逻辑　D. 或非逻辑

(D)86. 开关电源中调整管必须工作在(　　)状态以减小调整管的功耗。

A. 放大　B. 饱和　C. 截止　D. 开关

(D)87. 微型计算机的核心部件是(　　)。

A. 控制器　　B. 运算器　　C. 存储器　　D. 微处理器

(B)88. NPN 和 PNP 型三极管作为放大器时，其发射结(　　)。

A. 均反向偏置　　B. 均正向偏置

C. 仅 NPN 型正向偏置　　D. 仅 PNP 型正向偏置

(A)89. 在放大电路中，要使输出电阻减小，输入电阻增大的负反馈类型是(　　)。

A. 电压串联负反馈　　B. 电压并联负反馈

C. 电流串联负反馈　　D. 电流并联负反馈

(D)90. 负载从电源获得最大功率的条件是(　　)。

A. 阻抗相等　　B. 阻抗接近 0

C. 阻抗接近无穷大　　D. 阻抗匹配

(B)91. 测得信号的频率为 0.02340 MHz，其有效数字位数为(　　)。

A. 3 位　　B. 4 位　　C. 5 位　　D. 6 位

(D)92. 三极管是(　　)器件。

A. 电压控制电压型　　B. 电压控制电流型

C. 电流控制电压型　　D. 电流控制电流型

(C)93. 对于放大电路而言，开环是指(　　)。

A. 无负载　　B. 无电源　　C. 无反馈回路　　D. 无信号源

(A)94. 为了获取输入信号中的低频信号，应选择(　　)滤波电路。

A. 低通　　B. 高通　　C. 带通　　D. 带阻

(B)95. 对于直流通路，放大电路中的电容应该视为(　　)。

A. 短路　　B. 开路　　C. 直流电流源　　D. 直流电压源

(A)96. PN 结加正向电压时，其空间电荷区将(　　)

A. 变窄　　B. 基本不变　　C. 变宽　　D. 无法确定

(D)97. 多级放大器级间耦合需要考虑静态工作点匹配问题的是(　　)。

A. 变压器耦合　　B. 电容耦合　　C. 阻容耦合　　D. 直接耦合

(A)98. 为了扩展宽带放大器的通频带，突出的问题是(　　)。

A. 提高上限截止频率　　B. 提高下限截止频率

C. 降低上限截止频率　　D. 降低下限截止频率

(C)99. 测量放大器的增益及频率响应，应选择(　　)。

A. 示波器　　B. 万用表　　C. 扫频仪　　D. 毫伏表

(D)100. 绝对误差与仪表测量上限之比称为(　　)。

A. 示值误差　　B. 相对误差　　C. 粗大误差　　D. 引用误差

二、判断题

(×)1. 拆焊主要有分点拆焊法和集中拆焊法 。

(√)2. 手工焊接可分为基本的五步操作法和节奏快的三步操作法。

(√)3. 手工焊接时，电烙铁撤离焊点的方法不当，会把焊点拉尖。

(√)4. 元器件的安装高度要尽量低，一般元器件和引线离开板面不超过 5 mm。过高则承受振动和冲击的稳定性变差，容易倒伏或与相邻元器件碰接。

（√）5. 人体的安全交流电压为 36 V 以下。

（×）6. 二极管外壳的色环端表示为正极。

（√）7. 电线类线材有裸导线、绝缘电线和电磁线。

（×）8. 为了确保无线电产品有良好的一致性、通用性和相符性而制定工艺标准。

（√）9. 松香经过反复加热以后，会因为碳化而失效。因此，发黑的松香是不起作用的。

（×）10. 为了确保焊接质量，焊锡加得愈多愈好。

（×）11. 焊接 MOS 集成电路时，电烙铁不能接地。

（×）12. 焊锡熔化的方法一般是先熔化焊锡，再去加热工件。

（×）13. 在一个焊点上（不包括接地焊片）最多只能焊四根电线。

（√）14. 零线有工作零线和保护零线之分。

（√）15. 装配中每一个阶段都应严格执行自检、互检与专职检的“三检”原则。

（×）16. 玻璃二极管、晶体及其他根部容易断的元器件弯脚时，要用镊子夹住其头部，以防折断。

（×）17. 装配应符合图纸和设计要求，整机、整件走线顺畅，排列整齐，清洁美观。

（×）18. 将指针式万用表置于 R×1k 挡，用黑表笔碰某一极，红表笔分别碰另外两极，若两次测量的阻值都小，黑表笔所接引脚为基极，且为 PNP 型。

（√）19. SMT 是表面安装器件（SMD）、表面安装元件（SMC）、表面安装印刷电路板（SMB）及点胶、涂膏、表面安装设备、焊接及在线测试等完整的工艺技术的统称。

（×）20. 用焊锡焊接时，允许用酸性、碱性助焊剂。

（√）21. 技术要求是用来说明决定产品质量的主要要求指标及其允许偏差的。

（√）22. 由于装配错误而造成的整机故障用直观检查法比较适用。

（×）23. 仪器通电后，有高、低压开关的，必须先接“高”压，再接“低”压。

（√）24. 仪器测试完毕后，应先断“高”压，再断“低”压。

（×）25. 不同焊料尽管其材料组成不一样，但熔点是相同的。

（√）26. 元器件引线成形时，其标称值的方向应处在查看方便的位置。

（×）27. 剪线和在剪切导线时，可以有负误差。

（√）28. 波峰焊接机焊接电路板后能自动检测焊接质量。

（√）29. 高速贴片机适合贴装矩形或各种芯片载体。

（×）30. 吸锡器可连续使用不必清除焊锡。

（×）31. 焊点拉尖在高频电路中会产生尖端放电。

（×）32. 在波峰焊焊接中，解决桥连短路的唯一方法是对印刷板预涂助焊剂。

（√）33. 印制板上元器件的插装有水平式和卧式两种方式。

（√）34. 排线时，屏蔽导线应尽量放在下面，然后按先短后长的顺序排完所有导线。

（×）35. 手工浸焊中的锡锅熔化焊料的温度应调在焊料熔点 183 ℃左右。

（×）36. 正弦量必备的三个要素是振幅值、角频率和波长。

（×）37. 放大器的各级地线只能分开接地，以免各级之间地电流相互干扰。

(√)38.当工作频率高到一定程度时,一小段导线就可作为电感器、电容器或开路线、短路线等。

(√)39.集成运算放大器实质上是一个多级直接耦合放大器。

(×)40.环路滤波器其实就是高通滤波器。

(√)41.熔点大于 183 ℃的焊接即硬焊接。

(√)42.元器件引线成形时,引线弯折处距离引线根部尺寸应大于 2 mm,以防止引线折断或被拉出。

(√)43.为防止导线周围的电场或磁场干扰电路正常工作而在导线外加上金属屏蔽层,这就构成了屏蔽导线。

(√)44.剥头有刃截法和热截法两种方法。在大批量生产中热截法应用较广。

(×)45.戴维南定理是求解复杂电路中某条支路电流的唯一方法。

(×)46.任何一个二端网络总可以用一个等效的电源来代替。

(√)47.振荡电路中必须要有正反馈。

(×)48.判别是电压或电流反馈的方法是采用瞬时极性判别方法。

(√)49.时序逻辑电路除包含各种门电路外还要有存储功能的电路元器件。

(√)50.为了消除铁磁材料的剩磁,可以在原线圈中通以适当的反向电流。

三、填空题

1.万用表是一种用来测量直流电流、直流电压、交流电压、阻值 的测量仪表。

2.通常焊接时间不大于5 秒钟,在剪除元器件引脚时,以露出线路板0.5~1 mm为宜。

3.手工焊接电路板的基本步骤有准备、加热焊点、送焊锡丝、移去焊锡丝、移去电烙铁。

4.目前,我国电子产品的生产流水线常有手工插件手工焊接,手工插件自动焊接和部分自动插件自动焊接等几种形式。

5.电路板拆焊的步骤一般为:选用合适的电烙铁、加热拆焊点、吸去焊料和拆下元器件。

6.波峰焊 SMT 工艺流程为,安装印制电路板、锡膏印刷、贴片、固化、熔焊、清洗和检测。

7.绝缘多股导线的加工步骤主要可分为五步,剪线、剥头、捻头、浸锡和清洁。

8.电子元器件的插装应遵循先小后大、先轻后重、先低后高、先内后外、上道工序不影响下道工序的原则进行。

9.RJ71-2-10k-I 为精密金属膜电阻器,额定功率为2 W,标称阻值为10 kΩ,偏差为±1%。

10.影响人体触电危险程度的因素有:电流的大小、电流的性质、电流通过人体的途径、电流作用的时间和人体电阻等。

11.手工浸焊的操作通常有以下几步:锡锅加热、涂助焊剂、浸锡和冷却。

12.一个电阻器的色环分别为红、红、棕、银,则这个电阻器的阻值为220 Ω、误差为±10%。

13. 新电烙铁不能拿来就用,必须先给烙铁头上锡。

14. 在使用模拟式万用表之前先进行机械调零旋钮调零,在使用电阻挡时,每次换挡后,要进行欧姆调零旋钮调零。

15. 为了保护无空挡的万用表,当使用完毕后应将万用表转换开关旋到最高交流电压挡。

16. 螺母、平垫圈和弹簧垫圈要根据不同情况合理使用,不允许任意增加或减少,三者的装配顺序应正确为平垫圈、弹簧垫圈、螺母或螺钉。

17. 螺钉、螺栓紧固,螺纹尾端外露长度一般不得小于1.5扣。

18. 无锡焊接中压接分为冷压接和热压接两种。这是借助于挤压力和金属移位使引脚或导线与接线柱实现连接的。

19. 无线电装配中采用得较多的两种无锡焊接是压接和绕接。它的特点是不需要焊料与助焊剂即可获得可靠的连接。

20. 无线电产品中的部件一般是由两个或两个以上的成品、半成品经装配而成的具有一定功能的组件。

21. 测量误差按性质一般可分为系统误差、随机误差、粗大误差三种。

22. 生产线上排除故障工作一般有三项,即预测检修、半成品检修和成品检修。

23. 特别适用于检查由装配错误造成的整机故障的方法是直观检查法。

24. 技术文件是无线电整机产品生产过程的基本依据,分为设计文件和工艺文件。

25. 数字集成电路的逻辑功能测试可分为静态测试和动态测试两个步骤。

26. 所谓支路电流法就是以支路电流为未知量,依据基尔霍夫定律列出方程式,然后解联立方程得到各支路电流的数值。

27. 依据支路电流法解得的电流为负值时,说明电流实际方向与参考方向相反。

28. 滤波器根据其通频带的分布可以分为低通滤波器、高通滤波器、带通滤波器和带阻滤波器。

29. 根据调制信号控制载波的不同,调制可分为振幅调制、频率调制和相位调制。

30. 再流焊加热的方法有热板加热、红外加热、汽相加热、激光加热等。

31. 任何一个反馈放大器都可以看成由基本放大器和反馈网络两部分造成。

32. 电子产品常用线材有安装导线、屏蔽线、同轴电缆、扁平电缆等。

33. 无线电设备中,导线的布置应尽量避免线间相互干扰和寄生耦合,连接导线宜短,不宜长,这样分布参数比较小。

34. 在装联中元器件散热的好坏与安装工艺有关,一般对安装有散热要求的元器件在操作时应尽量增大接触面积,提高传热效果,设法提高接触面的光洁度。

35. 计算机的CPU由控制器和运算器两大部分组成。

36. 稳压电源是将交流电转换为平滑稳定的直流电的能量变换器。一般由电源变压器、整流电路、滤波电路和稳压电路四部分组成。

37. 三极管放大电路有共发射极放大电路、共集电极放大电路、共基极放大电路三种组态。

38. 基本的逻辑门电路有与门、或门、非门。

39. 数字逻辑电路大致可分为组合逻辑电路和时序逻辑电路两大类。

40. 正弦量的三要素是频率(或周期或角频率)、最大值(或有效值)、相位。

四、综合题

1. 什么是解焊？它的适用范围有哪些？

答：解焊一般用在焊点的返修工作中，其适用范围有：印制电路板上的元器件拆卸；机箱中的焊点返修；高低频电缆焊点的返修等。

2. 拆焊时应注意哪几点？

答：(1)不损坏拆除的元器件、导线。

(2)拆焊时不可损坏焊点和印制导线。

(3)在拆焊过程中不要拆、动、移其他元器件，如需要，要做好复原工作。

3. 叙述手工焊接的基本步骤？

答：(1)准备，(2)加热焊点，(3)加焊料，(4)移开焊料，(5)移开电烙铁。

4. 叙述表面组装工艺流程。

答：安装印制电路板—点胶(或涂膏)—贴装 SMT 元器件—烘干—焊接—清洗—检测。

5. 简述影响波峰焊焊接质量的因素。

答：(1)元器件的可焊性。

(2)波峰高度及波峰平稳性。

(3)焊接温度。

(4)传递速度与角度。

6. 如何正确识读电路图？

答：(1)建立整机方框图的概念；

(2)理清信号流程：

(3)理清供电系统；

(4)区分熟悉、生疏、特殊电路；

(5)将解体的单元电路进行仔细阅读，搞清楚直流、交流通路和各个元器件的作用，以及各元器件参数变化对整个电路有何不良影响。

7. 简述印制板焊后不进行清洗，在今后使用中的危害。

答：助焊剂在焊接过程中并不能充分发挥，总留有残渣，会影响被焊件的电气性能和三防性能。尤其是使用活性较强的助焊剂时，其残渣危害更大。焊接后的助焊剂残渣往往还会吸附灰尘和潮气，使电路板的绝缘性能下降，所以焊接后一般都要对焊接点进行清洗。

8. 为了减小趋肤效应的影响，应采取哪些措施？

答：为了减小趋肤效应的影响，在中波段常用多股导线(编织线)，在短波和超短波段，常把导线表面镀银，减小导线表面电阻。为了充分利用金属材料、大功率发射机的大线圈，有时将导线做成空芯管形，这样做既节省材料，也便于冷印。

9. 数字万能表与模拟万能表相比较有哪些优点？

答：数字万用表与模拟万用表相比较，具有准确度高、测量种类多、输入阻抗高、显示直观、可靠性高、过载能力强、测量速度快、抗干扰能力强、耗电少和小型轻便等优点。

10. 工艺文件的格式是什么？

答：工艺文件的格式如下：

(1)工艺文件封面　工艺文件封面在工艺文件装订成册时使用。简单的机器可按整机装订成册，复杂的机器可按分机单元装订成册。

(2)工艺文件目录　工艺文件目录是工艺文件装订顺序的依据。

(3)装配材料汇总表　装配材料汇总表是根据设计文件的分机或单元等的材料明细表填写整件、部件、零件及本机需要的各种材料及辅助材料，供小组预料及查找材料用。

(4)工艺说明及简图　工艺文件及简图可作为调试说明及调试简图、检验说明、工艺流水方框图、特殊要求工艺图等。

11. 三极管放大电路有哪三种组态？三种组态各有什么特点？

答：三极管放大电路有共发射极放大电路、共集电极放大电路、共基极放大电路三种组态。

(1)共发射极放大电路的特点是具有一定的电压放大作用和电流放大作用，输入、输出电阻适中，输出电压与输入电压反相。

(2)共集电极放大电路的特点是无电压放大作用，输出电压与输入电压同相位，但具有电流放大作用和功率放大作用，输入电阻较大，输出电阻较小。

(3)共基极放大电路的特点是具有一定的电压放大作用，无电流放大作用，输入电阻小，输出电阻大，输出电压与输入电压反相。

12. 通常希望放大器的输入电阻及输出电阻是高一些好还是低一些好？为什么？

答：在放大电路中，通常希望放大电路的输入电阻高，因为这样对信号源的影响小。从放大电路的输出端看进去，放大电路可等效成一个有一定内阻的信号源，信号源内阻为输出电阻，通常希望其值越小越好，因为这样可以提高放大器的负载能力。

13. 什么是放大电路的反馈？如何判别电路中有无反馈存在？

答：放大电路中的反馈是将放大电路的输出端的一部分或全部经过一定的元器件或网络回送到放大电路的输入端，这一回送信号和外加输入信号共同参与对放大器的控制。判别的方法可根据电路中有无反馈通路来确定，即首先看它的输出与输入回路之间有没有关联的元器件。

14. 什么是负反馈？负反馈对放大器的性能有哪些影响？

答：在电路中，如反馈信号加入后使放大器的净输入信号减小，使放大器的放大倍数减小，这种反馈称为负反馈。负反馈对放大电路的影响有：

(1)负反馈使放大器的放大倍数减小了；

(2)负反馈使放大电路的稳定性提高了；

(3)负反馈使放大器的通频带得到展宽；

(4)负反馈能改善放大器波形的非线性失真；

(5)负反馈对放大器的输入、输出电阻具有一定的影响。

15. 基本的逻辑门电路有哪些？请概括其逻辑功能。

答：基本的逻辑门电路有与门、或门、非门电路。

(1)与门的逻辑功能概括为："有 0 出 0，全 1 出 1"。

(2)或门的逻辑功能概括为："有 1 出 1，全 0 出 0"。

(3)非门的逻辑功能概括为："有 1 出 0，有 0 出 1"。

16. 组合逻辑电路的基本分析方法是什么？

答：组合逻辑电路的基本分析方法如下。

(1)写表达式：由输入到输出直接推导出输出表达式；

(2)化简：用公式或图形化简表达式；

(3)逻辑功能与分析：可按化简后的表达式列出其逻辑真值表。

17. 时序逻辑电路与组合逻辑电路有什么不同？

答：组合逻辑电路在任何时刻的输出仅仅取决于当时的输入信号，与这一时刻输入信号作用前的电路状态无关。

时序逻辑电路任一时刻的输出信号不仅取决于当时的信号，而且还取决于原来的状态，即与以前的输入信号有关，具有记忆功能。

18. 在进行故障处理时应注意哪些事项？

答：在进行故障处理时，应注意以下几个方面的问题：

(1)焊接时不要带电操作。

(2)不可随意用细铜线或大容量的熔断丝代替小容量的熔断丝，以免进一步扩大故障的范围。

(3)注意安全用电，防止触电事故。

(4)测量集成电路各引脚时应防止极间短路，否则可能会损坏集成电路。

(5)更换晶体管、集成电路或电解电容器时，应注意引脚不能接错。

(6)不要随意拨动高频部分的导线，不能随意调节可调元器件。

19. 什么是系统误差？系统误差产生的原因及消除的方法是什么？

答：在同一条件下多次测量同一量时，误差大小和符号均保持不变，或条件改变时，其误差按某一确定的规律而变化的误差称系统误差。测量时使用的测量仪表、量具和附件等不准确，测量方法不完善，依据的结论不严密，外界环境因素和操作者自身原因等均可引起系统误差。消除的方法是找出系统误差产生的具体原因而一一加以消除。

20. 用 A、B 电压表测量实际值为 200 V 的电压时，A 表指示值为 202 V，B 表的指示值为 201 V。试分别求出它们的绝对误差、相对误差、示值误差。

解：绝对误差：$\Delta_A = 202 - 200 = 2$ V

$\Delta_B = 201 - 200 = 1$ V

相对误差：$r_A = (2/200) \times 100\% = 1\%$

$r_B = (1/200) \times 100\% = 0.5\%$

示值误差：$r_{XA} = (2/202) \times 100\% \approx 0.99\%$

$r_{XB} = (1/201) \times 100\% \approx 0.498\%$

21. 利用有效数字运算的基本原则，运算 0.0121×25.645×1.05782。

解：取 3 位有效数字，即：$0.0121 \times 25.6 \times 1.06 \approx 0.328$

22. 某万用表为 2.5 级，用 10 mA 挡测量一电流，读数为 5 mA，试问相对误差是多少？

解：$r_M = \pm 2.5\%$，$\Delta A = \pm 2.5\% \times 10$ mA $= \pm 0.25$ mA

$r_X = \pm 2.5\% \times (10/5) = \pm 5\%$

23. 电路如图所示，已知 $U_1 = 18$ V，$U_2 = 27$ V，$R_1 = 6\ \Omega$，$R_2 = 3\ \Omega$，$R_3 = 2\ \Omega$ 求：I_1、I_2、I_3、I_{ab}。

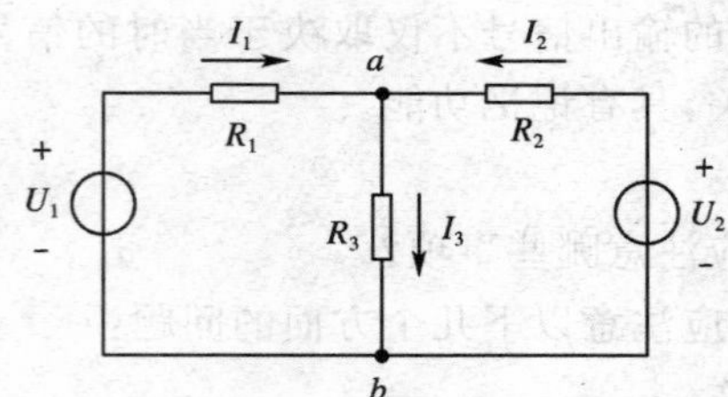

解：$U_{ab} = \dfrac{\dfrac{U_1}{R_1} + \dfrac{U_2}{R_2}}{\dfrac{1}{R_1} + \dfrac{1}{R_2} + \dfrac{1}{R_3}} = \dfrac{\dfrac{18}{6} + \dfrac{27}{3}}{\dfrac{1}{6} + \dfrac{1}{3} + \dfrac{1}{2}} = 12$ V

$I_1 = \dfrac{U_1 - U_{ab}}{R_1} = \dfrac{18 - 12}{6} = 1$ A

$I_2 = \dfrac{U_2 - U_{ab}}{R_2} = \dfrac{27 - 12}{3} = 5$ A

$I_3 = \dfrac{U_{ab}}{R_3} = \dfrac{12}{2} = 6$ A

附录C 无线电装接工操作考试样题

无线电装接工操作考试试卷(一)

一、电路原理图

单元电路电路原理图如图 1 所示,装配图如图 2 所示。

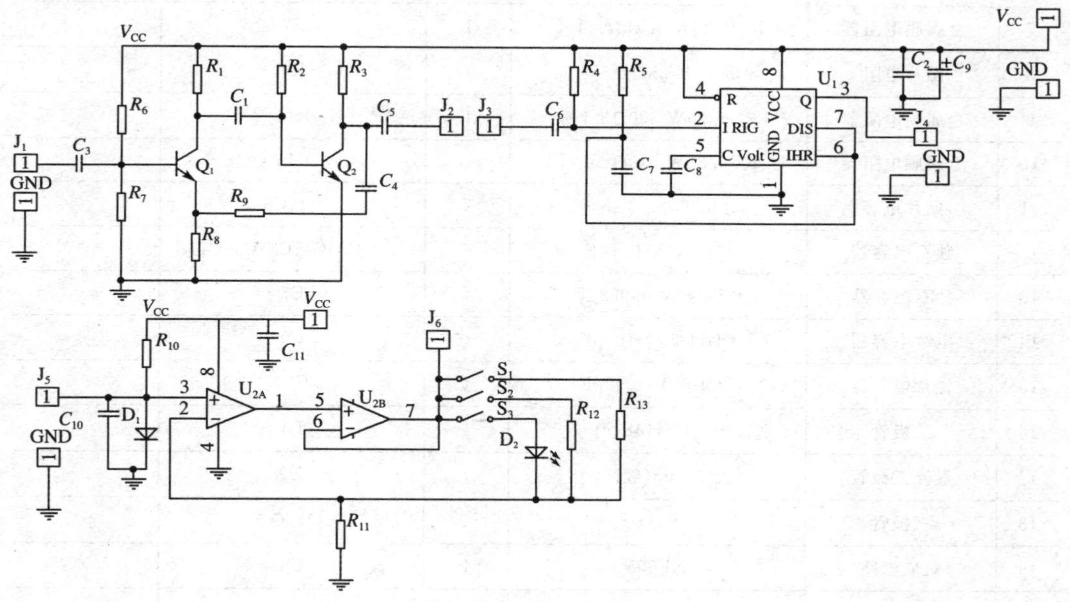

图 1 单元电路电路原理图

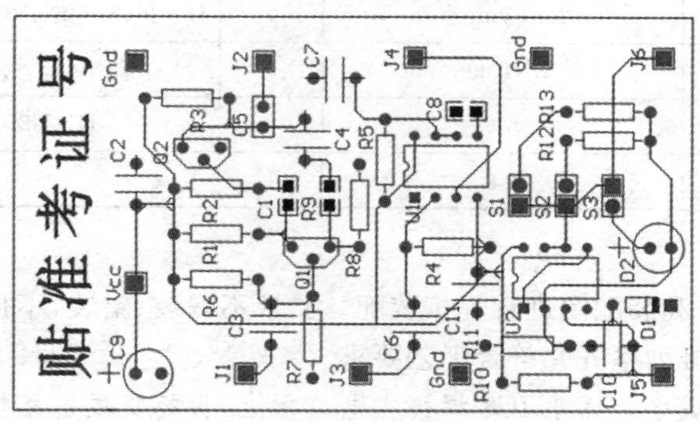

图 2 单元电路装配图

二、元器件的选择、测试

根据下列的元器件清单表(表 1),从元器件袋中选择合适的元器件。清点元器件的数量、目测元器件有无缺陷,亦可用万用表对元器件进行测量,正常的在表格的“清点结果”栏填上“√”。目测印制电路板有无缺陷。

表 1　　元器件清单

序号	名称	型号规格	数量	配件图号	清点结果
1	金属膜电阻器	RJ-0.25W-1kΩ±1%	3	R1、R8、R12	
2	金属膜电阻器	RJ-0.25W-1MΩ±1%	1	R2	
3	金属膜电阻器	RJ-0.25W-2kΩ±1%	1	R3	
4	金属膜电阻器	RJ-0.25W-20kΩ±1%	1	R4	
5	金属膜电阻器	RJ-0.25W-100kΩ±1%	1	R5	
6	金属膜电阻器	RJ-0.25W-10kΩ±1%	2	R6、R10	
7	金属膜电阻器	RJ-0.25W-5.1kΩ±1%	1	R7	
8	贴片电阻	0805-8.2kΩ±5%	1	R9	
9	金属膜电阻器	RJ-0.25W-330Ω±1%	1	R11	
10	金属膜电阻器	RJ-0.25W-510Ω±1%	1	R13	
11	贴片电容	0805-0.01μF	2	C1、C8	
12	独石电容器	CT4-40V-0.1μF	6	C2、C3、C4、C5、C6、C11	
13	独石电容器	CT4-40V-0.022μF	1	C7	
14	电解电容器	CD11-25V-100μF	1	C9	
15	瓷片电容器	CC1-50V-1000pF	1	C10	
16	二极管	1N4148	1	D1	
17	发光二极管	3 mm(红)	1	D2	
18	三极管	9014	2	Q1、Q2	
19	集成电路	NE555	1	U1	
20	集成电路	LM358	1	U2	
21	单排针	2.54 mm-直	1	J1～J6、S1～S3、VCC、GND	
22	短路帽	2.54 mm	2		
23	接插件	IC8	2	U1、U2	
24	印制电路板	配套	1		

三、焊接装配

根据电路原理图和装配图进行焊接装配。要求不漏装、错装,不损坏元器件,无虚焊、漏焊和搭锡,元器件排列整齐并符合工艺要求。

注意:必须将集成电路插座 IC8 焊接在电路板上,再将集成电路插在插座上。

无线电装接工操作考试试卷(二)

一、电路原理图

单元电路电原理图如图 1 所示,装配图如图 2 所示。

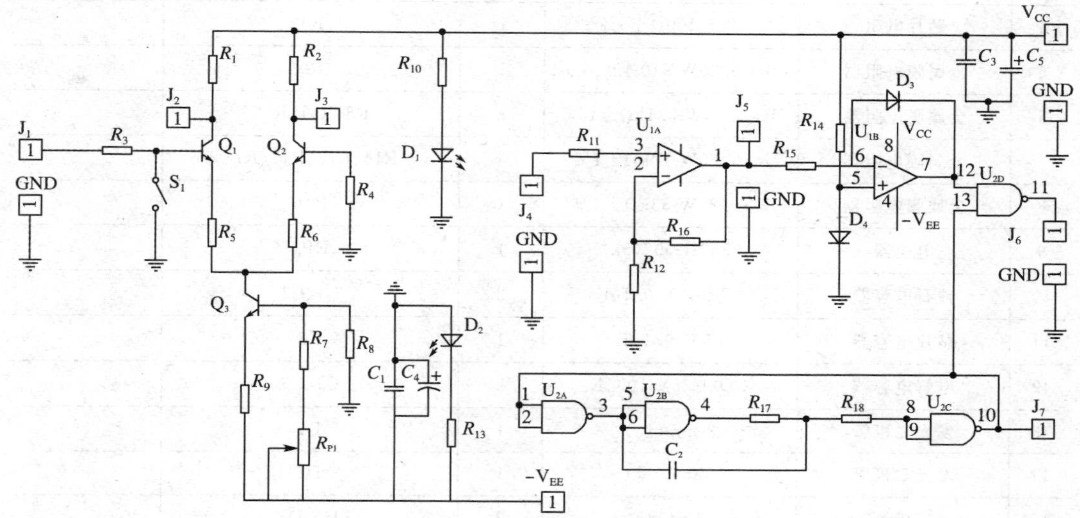

图 1　单元电路电原理图

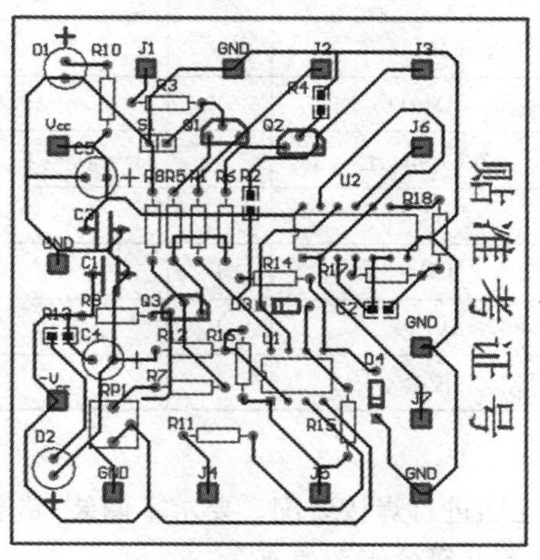

图 2　单元电路装配图

二、元器件的选择、测试

根据下列的元器件清单表(表 1),从元器件袋中选择合适的元器件。清点元器件的数量、目测元器件有无缺陷,亦可用万用表对元器件进行测量,正常的在表格的“清点结果”栏填上“√”。目测印制电路板有无缺陷。

表 1　　元器件清单

序号	名称	型号规格	数量	配件图号	清点结果
1	金属膜电阻器	RJ-0.25W-2kΩ±1%	3	R1、R7、R10	
2	贴片电阻	0805-2kΩ±5%	2	R2、R13	
3	金属膜电阻器	RJ-0.25W-100Ω±1%	3	R3、R5、R6	
4	贴片电阻	0805-100Ω±5%	1	R4	
5	金属膜电阻器	RJ-0.25W-510Ω±1%	1	R9	
6	金属膜电阻器	RJ-0.25W-5.1kΩ±1%	3	R8、R11、R12	
7	金属膜电阻器	RJ-0.25W-10kΩ±1%	4	R14、R15、R17、R18	
8	金属膜电阻器	RJ-0.25W-33kΩ±1%	1	R16	
9	电位器	3362-1-502(5k)	1	RP1	
10	独石电容器	CT4-40V-0.1μF	2	C1、C3	
11	贴片电容器	0805-0.1μF	1	C2	
12	电解电容器	CD11-25V-100μF	2	C4、C5	
13	发光二极管	3 mm(红)	1	D1	
14	发光二极管	3 mm(绿)	1	D2	
15	二极管	1N4148	2	D3、D4	
16	三极管	9014	3	Q1、Q2、Q3	
17	集成电路	LM358	1	U1	
18	集成电路	CD4011	1	U2	
19	单排针	2.54mm-直	1	J1～J7、VCC、－VEE、GND、S1	
20	短路帽	2.54mm	1		
21	接插件	DIP8	1	U1	
22	接插件	DIP14	1	U2	
23	印制电路板	配套	1		

三、焊接装配

根据电路原理图和装配图进行焊接装配。要求不漏装、错装，不损坏元器件，无虚焊、漏焊和搭锡，元器件排列整齐并符合工艺要求。

注意：必须将集成电路插座IC8、IC14焊接在电路板上，再将集成电路插在插座上。

无线电装接工操作考试试卷(三)

一、电路原理图

单元电路电路原理图如图 1 所示,装配图如图 2、图 3 所示。

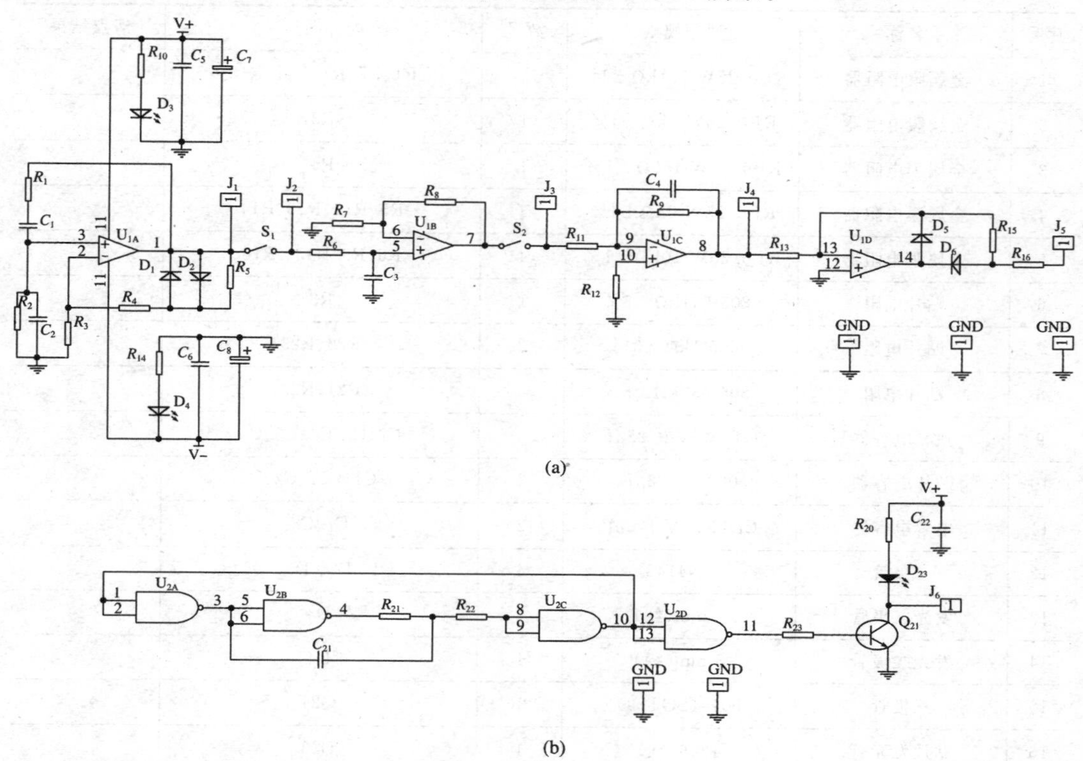

图 1　单元电路电路原理图[(a)为单元电路 1,(b)为单元电路 2]

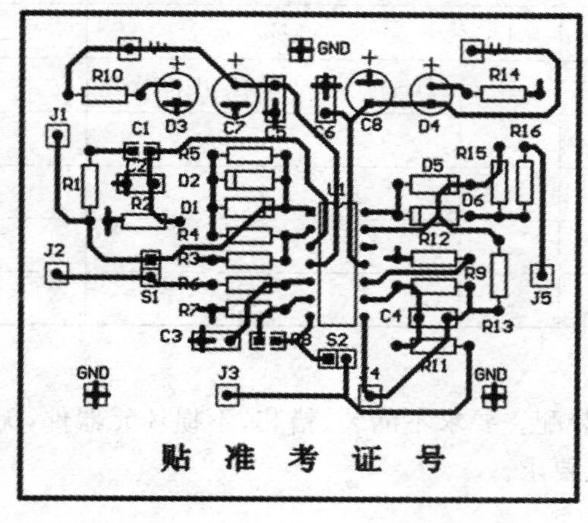

图 2　单元电路 1 装配图

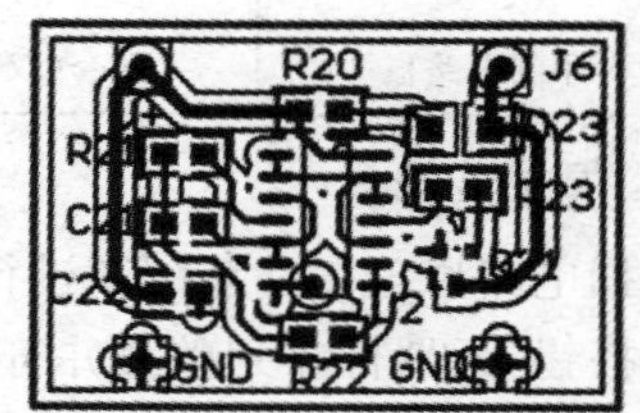

图 3　单元电路 2 装配图

二、元器件的选择、测试

根据下列的元器件清单表(表 1),从元器件袋中选择合适的元器件。清点元器件的数量、目测元器件有无缺陷,亦可用万用表对元器件进行测量,正常的在表格的“清点结果”栏填上“√”。目测印制电路板有无缺陷。

表 1　　　　　　　　　　　　元器件清单

序号	名称	型号规格	数量	配件图号	清点结果
1	金属膜电阻器	RJ-0.25W-5.1kΩ±1%	5	R1、R2、R7、R11、R12	
2	金属膜电阻器	RJ-0.25W-1kΩ±1%	1	R3	
3	金属膜电阻器	RJ-0.25W-150Ω±1%	1	R4	
4	金属膜电阻器	RJ-0.25W-2kΩ±1%	4	R5、R10、R13、R14	
5	金属膜电阻器	RJ-0.25W-10kΩ±1%	4	R6、R9、R15、R16	
6	贴片电阻	0805-5.1kΩ±5%	1	R8	
7	贴片电阻	0805-1kΩ±5%	2	R20、R23	
8	贴片电阻	0805-330kΩ±5%	2	R21、R22	
9	独石电容器	CT4-40V-0.22μF	5	C2、C3、C4、C5、C6	
10	贴片电容器	0805-0.22μF	3	C1、C21、C22	
11	电解电容器	CD11-25V-100μF	2	C7、C8	
12	二极管	1N4148	4	D1、D2、D5、D6	
13	发光二极管	3 mm(红)	1	D3	
14	发光二极管	3 mm(绿)	1	D4	
15	三极管	9014(SOT23)	1	Q21	
16	贴片发光管	1206(红)	1	D23	
17	集成电路	TL084(DIP)	1	U1	
18	集成电路	CD4011(SO-14)	1	U2	
19	单排针	2.54mm-直	1	J1～J6、V+、V-、GND、S1、S2	
20	短路帽	2.54mm	2		
21	接插件	IC14	1	U1	
22	印制电路板 1	配套(单面板)	1		
23	印制电路板 2	配套(双面板)	1		

三、焊接装配

根据电路原理图和装配图进行焊接装配。要求不漏装、错装,不损坏元器件,无虚焊、漏焊和搭锡,元器件排列整齐并符合工艺要求。

参考文献

[1] 张高田. 电子产品装配与调试[M]. 北京:电子工业出版社,2014.

[2] 杜江淮. 电子装配工技能实训与考核指导(中、高级工)[M]. 北京:电子工业出版社,2010.

[3] 袁依凤. 电子产品装配工实训[M]. 北京:人民邮电出版社,2010.

[4] 周庭塘. 电子产品装配与调试[M]. 北京:经济管理出版社,2015.

[5] 王天曦. 电子组装先进工艺[M]. 北京:电子工业出版社,2013.

[6] 牛百齐,万云,常淑英. 电子产品装配与调试项目教程[M]. 北京:机械工业出版社,2016.

[7] 孔宪林,徐连成. 电子产品的装配与调试[M]. 北京:化学工业出版社,2016.

[8] 吴明波,晏学峰. 电子产品装配与调试[M]. 长沙:中南大学出版社,2014.

[9] 韩雪涛,韩广兴,吴瑛. 电子技术与技能实训丛书[M]. 北京:电子工业出版社,2012.

[10] 尹玉军,金明. 电子装配与调试技术[M]. 南京:东南大学出版社,2015.

[11] 易运池,高振亮. 新编电子装配实用技术[M]. 长沙:湖南科学技术出版社,2010.

[12] 那文鹏,王昊,郑凤翼. 电子产品技术文件编制[M]. 北京:人民邮电出版社,2011.

[13] 于宝明,金明. 电子测量技术[M]. 北京:高等教育出版社,2012.

[14] 韩雪涛,韩广兴,吴瑛. 简单轻松学电子产品装配[M]. 北京:机械工业出版社,2014.